教育部高等学校动画、数字媒体专业教学指导委员会组织编写

动画与数字媒体专业
系列教材

廖祥忠 总主编

虚幻引擎开发
基础与实践

淮永建◎主编

刘华群 马天容 魏昀赟 褚 达◎编著

电子工业出版社·
Publishing House of Electronics Industry
北京·BEIJING

内 容 简 介

本书介绍虚幻引擎的基本理论知识,以及面向虚拟现实、数字人、元宇宙数字新技术领域的前沿产业,内容涵盖虚幻引擎理论基础、核心功能模块、可视化蓝图脚本编辑和行业应用案例,采用知识点和案例化教学应用相结合的方式构建完整的虚幻引擎知识与应用体系。

本书可作为高等院校和高等职业院校数字媒体、动画、影视、游戏开发、数字艺术设计、工业设计和产品设计等相关专业游戏引擎课程的基础教材,也可作为虚拟现实、数字人、元宇宙数字新技术等领域研发人员的技术参考书。

图书在版编目(CIP)数据

虚幻引擎开发基础与实践 / 淮永建主编. -- 北京:
电子工业出版社,2024. 8. -- ISBN 978-7-121-48386-8

Ⅰ. TP317.6

中国国家版本馆 CIP 数据核字第 2024KF4638 号

责任编辑:张　鑫
印　　刷:北京天宇星印刷厂
装　　订:北京天宇星印刷厂
出版发行:电子工业出版社
　　　　　北京市海淀区万寿路 173 信箱　　　邮编:100036
开　　本:787×1092　　1/16　　印张:23　　字数:604 千字
版　　次:2024 年 8 月第 1 版
印　　次:2024 年 8 月第 1 次印刷
定　　价:79.00 元

凡所购买电子工业出版社图书有缺损问题,请向购买书店调换。若书店售缺,请与本社发行部联系,联系及邮购电话:(010)88254888,88258888。

质量投诉请发邮件至 zlts@phei.com.cn,盗版侵权举报请发邮件至 dbqq@phei.com.cn。

本书咨询联系方式:zhangx@phei.com.cn。

动画与数字媒体专业系列教材
编委会 ▬▬▬▬▬

"动画与数字媒体专业系列教材"序

· 廖祥忠

　　媒介与社会一体同构是眼下正在发生的时代进程，技术融合、人人融合、媒介与社会融合是这段进程中的新代名词。过往，媒介即讯息，媒介即载体。现今，媒介与社会一体同构，定义新的技术逻辑，确立新的价值基点，构建新的数字生态环境，也自然推动新的数字艺术与数字产业进化。

　　2016 年，数字创意产业已经与新一代信息技术、高端制造、生物、绿色低碳一起，并列为国民经济的五大新领域，被纳入《"十三五"国家战略性新兴产业发展规划》中。2021 年，《中华人民共和国国民经济和社会发展第十四个五年规划和 2035 年远景目标纲要》（简称《纲要》）用一整篇、四个章节、两个专栏的篇幅，围绕"数字经济重点产业""数字化应用场景"等内容，对我国今后 15 年的数字化发展进行了总体阐述，提出以数字化转型驱动生产方式、生活方式和治理方式的多维变革，来迎接数字时代的全面到来。此外，《纲要》中列举了数项与"数字艺术"相关的重点产业，并规划了"智能交通""智能制造""智慧教育""智慧医疗""智慧文旅""智慧家居"等与"数字艺术"相关的应用场景，这些具体内容的展望为"数字艺术"的教学、研究和实践应用提供了广袤的发展空间。

　　20 世纪 50 年代，英国学者 C. P. 斯诺注意到，科技与人文正被割裂为两种文化系统，科技和人文知识分子正在分化为两个言语不通、社会关怀和价值判断迥异的群体。于是，他提出了学术界著名的"两种文化"理论，即"科学文化"（Scientific Culture）和"人文文化"（Literary Culture）。斯诺希望通过科学和人文两个阵营之间的相互沟通，促成科技与人文的融合。半个多世纪后，我国许多领域还存在着"两种文化"相隔的局面。造成这种隔阂的深层原因或许有两点：一是缺乏中华优秀文化，特别是中国传统哲学思想的引导；二是盲目崇拜西方近代以来的思想和学说，片面追求西方"原子论—公理论"学术思想，致使"科学主义—技术理性"和"唯人主义"理念盛行。"科学主义—技术理性"主张实施力量化、控制化和预测化，服从于人类的"权力意志"。它使人们相信科学技术具有无限发展的可能性，可以解决一切人类遇到的发展问题，从而忽视了技术可能带来的负面影响。而"唯人主义"表面上将人置于某种"中心"的地位，依照人的要求来安排世界，最大限度地实现了人的自由。但事实上，恰恰是在人们强调人的自我塑造具有无限的可能性时，人割裂了自身与自然的相互依存关系，把自己凌驾于自然之上，这必然损害人与自然之间的和谐，并最终反过来损害人的自由发展。

　　当今世界，随着互联网、人工智能、大数据、新能源、新材料等技术在社会多个层面的广泛渗透，专业之间、学科之间的边界正在打破，科学、艺术与人文之间不断呈现出集成创新、融合发展的交叉化发展态势。自然科学与人文学科正走向统合，以人文精神引导科技创新，用自然科学方法解决人文社科的重大问题将成为常态。伴随着这一深刻变化，高等教育学科生态体系也迎来了深刻变革，"交叉学科"所带动的多学科集成创新正在引领新文科建设，引领数字艺术不断进行自身改革。

动画、数字媒体是体现科学与艺术深度融合特色的交叉学科专业群，主要跨越艺术学、工学、文学、交叉学科等学科门类，涉及的主干学科有戏剧与影视（1354）、美术与书法（1356）、设计（1357）、设计学（1403）、计算机科学与技术（0812）、软件工程（0835），并且同艺术学（1301）、音乐（1352）、舞蹈（1353）、信息与通信工程（0810）、新闻传播学（0503）等学科密切相关。它们以动画，漫画，数字内容创作、生产、传播、运营及相关支撑技术研发与应用为主要研究对象，不仅在推动技术与艺术融合、人机交互、现实与虚拟融合等方面具有重要作用，更在讲好中国故事、传播中国文化、构建人类命运共同体等方面扮演重要角色。

在新文科建设赋能学科融合的背景下，教育部高等学校动画、数字媒体专业教学指导委员会本着"人文为体、科技为用、艺术为法"的理念，积极探索人文与科技的交叉融合，让"人文"部分涵盖文明通识、中华文化与人文精神等；"科技"部分涵盖三维动画、人机交互、虚拟仿真、大数据等；"艺术"部分涵盖美学、视觉传达、交互设计与影像表达等。为了应对时代和媒介进化的挑战，教学指导委员会及国家社科基金艺术学重大项目"新时代中国动画艺术知识体系创新研究"项目组组织全国本专业领域的骨干教师编写了这套"动画与数字媒体专业系列教材"，希望结合《动画、数字媒体艺术、数字媒体技术专业教学质量国家标准》推动课程建设和专业建设，为这个专业群打造符合这个时代的高等教育"数字基座"，进一步深入推动动画和数字媒体专业教育的教学改革。

教育部高等学校动画、数字媒体专业教学指导委员会主任委员

中国传媒大学党委书记

廖祥忠

2024 年 1 月

本书序

亲爱的读者：

诚挚欢迎您阅读本书！作为本书的作者之一，能够与您共度这段充满创意与可能性的学习之旅让我感到格外荣幸。

撰写本书的初衷是为广大数字媒体、动画、游戏、影视等相关设计专业的学生，以及虚拟现实、元宇宙、影视、游戏和计算机领域的技术从业者，提供一本全面而深入的虚幻引擎系统教材。起稿之初，我们就致力于以通俗易懂的语言，结合实用的案例，引领读者深入探索虚幻引擎的基础知识和核心功能模块。

在本书中，我们不仅仅简单地传达技术知识，更是与您分享数字创意的独特魅力。

我们将从虚幻引擎概述、虚幻引擎关卡、蓝图、材质、光照、视觉效果、音频系统、Sequencer 过场动画系统、物理系统等多个方面，带您一步步深入了解虚幻引擎。我们追求用简单、实用的方式呈现知识，帮助您迅速掌握虚幻引擎的核心概念和技能。

特别值得一提的是，本书特别关注了虚拟制片和数字人两个前沿领域的先进技术。虚拟制片技术为数字影视领域带来了新的活力，数字人技术则为数字创意开辟了全新的可能性。这两章内容将为您敞开通往未来数字创意领域的大门，也为您提供更多创作的灵感和技术支持。

在创作的过程中，作者团队倾注了大量的心血，同时电子工业出版社也给予了大力支持，在此表示由衷的感谢！希望本书能成为您在虚幻引擎学习之路上的得力同伴。不论您是初学者，还是经验丰富的开发者，本书都旨在为您提供通向虚幻引擎世界的畅快之路，帮助您汲取丰富的知识，激发创造力，为未来的数字创意之路赋予更多的可能性。

祝愿您在学习中得到愉悦，在创作中取得成功！

马天容

前言

随着元宇宙、数字人、沉浸式交互和虚拟现实等数字技术的快速发展，实时三维图形引擎技术已成为高等院校数字媒体、动画、艺术设计等专业实时三维内容创作的主流工具，高校教师亟需掌握图形引擎技术的核心基础理论、基础知识和实践创作。使用虚幻引擎（UE）创作的数字内容具有高真实感，以及实时光影渲染能力突出、大规模场景实时多边形几何处理能力强等特点。虚幻引擎可以与通用的三维建模软件实现无缝兼容，已成为动画、影视、数字媒体、游戏和影像创作等领域的主流开发平台。高校也纷纷在数字媒体、动画、影视、游戏、建筑设计、产品设计、数字艺术设计等专业开设虚幻引擎基础相关课程。

虚幻引擎资源商城给用户提供了大量的可视化资源案例、工程案例和数字资产，虚幻引擎学习社区也给用户提供了丰富的学习资料及软件操作指南和说明。然而这些电子资源没有系统化地围绕虚幻引擎底层的核心逻辑、功能、图形化知识点进行理论和技术应用论述。目前，能作为高校教材的虚幻引擎相关书籍不多，市场亟需围绕虚幻引擎实时三维内容创作的教材和电子资源。目前，高校有关虚幻引擎理论知识和实践技能的师资也相对缺乏。我们希望使用本书逐步培养实时三维内容创作相关的师资力量。

需要注意的是，计算机图形学是图形引擎的理论基础，对于部分学生来说，面对大量的数学公式和图形算法，学习计算机图形学是比较枯燥的。本书内容属于图形学高阶应用，不需要学生掌握系统的图形学理论知识，但构建一些图形学概念对理解引擎底层的框架、核心功能、组件的属性及参数是有益的，也有助于学生学习相关概念。

本书的编写思路和内容组织是围绕可视化图形引擎的核心功能、框架和知识逻辑展开的。第1～9章围绕图形引擎的核心功能展开讲述，内容包括虚幻引擎概述、虚幻引擎关卡、蓝图、材质、光照、视觉效果、音频系统、Sequencer 过场动画系统、物理系统。其中每章在对相关知识点进行讲解后，都会给出知识点应用的综合案例，将理论介绍、软件技术和工程应用有机结合，以案例化综合实践启发读者工程化应用的解决问题思路，提升读者综合应用所学知识的实践能力。第 10～12 章围绕虚幻引擎在工业领域的数字孪生应用场景、在影视拍摄中的虚拟制片应用场景和在元宇宙虚拟现实数字人应用场景进行论述。其中每章都针对行业和产业应用的综合案例结合相关知识点展开，使读者了解虚幻引擎在工业化数字内容生成方面的实践应用，提高读者解决问题和综合应用虚幻引擎软件的能力。

本书可作为高等院校和高等职业院校数字媒体、动画、影视、游戏开发、数字艺术设计、工业设计和产品设计等相关专业游戏引擎课程的基础教材，也可作为虚拟现实、数字人、元宇宙数字新技术等领域研发人员的技术参考书。

为了提升本书的质量，特邀北京林业大学、北京印刷学院、中国传媒大学、北京交通大学、北京邮电大学等兄弟高校具有多年虚幻引擎一线教学和实践经验的中青年教师，以及虚幻引擎 Epic Games 公司和迪生动画公司的技术人员参与编写。淮永建老师、刘华群老师、马天容老师，以及研究生马飞、叶文涛、李溪洁、胡本溪、罗龚楷参与了本书主要章节内容的撰写和案例设计制作。魏昀赟老师、褚达先生，以及研究生许圣林、黄慎泽、许晓琦等参与了本书部分章节的校对和内容修订工作。

本书得到了教育部高等学校动画、数字媒体专业教学指导委员会和电子工业出版社的大力支持，在此表示衷心的感谢！

因水平有限，书中错误与疏漏之处在所难免，恳请读者批评指正。

目录

CONTENTS

第 1 章
Chapter 1
虚幻引擎概述

虚幻引擎（Unreal Engine，UE）是目前全球最开放、先进的实时 3D 数字内容创作平台。经过持续的改进，UE 不仅仅是一款殿堂级的游戏创作引擎，还能为各行各业的数字内容制作带来无限的创作自由。从跨平台的高品质游戏创作，到建筑、设计、可视化、数字孪生和虚拟影像制作等行业，UE 作为一款实时图形可视化引擎工具，能为设计师、技术开发人员提供广泛的数字内容设计和创作支持。

本章主要内容如下。

- UE 简介。
- UE 的下载及安装。
- UE 编辑器。
- UE 项目创建和管理。
- UE 4 入门实践。

1.1 UE 简介

UE 是由美国 Epic Games 公司研发的一款 3A 级次时代游戏引擎。作为当前主流的 3A 级游戏引擎，UE 不仅是一个面向下一代游戏机和安装 DirectX 的个人计算机的完整游戏开发平台，更为游戏开发者提供了核心技术、数据生成工具和基础支持。

UE 整合了基于物理渲染（Physically Based Rendering，PBR）的材质、反射和光照技术，以及用于创建真实交互式体验的多种强大工具。这些工具包括物理模拟、光照和阴影、用户界面（UI）、植物生成和渲染、大规模地形、复杂材质、可视化脚本、角色动画、粒子模拟、过场动画、多人网络游戏等，涵盖了一个经验丰富的游戏开发团队制作一部百万美元利润的 3A 级大作所需的一切工具。由于可以获得其完整且可修改的 C++工程源代码，因此开发者可以自己添加 UE 缺少的任何功能。

尽管 UE 功能强大且复杂，但是它非常容易使用。UE 4 编辑器拥有现代化的界面、出色的工具、维护良好的文档、完整的源代码访问路径，以及一个功能完善的社区。对于小团队来说，使用它可以快速地以专业水准创造出震撼人心的游戏，为仿真系统或可视化系统提供可能性。

UE 包含引擎编辑器，如图 1-1 所示。它是一套集成式的开发环境，可用于在 Linux、macOS 和 Windows 上创作内容或开发游戏关卡。借助对多用户编辑的支持，美术师、设计师和开发人员可以安全而可靠地同时对同一个 UE 项目进行更改。另外，用户在 VR 模式下运行虚幻编辑器可以提供所见即所得的 VR 应用。

图 1-1　UE 引擎编辑器

经过引擎技术的迭代发展，UE 4 已经非常成熟，使游戏开发变得非常方便。UE 5 更是引入了类似所见即所得的特性，实现了超越时代的创新。UE 已广泛应用于游戏开发、影视创作、工业设计、建筑可视化等领域。UE 在游戏、影视和建筑设计等方面的应用案例如图 1-2 和图 1-3 所示。

图 1-2　游戏《堡垒之夜》和《绝地求生》

图 1-3　UE 在建筑可视化及人机交互中的经典应用

本书主要介绍 UE 4。UE 4 的主要优势在于画面显示效果优秀、光照和物理效果好、可视化编程简单、插件齐全、对 VR 和手柄等外设支持良好，并且提供各种游戏模板。

1.2　UE 的下载及安装

UE 提供免费下载和开源代码使用。用户可以获得 UE 的所有工具、免费示例内容、完整的 C++工程源代码，包括整个编辑器的代码及其所有工具；还可以访问官方文档（包含教程和资源）及 UE 商店资源。

UE 4 有两个版本可供下载：一个是启动器（二进制）版本；另一个是 GitHub（源代码）版本。启动器版本和 GitHub 版本的区别如下。

启动器版本：由 Epic Games 编译，通过启动器（Epic Games Launcher）获得。可获得启动器版本的所有源文件，但由于启动器版本不生成解决方案文件，因此无法对 UE 进行任何修改。

GitHub 版本：没有任何二进制文件，因此必须自己编译引擎。可以获得整个源代码，并且可以在 UE 中修改任何内容。可以添加新的功能，修改现有功能或删除它们，并在 GitHub 上创建合并请求，因此如果 Epic Games 认为它有价值，则会将它正式集成到 UE 中。

作为一款以实时 3D 内容创作为特性的开发平台，UE 运行和开发对计算机的软硬件配置都有一定的要求。在本书中，若无特殊说明，则均指以 UE 作为开发平台所设定。

1.　下载和安装启动器

启动器可以帮助开发者追踪已经安装的不同版本的 UE，如图 1-4 所示。通过它，用户可以管理项目，访问免费案例项目，进入资源商城，在资源商城中购买用于项目的资源内容；它还可以为用户提供社区新闻、在线学习资源及文档链接。

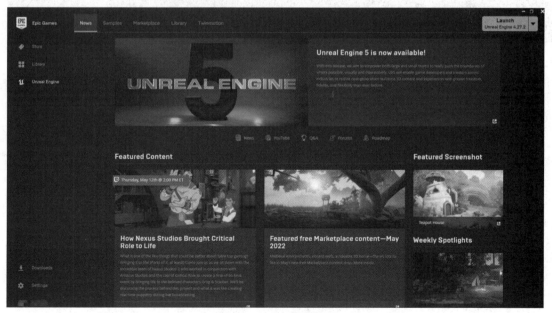

图 1-4　UE 启动器界面

UE 可以通过官方网站下载。登录 UE 官方网站后，单击网页右上方的"下载"按钮，下载启动器安装程序包。双击启动器安装程序包，根据提示安装，建议将其安装在非系统盘下。安装完成后，需注册 Epic Games 账号。

2. 下载和安装 UE

登录 Epic Games 启动器后，可以安装不同版本的 UE。选择 Epic Games 启动器界面左侧的"Unreal Engine"选项，在"Library"选项卡中单击"Install Engine"按钮。初次使用 UE 4 默认选择引擎的最新版本，也可以单击"ENGINE VERSIONS"后面的"+"按钮选择需要的版本。本书选择 UE 4.27.2 版本。

（1）单击"Browse"按钮可更改 UE 安装路径，如图 1-5 所示。

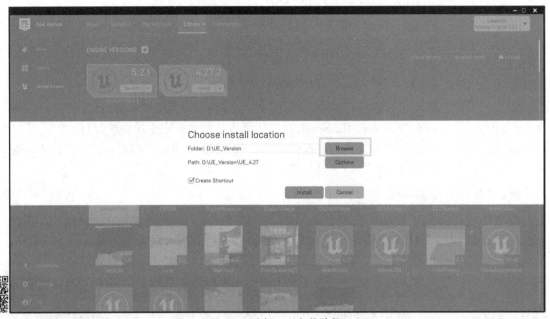

图 1-5　选择 UE 安装路径

（2）单击"Options"按钮，选择需要安装的引擎组件。例如，可以选择引擎的平台支持、有无初学者内容包、调试符号、引擎源代码等内容；也可以随时单击右上角"Launch"按钮旁边的下拉箭头，选择"Options"选项，在已安装的引擎版本中添加或删除组件。

在安装 UE 之前，应确保磁盘空间充足。磁盘空间要求将根据选择的组件而异。界面下方将显示下载安装程序和引擎需要占用多少空间，如图 1-6 所示。选择所需要的引擎组件之后，单击"Apply"按钮。

（3）单击"Install"按钮进行安装。

用户可以选择安装多个 UE 版本。若要添加更多的版本，则在"Library"选项卡中单击引擎版本旁边的"+"按钮，在下拉菜单中选择要安装的 UE 版本，然后单击"Install"按钮。

图 1-6　选择需要安装的引擎组件

3．UE 启动

运行启动器，选择左侧的"Unreal Engine"菜单，右侧的"Engine Version"即当前使用的计算机已安装的 UE 各版本；"My Project"即当前已创建的 UE 各项目文件；"Vault"即当前从 UE 商城中下载的所有商品，可以快速地从 Vault 中创建新项目，其允许删除或更新其中的商品，但不影响已创建的项目。Vault 中的"Create Project"是一个完整的项目文件，而"Add to Project"可以将一个外部资源添加到我们的项目中。

1.3　UE 编辑器

1.3.1　UE 基本概念

UE 提供了工具、编辑器和系统组合，用于创建游戏或应用程序。

工具：用来执行特定任务的用具，如在关卡中放置 Actor 或绘制地形。

编辑器：工具的集合，用来实现更复杂的任务。例如，关卡编辑器可构建游戏关卡，在材质编辑器中可调整材质的外观。

系统：大量功能的集合，这些功能通过协同作用，实现了游戏或应用的各个子系统。例如，蓝图是一种使脚本编写可视化的系统。

1.3.2　常见 UE 编辑器

1．关卡编辑器

关卡编辑器为 UE 编辑器提供关卡创建的核心功能。默认关卡编辑器界面如图 1-7 所示。

在 UE 编辑器中，创建游戏体验的场景一般称为关卡。可以把关卡想象成一个三维场景，在该场景中可以放置一系列的游戏对象和几何体来定义玩家将要体验的虚拟世界。UE 将关卡中的任何对象都称为 Actor，无论该对象是一个光源、物体、道具、摄像机还是一个游戏角色。从编程角度讲，Actor 其实是引擎中定义的一个面向对象编程类，用于定义一个可进行几何空间变换的对象。创建关卡可以归结为在 UE 编辑器中向场景中创建任意对象。

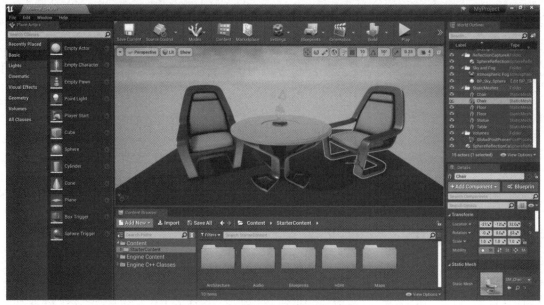

图 1-7　默认关卡编辑器界面

2. 蓝图编辑器

蓝图是 UE 4 中一个用途广泛的系统。蓝图编辑器是基于节点的图表编辑器，是一个功能强大的可视化脚本编辑工具。蓝图可以处理基于关卡的事件响应，编写脚本处理游戏关卡中 Actor 的行为，例如可以实现游戏角色系统中的动画控制。

蓝图编辑器包含若干工具，用于创建变量、函数、阵列等。它内置多种调试和分析工具，用于在网络中迅速除错并改进数据流。蓝图类编辑器视口界面和事件编辑器界面如图 1-8 和图 1-9 所示。

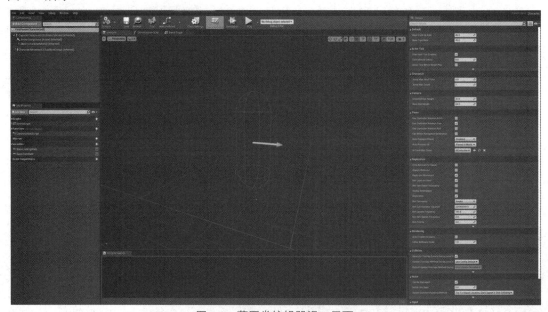

图 1-8　蓝图类编辑器视口界面

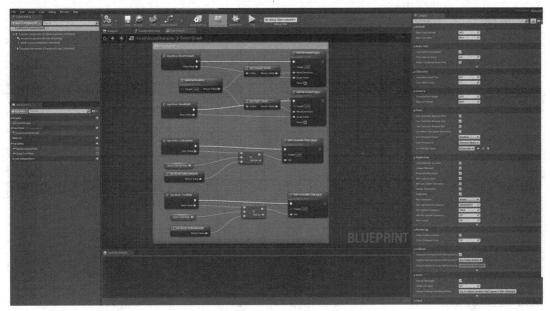

图 1-9　事件编辑器界面

3．静态网格体编辑器

通过静态网格体编辑器可以预览模型外观、碰撞体和 UV 贴图，也可以设置和操作静态网格体属性，还可以设置静态网格体模型资产 LOD 层次细节，当游戏运行时根据视点加载不同层次细节度的 LOD 模型。静态网格体编辑器界面如图 1-10 所示。

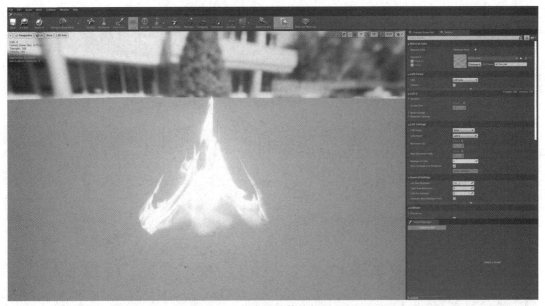

图 1-10　静态网格体编辑器界面

4．材质编辑器

材质编辑器用来定义和编辑材质。材质可用于显示网格体模型表面细节的视觉效果。例如，可以创建污垢材质，并将其应用到关卡中的各个地板上，从而创建看似有污垢覆盖的表面。材质编辑器界面如图 1-11 所示。

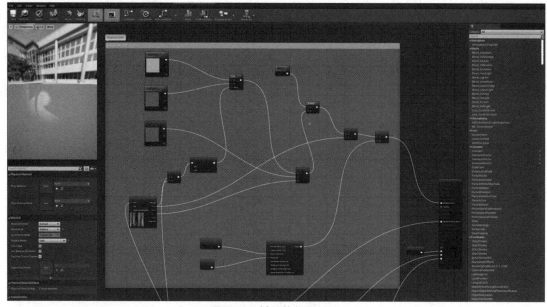

图 1-11 材质编辑器界面

5. 物理资产编辑器

在 UE 中可以使用物理资产编辑器来创建物理资产，以配合骨骼网格体使用，如实现物体变形和碰撞等物理特性。可以从零开始构建完整的布娃娃设置，也可以使用自动化工具来创建一套基本物理体和物理约束。物理资产编辑器界面如图 1-12 所示。

图 1-12 物理资产编辑器界面

6. Niagara 编辑器

Niagara 编辑器主要用于创建物理特效，尤其是粒子效果。它由模块化的粒子特效系统组成，每个系统又由许多单独的粒子发射器组成。可以将粒子发射器保存在内容浏览器中，作为其他项目的发射器基础。Niagara 编辑器界面如图 1-13 所示。

图 1-13　Niagara 编辑器界面

7．UI 编辑器

Unreal Motion Graphics（UMG）是 UE 内置的可视化 UI 编辑器，可用来创建 UI 元素，如游戏 HUD（Heads-Up Display，平视显示系统）、菜单、按钮等。UI 编辑器界面如图 1-14 所示。

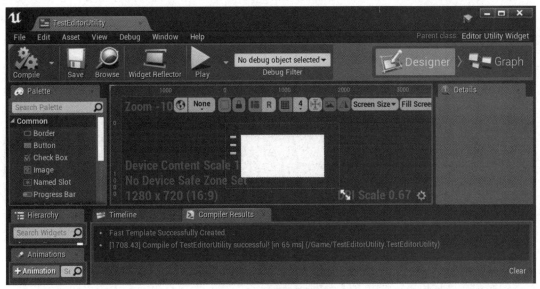

图 1-14　UI 编辑器界面

8．Sequencer 编辑器

Sequencer 是 UE 中的多轨迹编辑器，用于实时创建和预览过场动画序列，如创建游戏过场动画。通过创建 Level Sequences（关卡序列）和添加 Tracks（轨迹），可以定义轨迹的组成以确定场景的内容。轨迹可以包含 Animation、Transformation、Audio 等。

1.3.3　UE 开发模板

为帮助开发者快速设计和开发引擎应用项目，UE 提供了一系列应用模板，包含角色控制器、蓝图和其他不需要额外配置即可运行的功能。UE 4 中的模板分为 4 类：Games（游戏）、Film Televsion and Live Events（电影、电视和视频直播）、Architecture Engineering and Construction（建筑工程施工）、Automotive Product Design and Manufacturing（汽车产品设计和制造）。Games 模板是快速构建各种游戏的起点，如常见的第一人称和第三人称游戏、横版过关游戏或赛车游戏等。新建 UE 项目文件时可以根据不同的应用开发选择不同的模板。

在 UE 提供的四种项目类别中都包含一个最基础的模板——Blank 模板。该模板包含一个空项目，只包含可以操控的角色配置输入设置，如键盘、鼠标或控制器等。

1.4　UE 项目创建和管理

启动 UE 编辑器，Unreal Project Browser 会自动打开，创建引擎项目选项包括新建项目、打开已有项目等。下面以 UE 4 为例介绍 Games 类别项目的创建和管理。

1.4.1　新建项目

运行启动器创建新项目，打开 UE 4 编辑器，完成以下操作。

1．选择项目类别和模板

（1）选择项目类别：在"New Project Categories"下，选择适合所在行业的开发类别。本案例选择"Games"类别，如图 1-15 所示。

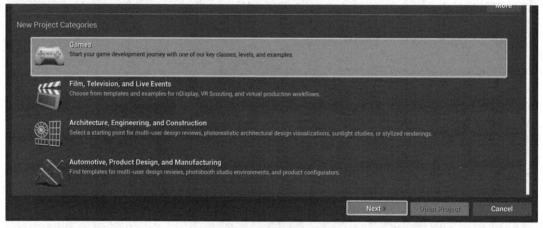

图 1-15　选择项目类别

（2）选择项目模板：选择 Third Person（第三人称）为项目模板，单击"Next"按钮，如图 1-16 所示。

2．设置项目

（1）在 Project Settings 界面中，可选择质量、目标平台、是否包含初学者内容等，如图 1-17 所示。

图 1-16　选择项目模板

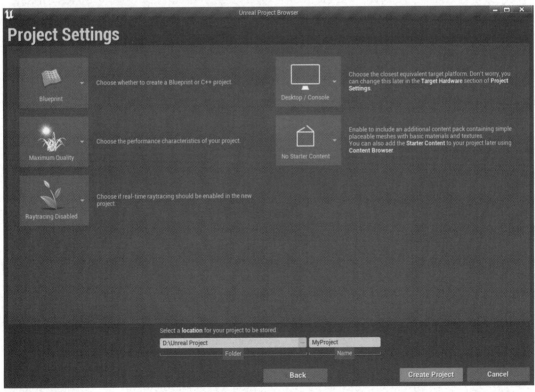

图 1-17　项目设置界面

（2）单击"Blueprint"下拉按钮，在打开的下拉菜单中选择"Blueprint"或"C++"选项，如图 1-18 所示。若要在 UE 编辑器中构建项目，则选择"Blueprint"选项，并利用蓝图编辑器创建交互和行为；若要在 Visual Studio 中用 C++编程来构建项目，则选择"C++"选项。

（3）单击"Maximum Quality"下拉按钮，打开的下拉菜单如图 1-19 所示。若要开发在计算机或游戏主机上运行的项目，则选择"Maximum Quality"选项；若要开发在移动设备上运行的项目，则选择"Scalable 3D or 2D"选项。

图 1-18　"Blueprint"下拉菜单　　　　图 1-19　"Maximum Quality"下拉菜单

（4）单击"Desktop/Console"下拉按钮，打开的下拉菜单如图 1-20 所示。若要开发在移动设备上运行的项目，则选择"Mobile/Tablet"选项；否则，保留原有设置"Desktop/Console"。

（5）单击"No Starter Content"下拉按钮，打开的下拉菜单如图 1-21 所示。若有自己的资源，无须初学者内容，则选择"No Starter Content"选项；若要使用一些基础资源，则选择"With Starter Content"选项。

（6）单击"Raytracing Disabled"下拉按钮，打开的下拉菜单如图 1-22 所示。若需用实时光线追踪查看项目，则选择"Raytracing Enabled"选项；否则，保留原有设置"Raytracing Disabled"。在本书的相关案例中，考虑到设备性能的影响，一般都选择"Raytracing Disabled"。

图 1-20　"Desktop/Console"　　图 1-21　"No Starter Content"　　图 1-22　"Raytracing Disabled"
　　　　下拉菜单　　　　　　　　　　下拉菜单　　　　　　　　　　　下拉菜单

（7）选择要存储项目的位置，并为项目命名：UE4_FirstProject。单击"Create Project"按钮完成项目的创建，如图 1-23 所示。

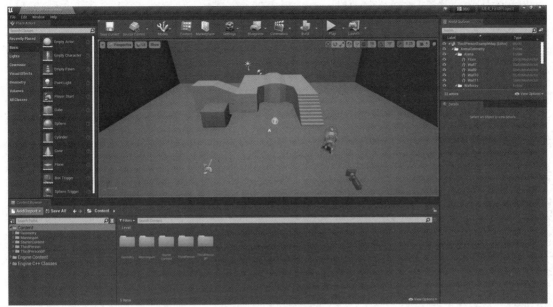

图 1-23　项目创建完成

1.4.2　打开已有项目

　　虚幻引擎项目库相当于一个启动界面，允许用户创建项目、打开已有项目或者打开示例内容。

　　对于使用 UE 4 创建完成的项目，可以通过启动 Epic Games Launcher 选择使用 Library 选项卡中安装的 UE 4 版本或者 UE 4 编辑器所创建的快捷方式打开 UE 4 编辑器，打开项目关卡后再进行编辑和管理，如图 1-24 所示。

图 1-24　启动 Epic Games Launcher 打开指定项目

　　启动已经安装好的 UE 4 后，可以在 Recent Projects 选区中选择需要打开的项目；或者单击"More"按钮显示所有已创建的项目，如图 1-25 所示，选择需要打开的项目后，单击"Open Project"按钮打开项目。

图 1-25　打开已有项目

1.5 UE 4 入门实践

1.5.1 创建第一个 UE 4 案例

本节利用 UE 4 创建一个默认模板案例，讲解如何添加 UE 商城 Marketplace 中的数字资源以丰富场景关卡内容，并对案例完成相关设置，最后打包输出项目案例。

1. 启动 UE 4 编辑器创建项目

（1）打开 Epic Games Launcher，选择需要的 UE 4 版本并运行。

（2）选择项目类别。在"New Project Categories"下，选择"Games"类别。

（3）选择 Blank 空模板创建项目。

2. 针对案例需求进行项目相关设置

在 Project Settings 界面中，可选择项目开发设计基于 C++还是基于 Blueprint、质量、目标平台、是否包含初学者内容等（详见第 1.4.1 节）。

（1）打开"Blueprint"下拉菜单，选择"Blueprint"选项。本案例选择基于蓝图。

（2）打开"Maximum Quality"下拉菜单，本项目选择"Maximum Quality"。

（3）打开"Desktop/Console"下拉菜单，本项目保留原有设置"Desktop/Console"。

（4）打开"No Starter Content"下拉菜单，本项目选择"With Starter Content"。

（5）打开"Raytracing Disabled"下拉菜单，本项目保留原有设置"Raytracing Disabled"。

（6）选择要存储项目的位置，并为项目命名：UE4_FirstProject。单击"Create Project"按钮完成项目的创建，效果如图 1-26 所示。

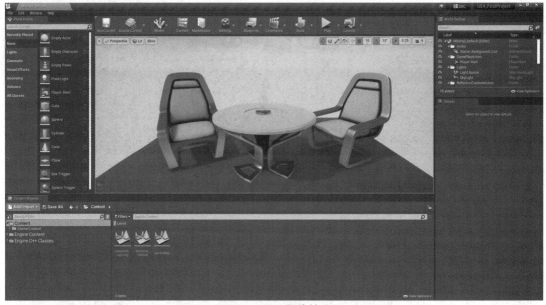

图 1-26 项目创建效果

1.5.2 Marketplace 资产

打开 UE 官网，在 UE 商城（Marketplace）中提供了大量的模型资产，有的资产是免费提供的，有的资产需要付费使用。可以将这些资产添加到自己的项目中。

　　UE 商城的资产主要分为两大类：一类是完整的项目文件，另一类是可添加到项目文件中的资源包。完整的项目文件可以直接添加到 UE 中；可添加到项目文件中的资源包有模型、材质、粒子系统、蓝图和音乐等，可根据需要添加到项目中。将资产添加到项目中，如图 1-27 所示。

图 1-27　将资产添加到项目中

1.5.3　UE 4 插件的使用

　　UE 4 插件是开发者可在编辑器中启用或禁用的代码和数据集合。插件用于添加运行时 gameplay 功能、修改内置引擎功能或其他新功能。利用插件可扩展现有 UE 4 子系统。

　　在"Edit"菜单中选择"Plugins"命令，打开插件编辑界面，可查看当前安装的插件。

　　启用 Web Browser 插件，可实现浏览网页效果。例如，搜索 web，在搜索结果中选择"Web Browser"，并勾选"Enabled"复选框，如图 1-28 所示。开启之后，右下角会有一个询问是否重启的选项，单击"Restart Now"按钮。重启之后即可使用此插件。

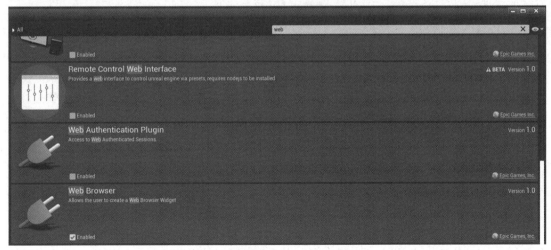

图 1-28　启用 Web Browser 插件

第2章

Chapter 2

虚幻引擎关卡

本章重点介绍关卡设计和搭建、UE 编辑器视口、UE 内容浏览器、Actor 对象、地形编辑等内容。通过 UE 虚拟世界项目的创建，来详细介绍引擎可视化编辑器界面、窗口、引擎基本操作、游戏资产、包及相关资源，使学习者了解 UE 编辑器，熟悉引擎的基本操作，并熟悉项目创建、编辑、打包、发布等流程和案例制作。

本章主要内容如下。

- 关卡设计和搭建。
- UE 编辑器视口。
- UE 内容浏览器。
- Actor 对象。
- 地形编辑。
- 植被工具。
- 虚拟世界创建案例。

2.1 关卡设计和搭建

关卡的设计和搭建取决于 UE 项目的类型。例如，对于游戏行业来说，关卡的搭建更侧重于与游戏玩法的结合；对于影视行业来说，关卡的搭建则更侧重于视觉效果和整体表现。基本的关卡设计和搭建过程适用于大部分的 UE 项目。

2.1.1 关卡背景

对于游戏项目来说，关卡是组成整个游戏的一部分，已经有一个完整的游戏背景故事来决定这个关卡需要描述的信息资源。在设计关卡时，需要考虑关卡资源、光照、场景设计、关卡玩法、关卡对象事件处理等。对于影视行业来说，关卡的设计还需要遵循影片叙事的主题，从而考虑整个关卡的构建流程，如何在合适的场景中突出主题。关卡背景是构建虚拟世界的重要因素，也是关卡设计和搭建的基础。

2.1.2 关卡资源

在真正构建关卡之前需要整理所需的游戏资产，对可能出现在关卡中的资产和资源进行分类，并且在 World Outliner（世界大纲）面板中创建对应的文件目录结构，文件夹的命名要规范和见名知意。以第三人称项目模板为例，如图 2-1 所示，资产内容文件目录可以帮助开发者快速定位视口中的资产。

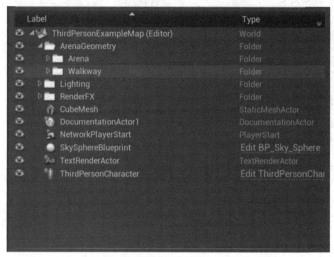

图 2-1　第三人称项目模板的默认关卡目录

2.1.3　关卡搭建

在设置好一个项目和相应的关卡目录结构后，接下来需要简单地搭建关卡。关卡的搭建是一个较为复杂且需要不断迭代的过程，一般而言，关卡的搭建需要使用下面的迭代工作流程，进行分段工作。

（1）比例和范围。在搭建关卡时，首先要考虑的是参照物的比例及关卡环境的范围，为环境设置一个合适的比例是设定关卡情境的一个重要前提，通常可以使用简单的原型对象来完成。随着对 UE 和编辑器的熟悉，可以逐步丰富关卡世界的内容。

（2）资产和效果放置。这是搭建关卡的主要内容，有时需要通过事先准备的各种资产来组合或编写蓝图类，不断调整现有的场景，从而达到理想的效果。

（3）效果调整。关卡都有较为完善的后期效果和音效等，在这个阶段可以调整后期处理体积或者放置各种光源来装饰场景，还可以放置一些特效和音效来完善关卡场景。

（4）测试及完善。在这个阶段需要开发人员不断试玩关卡，以便发现、调整和修复存在的问题。

上述为开发一个 UE 关卡的基础流程，事实上设计一个关卡需要花费更多的精力和时间，完成各种资源的创建和导入。随着对引擎的深入了解及各种功能的综合使用，可以从不同方面来简化关卡的开发流程。

2.2　UE 编辑器视口

2.2.1　视口导航

UE 中观察人物移动的窗口称为视口，如图 2-2 所示。视口是编辑器最主要的组成部分，开发者可以在视口中观察所创建的游戏世界，在视口中可以像在游戏中那样自由活动。

图 2-2　视口

在视口中可以多角度观察所构建的游戏关卡场景，使用多种功能按钮在场景中导航。按住鼠标左键同时拖动鼠标，可以朝着不同方向移动视角；按住鼠标右键同时拖动鼠标，可以在当前位置进行视角观察方向的改变；按住鼠标中键同时拖动鼠标，可以在当前的摄像平面上移动视角。但是仅使用鼠标进行导航在某些情况下不方便，因此 UE 还提供了类似游戏风格的导航按键组合，这些按键都是默认预设好的，只需在按住鼠标右键的同时按 W、A、S、D、Q、E 键进行视角移动即可。

如果视口中场景移动的速度太快，可以单击视口右上角的图标调整摄像机的速度，如图 2-3 所示。按住鼠标右键同时滑动鼠标滚轮，可调整视口移动速度。

图 2-3　摄像机速度调整

2.2.2　场景对象操作

了解如何在视口中进行导航浏览之后，用户可以在场景中的任何角度和位置观察场景中显示的对象信息，UE 将所有放置在场景中的对象都认定为 Actor。在视口中可以看到不同类型的 Actor 图标及摆放的物体，有些 Actor 在运行项目时不会显示。例如，Directional Light、Sphere Reflection Capture 和 Player Start 在运行项目时就不会显示，如图 2-4 所示。

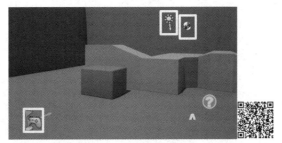

图 2-4　视口场景

这些特殊的对象与场景中直接创建的其他几何体不同，有时它们不会直接影响场景，而是会作为某些效果来间接影响整个场景。

选中视口中的长方体对象，如图 2-5 所示，在长方体的中心会显示一个坐标系，它是长方体自身的坐标系。在编辑器右下方的 Details 面板的 Transform 属性中显示了这个长方体的位置、旋转和缩放信息，如图 2-6 所示。

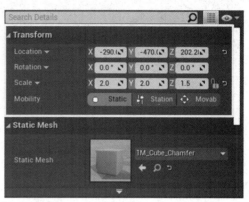

图 2-5　长方体对象坐标系　　　　　　图 2-6　Details 面板的 Transform 属性

长方体对象坐标系轴向的不同颜色分别与视口左下方的坐标系对应，单击选中长方体对象坐标系的某个轴向，如果选中 Y 轴，则其轴向颜色会由绿色变为黄色，如图 2-7 所示，此时可以沿着 Y 轴移动对象。

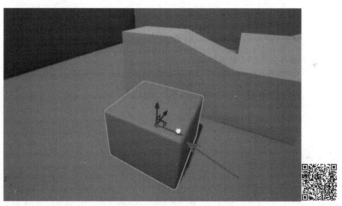

图 2-7　选中 Y 轴

可以观察到，长方体在场景中的位置发生了变化，且在原来的地方留下了一个阴影，如图 2-8 所示。如果这时再运行游戏，视口的左上角就会出现红色的提示文字。出现这种情况后需要退出本次运行，执行工具栏中的 "Build" → "Build Lighting Only" 命令对光照进行重新计算，长方体的阴影会出现在正常的位置上。

场景中每个 Actor 都有自身的坐标系，单击不同的坐标轴可以拖动对象；也可以选中任意两个轴所在的平面，在该平面上移动对象，例如，图 2-9 中 X 轴和 Y 轴所代表的平面（黄色标识）。但是这样移动对象的操作不精确，可以在 Details 面板的 Transform 属性下的 Location 数值框中输入不同的坐标值来精确控制长方体的位置。

图 2-8　长方体位置发生变化　　　　图 2-9　在对象坐标平面上移动对象

利用 Details 面板的 Transform 属性可以设置对象的平移、旋转和缩放信息，也可以利用视口工具进行这些变换操作。UE 在默认情况下显示的是对象的世界坐标系（世界坐标系和局部坐标系与 Actor 内的层级有关），单击视口右上角的工具可以进行平移、旋转和缩放等变换操作，如图 2-10 所示。也可以在选中对象之后分别按 W、E、R 键在三个变换工具之间进行切换。

平移　　旋转　　缩放

图 2-10　对象变换工具

UE 视口中还有一些设置与对象的变换有关，如图 2-11 所示。它们分别代表每次变换的最小单位，例如现在每次用鼠标拖动的最小距离是 10cm，每次旋转改变的最小角度是 10°，可以根据不同场景和需求进行调整。

图 2-11　网格、旋转、比例捕捉

2.2.3　视口类型

UE 编辑器默认显示的是 3D 场景，与真实世界的情况类似，视口展示场景的方式被称为视口类型。编辑器中的视口类型有透视视图和正交视图。透视视图就是编辑器视口默认的 3D 视图显示模式；正交视图是 2D 视图，是根据不同的轴向对 3D 场景进行正射投影而得到的视图。通过视口左上角的"Perspective"菜单可修改视口类型，如图 2-12 所示。

图 2-12　视口类型

相比透视视图（见图 2-13 左图），正交视图有很多不同的种类，分别显示了不同轴向的投影结果。图 2-13 中右图就展示了 Z 轴负方向的正交视图，即顶部的正交视图。

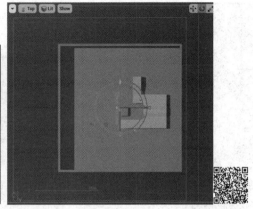

图 2-13　透视视图和正交视图（顶部）

利用视口类型切换可以浏览不同场景的投影效果。默认情况下编辑器会在视口中用透视视图打开场景。通过修改编辑器视口的布局，可以同时显示 3D 场景的多个视口。默认布局是 4×4，可以单击视口左上角的下拉箭头，在打开的下拉菜单中选择"Layouts"进行修改，如图 2-14 所示。

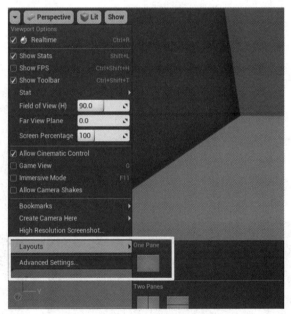

图 2-14　视口布局

2.2.4　视口其他设置

UE 编辑器提供了很多可视化模式即视图模式来帮助用户查看场景中正在处理的数据类型，以及调试任何错误信息。所有视图模式都可以在视口左上角的"View Mode"菜单中进行访问，如图 2-15 所示。

UE 默认的视图模式是 Lit（光照视图模式），视口将显示应用了所有材质和光照之后的场景。选择 Unlit（无光照视图模式），场景显示如图 2-16 所示，所有的物体都变成灰色，不显示光照信息。

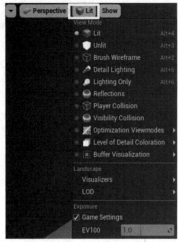

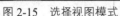

图 2-15 选择视图模式

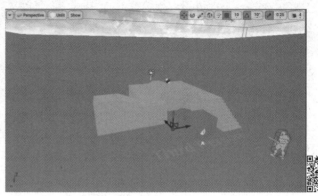

图 2-16 无光照视图模式

另一种常见的视图模式是 Brush Wireframe（线框视图模式）。线框视图模式会显示场景中所有多边体的顶点和边信息，如图 2-17 所示。线框视图模式常配合正交视图，可以将场景视作项目蓝图进行调整。

视口左上角的"Show"菜单中的选项用来显示或者隐藏视口中场景的显示信息，如图 2-18 所示。例如，显示或隐藏场景中所有的碰撞体，显示场景中的寻路网格体。同时，还有很多有关后期处理效果、光源、光照组件等高级选项用来对视口中显示的内容进行设置。

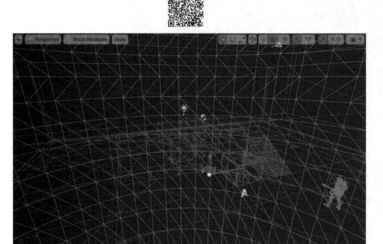

图 2-17 线框视图模式

图 2-18 视口显示信息

单击视口左上角的下拉按钮，在打开的下拉菜单中提供了很多视口显示选项，如图 2-19 所示。其中包括基本渲染设置，例如，可以显示视口的统计信息，可以切换视口是否实时渲染，还可以开启游戏视图模式，从而屏蔽掉在游戏时不会进行渲染的图标，提高场景渲染效率。

图 2-19　视口显示选项

2.3　UE 内容浏览器

UE 编辑器还有一个很重要的组成部分，即内容浏览器（Content Browser），如图 2-20 所示，用于在编辑器中创建、导入、管理和修改资产。内容浏览器还提供了管理内容文件夹和对资产执行其他操作（如重命名、移动、复制等）的功能。内容浏览器还有一个搜索栏和过滤器用于快速定位游戏项目资源。一般在 UE 项目中将不同内容（如贴图、模型、动画、音频等）放置在不同的资源文件夹中，以便于项目管理。

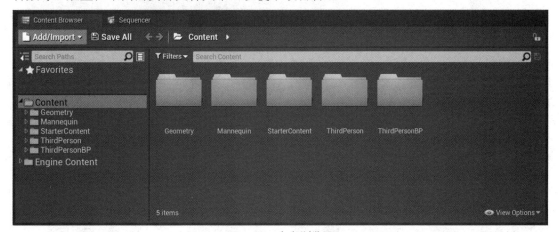

图 2-20　内容浏览器

默认情况下内容浏览器在编辑器界面的下方，可以将内容浏览器视作一个工具箱，当需要某种资源时，可以从工具箱中拖出一个资源的实例放置到关卡中。一旦一个资源的实例被放置到关卡中，它便是一个 Actor 对象。这个 Actor 对象可以被认为是内容浏览器中原始资源的一个副本，可以在 Details 面板中修改其属性。例如，拖动一个第三人称人物到场景中，在内容浏览器中选择文件夹"Content"→"ThirdPersonBP"→"Blueprints"，可以看到这个文件夹中有两个资源，如图 2-21 所示。选中资源中的 ThirdPersonCharacter，直接拖动其到视口显示的场景中即可。

图 2-21　Blueprints 文件夹

　　内容浏览器左侧是资源面板，显示了内容文件夹的层次。资源面板可以通过单击"Add/Import"按钮下方的图标来展开或者折叠，如图 2-22 所示。

　　除此之外，内容浏览器还提供过滤器（Filters）功能，如图 2-23 所示。过滤器是内容浏览器中定位资源最常用的组件，在过滤器中可以勾选在当前文件路径下想要显示的类别，过滤器会自动应用。随着项目的扩大，过滤器可以快速筛选内容浏览器资源视图中的可见资源类型。

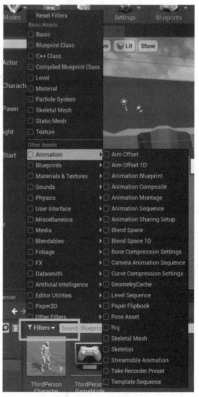

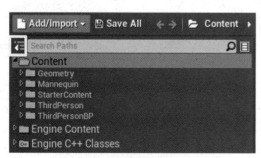

图 2-22　内容浏览器资源面板　　　　　　　　图 2-23　过滤器

2.4　Actor 对象

2.4.1　创建 Actor 对象

UE 编辑器提供构建场景的基本 Actor 对象，Place Actors 面板如图 2-24 所示，包括基础的几何体、视觉特效及光源等。在构建关卡的过程中，通过简单拖动就可以实现将 Actor 对象放置在场景中的对应位置上。

2.4.2　资产导入

Place Actors 面板中提供了基础的几何体对象。在创作游戏关卡场景时，如果要用到其他项目文件中的资源或者使用其他开发者制作的模型、特效、贴图及动画等，则需要进行资产导入。UE 支持导入各种类型的文件内容，包括导入 UE 的文件（.uasset 文件）或者外部编辑器创建的文件。在内容浏览器中，右击"Content"，选择"Show in Explorer"打开该项目所在的文件夹。将需要导入的资产拖动到文件夹内，如图 2-25 所示，UE 编辑器中就会显示所导入的资产。

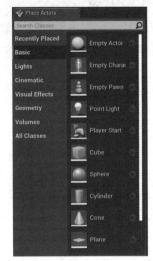

图 2-24　UE 编辑器提供的基本 Actor 对象

将资产拖动到 Content 文件夹下，返回编辑器时会出现一个弹窗，如图 2-26 所示。单击"Import"按钮，资产就会出现在内容浏览器中。

图 2-25　项目文件夹

图 2-26　资产导入弹窗

2.5　地形编辑

在 UE 中用户可以使用地形编辑工具从零开始创建地形，也可以导入 UE 编辑器中创建的地形高度图或使用外部工具创建地形。

2.5.1　地形创建

在创建地形之前需要打开地形编辑工具。在"Modes"下拉菜单中勾选"Landscape"选项即可打开地形编辑工具，如图 2-27 所示。

图 2-27　打开地形编辑工具

进入 Landscape 模式后，右侧世界大纲面板中的 Actor 对象除当前使用的地形外，其他都变成了灰色不可选中状态。如果想对其他 Actor 对象进行操作，则需要退出 Landscape 模式，在"Modes"下拉菜单中勾选"Select"选项。

地形编辑工具有三种模式：Manage 模式、Sculpt 模式和 Paint 模式。打开地形编辑工具后，首先进入的是 Manage 模式。在 Manage 模式下可以新建地形或对已有地形的尺寸进行修改。在左侧的面板中可以添加地形的材质、更改地形的位置、修改地形块的大小，如图 2-28 所示。调整好参数后，单击"Create"按钮创建地形。

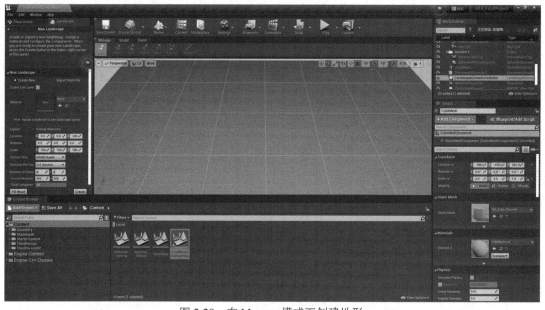

图 2-28　在 Manage 模式下创建地形

在正式使用地形编辑工具之前，还要掌握几个常用操作，如表 2-1 所示。

表 2-1　地形编辑工具常用操作

操　作	说　明
鼠标左键	增高地形高度
Shift 键+鼠标左键	降低地形高度

2.5.2 地形雕刻

在完成地形的创建后，可以使用地形雕刻（Sculpt）工具构建出高低起伏的地形效果。使用 Sculpt 工具可以增高或降低地形高度，例如，完成山谷的制作，如图 2-29 所示。

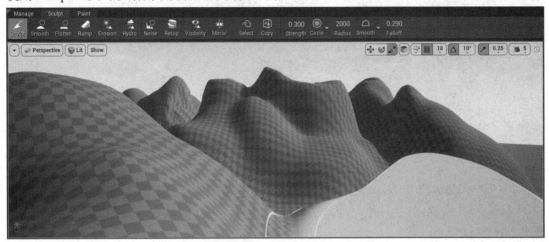

图 2-29 Sculpt 工具

有了山谷的大概轮廓后，可以对地形细节进行修改，使用地形平滑（Smooth）工具可以使地形变得平滑、自然，如图 2-30 所示。

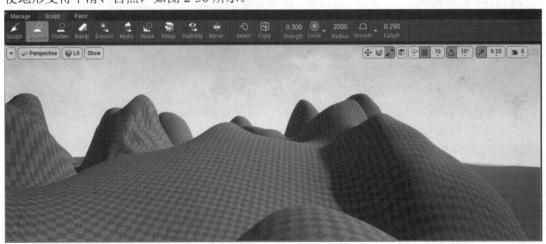

图 2-30 Smooth 工具

接下来可以使用平整（Flatten）工具将某些区域的高度变成一样的，形成平顶山的效果。使用 Flatten 工具会获取第一次按住鼠标时区域的高度，并将拖动范围内的区域全部增高或降低到这个高度，如图 2-31 所示。

使用斜坡（Ramp）工具可以在选中的区域内生成一段平滑的斜坡地形效果，如图 2-32 所示。首先利用鼠标选择一个起始点和一个终点，然后单击两点之间白色的路径，将其拖动到理想的位置上，最后按回车键即可生成斜坡。

此外，UE 还提供了两种自然侵蚀效果（风化侵蚀效果和水力侵蚀效果），使地形的细节更加丰富。自然侵蚀效果的使用方法和平滑效果一样。给这个地形附加一个材质，获取材质贴图后的地形效果如图 2-33 所示。

图 2-31　Flatten 工具

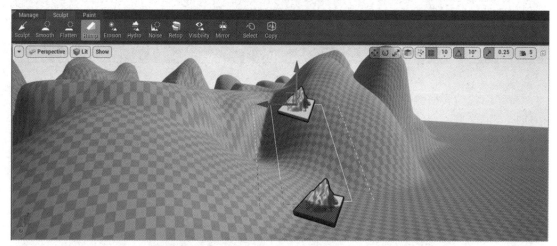

图 2-32　Ramp 工具

图 2-33　获取材质贴图后的地形效果

2.5.3　地形样条线

　　地形样条线用于创建出与地形相符的线性特征，如街道、小路和河流等。在地形编辑工具的 Manage 模式下可以创建并编辑地形样条线。

　　在 Manage 模式下单击"Splines"按钮，回到视口中，按 Ctrl 键+鼠标左键设置样条线的首个控制点，控制点的视图呈一个小山峰状；再次按 Ctrl 键+鼠标左键设置另一个控制点，此时两个控制点会连接起来。重复上述操作可以创建若干控制点，完成地形样条线的绘制，如图 2-34 所示。需要注意的是，新添加的控制点会自动与高亮的控制点连接到一起，如果不小心选错了控制点，可能就得不到理想的地形样条线。

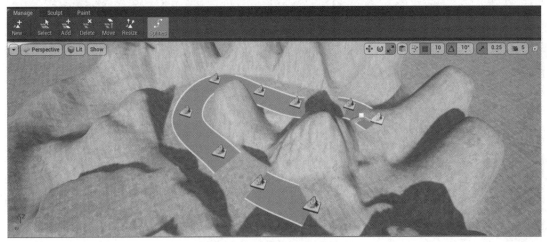

图 2-34　绘制地形样条线

　　可以看到，此时添加的部分样条线和地形形成了遮挡关系。使用 Tool Settings 的 Deform Landscape to Splines 功能可以使地形更加符合样条线的形状，如图 2-35 所示。设置完成后再稍微调整个别有问题的控制点，就可以获得较为理想的地形样条线效果，如图 2-36 所示。

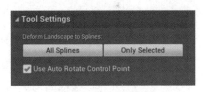

图 2-35　工具设置

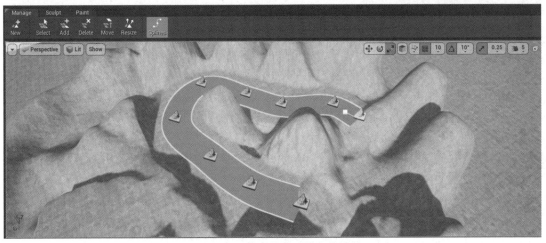

图 2-36　调整后的地形样条线效果

设置完地形样条线的位置后，可以为其添加静态网格体 Actor，使它更加契合场景。选择任意一个控制点，在关卡编辑器内 Details 面板的 Landscape Spline 中，单击选择所有已连接项目（Select all connected）旁的"Segments"按钮，可以选中整个样条线。

单击 Landscape Spline Meshes 的 Spline Meshes 旁的"+"图标，添加一个静态网格体。单击 Material Overrides 旁的"+"图标，添加一个材质。将静态网格体和材质赋予样条线，并调整静态网格体的大小等参数，最终地形效果如图 2-37 所示。

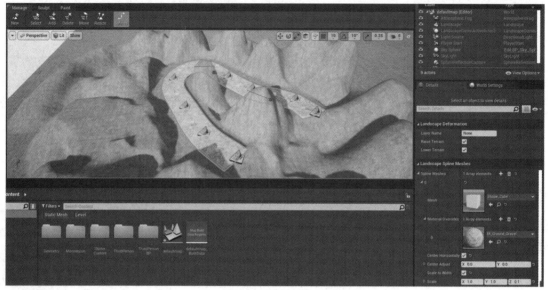

图 2-37　最终地形效果

2.6　植被工具

植被工具在"Modes"下拉菜单中，它的作用是在其他几何体表面上渲染静态网格体或植被 Actor，用于表现地面上的覆盖物效果，如树木、花草、植被和碎石等。

2.6.1　植被工具的使用

选择"Modes"下拉菜单中的"Foliage"选项打开植被工具。在 Foliage 模式下，场景中的其他 Actor 处于无法选中的状态。在左侧的植被模式面板中，单击"+Add Foliage Type"下拉按钮，可以看到 Foliage 工具支持两种类型的植被：Actor 植被与静态网格体植被。本节重点介绍静态网格体植被。要将植被创建到地形场景中，需要先把静态网格体添加到网格体列表中。具体操作为选中 Content Browser 中的静态网格体（如 SM_Bush），按住鼠标左键将其拖动到网格体列表中，如图 2-38 所示。

工具栏中默认选择的工具是 Paint 工具，在场景中会出现一个透明的球体笔刷，在笔刷内根据用户设置的属性绘制植被。在网格体列表中，选择需要绘制到场景中的一个或多个植被（勾选植被左上角的选择框），如图 2-39 所示，在场景中任意一个地方单击刷上植被，也可以按住鼠标左键进行拖动，从而在一片区域内刷上植被。

图 2-38 添加静态网格体

图 2-39 选择植被

　　此时场景中已经利用笔刷刷上了一片植被，这些植被的大小、分布、间隙、数量都是默认的，用户可以根据自己的需要更改这些属性，创建地形场景中所需的植被景观。

　　在网格体列表中单击右下角的箭头标志，弹出对应的网格体面板，其中显示当前所选植被的属性特征，可以调整植被的密度、半径和缩放，如图 2-40 所示。在 Painting 栏中，第一个属性是密度（Density/1Kuu），密度用于控制在一定范围内所绘制植被的数量。半径（Radius）属性用于控制植被实例之间的最小距离。缩放（Scaling）属性有两个值：一个是最小值，另一个是最大值，如果最小值和最大值不一样，就会产生每个植被不一样的效果，使植被绘制更加真实。

　　如果对当前场景中绘制的植被不满意，可以使用 Reapply 工具对某一块植被进行调整。选中 Reapply 工具，在 Painting 栏中选择需要更改的属性进行更改，如图 2-41 所示。更改属性后，回到视口中，将笔刷覆盖到需要修改的区域并单击以完成修改。利用擦除（Reapply）工具可以将选中的植被从当前选中的区域内移除。若要使用擦除工具，则需先选中单个或多个静态网格体，然后在该区域内使用半透明笔刷进行擦除。只有选中的静态网格体才会被移除。

　　当需要在当前场景中刷上大量植被时，若把所有植被都渲染到场景中，则对计算渲染性能的消耗非常大。这时可以在网格体面板的 Instance Settings（实例设置）中，利用 Cull Distance 将视野范围外的网格体剔除掉，从而优化性能。设置 Cull Distance 最小值为 0，最大值为 5000，再将大量植被刷到场景中，这时场景中的植被会随着镜头的移动而显示或被剔除，如图 2-42 所示。

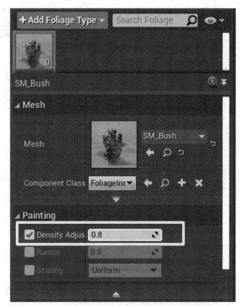

图 2-40　网格体面板中的植被属性　　　　　　　图 2-41　更改属性

图 2-42　Cull Distance 设置

2.6.2　碰撞设置

在第 2.6.1 节中我们将一些植被绘制到了场景中，现在绘制一些石头并拖放一个第三人称游戏角色到场景中，如图 2-43 所示。运行当前场景，发现角色可以穿过石头进行移动，原因是没有给石头加上碰撞检测。

图 2-43　添加石头及第三人称游戏角色

打开石头的静态网格体编辑器，执行菜单栏中的"Collision"→"Add Capsule Simplified Collision"命令，添加一个胶囊体碰撞。打开植被工具，单击网格体面板中的石头，将 Instance Settings 下的 Collision Presets 设置为 Block All。重新运行当前关卡，此时石头已经有了碰撞检测，如图 2-44 所示。

图 2-44　给石头添加碰撞检测后的效果

2.7 虚拟世界创建案例

本案例以第三人称模板为基础进行扩展，搭建一个虚拟世界场景并设置各种场景视觉效果。

2.7.1 虚拟世界地形创建

1. 新建项目

（1）运行 Epic Games Launcher 并启动 UE 4 版本。

（2）选择新建游戏项目并选择第三人称模板，创建新的项目文件。

（3）选择蓝图项目并标记使用初学者内容包，设置路径和项目名称。

（4）创建项目。

2. 地形编辑

第 2.5 节介绍了如何使用 UE 自带的地形编辑工具。本节将介绍如何使用高度图来创建一个地形块。导入高度图可以依据地形起伏来创建较为真实的地形，免去对地形进行烦琐的编辑操作。具体创建方法如下。

（1）打开项目文件，在 Content 文件夹下创建一个 Maps 文件夹。

（2）执行菜单栏中的"File"→"New Level"命令，创建一个新的默认关卡，保存在 Maps 文件夹下，命名为 Maps_Chapter3Ins。

（3）选中场景中的地面，按 Delete 键将其删除。

（4）打开地形编辑工具，并选中"Import from File"选项，在"Heightmap File"中选择需要导入的高度图文件 HeightMap.png，如图 2-45 所示。此时视口中便出现了将要生成的地形网格形状，为了避免新地形的山峰过于陡峭，将地形的"Scale"的"Z"值设置为 25，单击"Import"按钮导入。

（5）生成的地形如图 2-46 所示，保存生成的地形。使用这种构建方式不仅节省时间，而且地形精度更高。

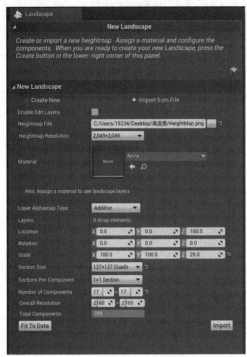

图 2-45　导入高度图

图 2-46　通过高度图生成的地形

2.7.2　湖水创建

有了基础的地形场景之后，下面对场景进行简单搭建。在内容浏览器中选择文件夹"Content"→"StarterContent"→"Materials"，将编辑器模式调回 Select 模式，选中地形 Landscape，在 Details 面板中拖动材质 M_Concrete_Crime 到 Landscape 的 Material 上，为 Landscape 添加材质，如图 2-47 所示，添加材质后的地形如峡谷一样起伏不平。

图 2-47　为地形添加材质

在内容浏览器中选择 Shapes 文件夹，将平面 Shape_Plane 拖入场景中。将位置设置为默认值，将 "Scale" 的 "X" 和 "Y" 值设置为 2000，并在场景中将平面向下移动适当距离。进入 Materials 文件夹，拖动材质 M_Water_Lake 到 Shape_Plane 平面上，得到类似湖水的效果，如图 2-48 所示。

图 2-48　湖水效果

2.7.3　建筑物添加

接下来为场景构建一个简单的主体建筑。在 UE 商城中有很多 UE 资源可以供初学者使用。本案例将使用 Stylized Fantasy Provencal 资源进行场景搭建，在 UE 商城中下载对应的资源并添加到案例工程（项目）中，如图 2-49 所示。

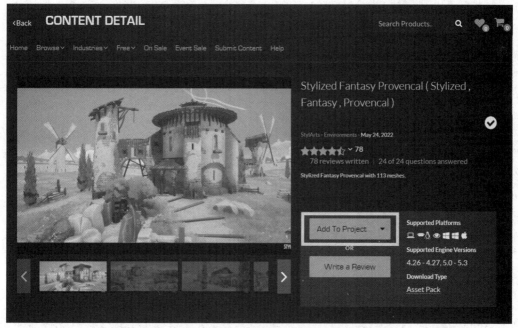

图 2-49　将下载的资源添加到案例工程中

在内容浏览器的文件夹 "Content" → "StylizedProvencal" → "Meshes" 中有很多可以使用的场景资源。由于使用高度图生成的地形较为平坦，因此可以使用地形编辑工具对局部地形进行编辑，并为地形添加一个符合森林草地效果的基本材质。在内容浏览器中选择文件夹"Content"→"StarterContent"→"Materials"，选中地形 Landscape，在 Details 面板中拖动材质 M_Ground_Grass 到 Landscape 的 Material 上，效果如图 2-50 所示。

利用添加到案例工程中的建筑物资源对虚拟场景的建筑物进行构建，如图 2-51 所示。

图 2-50　为地形更换材质

图 2-51　构建虚拟场景的建筑物

2.7.4　场景丰富

使用植被工具装饰场景。在内容浏览器中选择文件夹"Content"→"StylizedProvencal"→"Meshes"，将编辑器模式切换为 Foliage 模式，将当前文件夹下的植被和石块分别加入植被类型，如图 2-52 所示。将植被、石块放置在建筑物周围，并设置随机的旋转和缩放比例，达到丰富场景的效果，如图 2-53 所示。

图 2-52　植被、石块属性设置

图 2-53　放置植被、石块后的场景效果

2.7.5　雾效、光设置

　　丰富虚拟世界的场景视觉效果后，接下来向场景中放置指数高度雾（Exponential Height Fog）和大气雾，勾选"Volumetric Fog"（体积雾）复选框，如图 2-54 所示。适当调整体积雾的 Scattering Distribution 和 Extinction Scale 值，让场景达到更好的效果。

　　接着选中场景中的定向光源，并勾选定向光源的"Light Shaft Occlusion"（光束遮挡）和"Light Shaft Bloom"（光束泛光）复选框，如图 2-55 所示。简单来说，光束遮挡的作用就是让场景中的静态网格体对光源产生遮挡，从而在物体边缘产生泛光效果，如图 2-56 所示。光束泛光就是模拟太阳周围的光晕，达到模糊效果。还可以调节两个选项下的各种属性值。

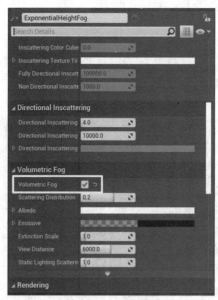

图 2-54　体积雾设置

图 2-55　定向光源的光束遮挡和光束泛光设置

图 2-56　泛光效果

2.7.6 虚拟世界漫游

在菜单栏中，执行"Edit"→"Project Settings"命令，选择"Project"下面的"Maps&Modes"选项，将默认的游戏模式设置为 ThirdPersonGameMode，并指定默认生成的控制角色为 ThirdPersonCharacter，如图 2-57 所示。运行该关卡，利用第三人称模板提供的角色可以在创建好的虚拟世界中漫游。

图 2-57　修改默认生成的控制角色

第3章

Chapter 3

蓝 图

蓝图（Blueprint）是 UE 中基础的编程方法，是一种允许使用者以可视化脚本方式创建内容的系统。本章从蓝图的基本概念开始，详细阐述蓝图的知识内容，并介绍蓝图开发的操作流程。

本章主要内容如下。

- 蓝图的基本概念、类型和蓝图编辑器。
- 事件节点。
- 变量。
- Math 类型节点。
- 构建脚本。
- 循环。
- 蓝图通信。
- 蓝图应用实例。

3.1 蓝图概述

UE 中的蓝图即可视化脚本系统，也是一个完整的游戏脚本系统。可视化脚本便于用户在编程的过程中随时通过视口查看蓝图的效果。蓝图脚本编辑器如图 3-1 所示，蓝图类编辑器视口界面如图 3-2 所示。

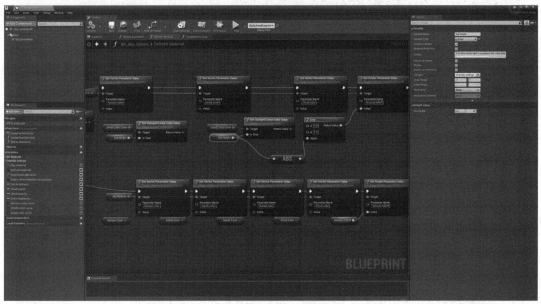

图 3-1　蓝图脚本编辑器

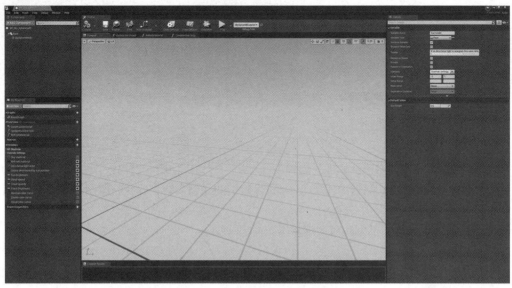

图 3-2　蓝图类编辑器视口界面

3.1.1　蓝图的基本概念

在 UE 编辑器中，使用基于节点的界面创建游戏可玩性元素。跟其他常见的脚本语言一样，蓝图本质上也是定义在引擎中的面向对象的类或对象。在使用 UE 4 的过程中，常常会遇到在蓝图中定义的对象，并且这类对象常常也会被直接称为蓝图。

蓝图完全集成在 UE 4 中，不需要单独的开发环境，引擎中几乎所有系统都集成了蓝图，如动画、UI、材质和音效编辑器等，它们都是基于节点的编辑方式。蓝图通过将具有不同功能的节点连接在一起的图表来工作。蓝图的本质便是将功能不同的节点连接在一起，程序的执行顺序就是节点的连接顺序。蓝图节点编辑如图 3-3 所示。

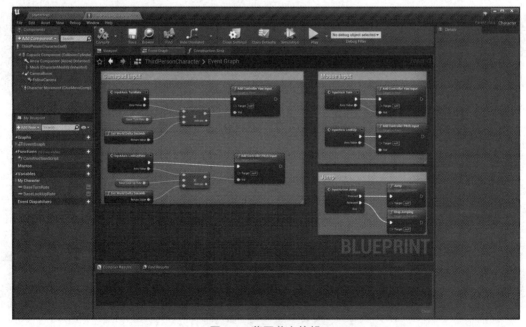

图 3-3　蓝图节点编辑

蓝图是一种面向对象的可解释编译型可视化编程语言，当完成蓝图的节点编辑后，需要对蓝图进行编译，编译后蓝图才可以运行其功能。蓝图编译完成后，编译提醒会出现在编辑器的工具栏中，蓝图编译前后的工具栏对比如图 3-4 所示。

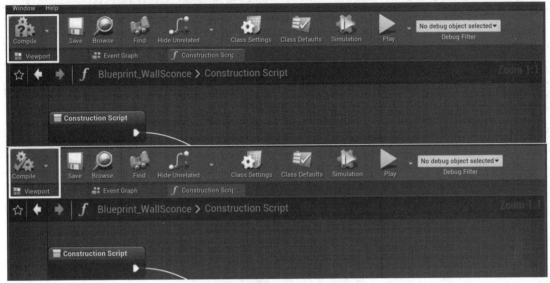

图 3-4　蓝图编译前后的工具栏对比

蓝图的可视化脚本开发特点弱化了传统高级语言编程在 UE 中的困难，让蓝图变得易于上手，即使从未学习过编程的人，通过对蓝图的学习也能制作出属于自己的游戏。

3.1.2　蓝图的类型

蓝图的类型有 Level Blueprint（关卡蓝图）、Blueprint Class（蓝图类）、Blueprint Interface（蓝图接口）、Blueprint Function Library（蓝图函数库）和 Blueprint Macro Library（蓝图宏库）。

1. Level Blueprint

Level Blueprint 是一种特殊的蓝图，每个关卡只有一个 Level Blueprint，且只对本关卡起作用。Level Blueprint 的特征如下：首先，Level Blueprint 与关卡绑定，不可迁移至其他关卡，若想让其他关卡获得同样的蓝图功能，只能在 Level Blueprint 里编写相同的程序。其次，Level Blueprint 没有视口界面，Level Blueprint 的效果影响的是整个关卡，而不是特定的部分。最后，Level Blueprint 功能不需要特定触发，在关卡运行时便开始起作用。这些也是其与 Blueprint Class 的不同之处。Level Blueprint 的编辑界面如图 3-5 所示。

2. Blueprint Class

Blueprint Class 是使用者创建的蓝图文件中的一种。UE 蓝图自带的 Blueprint Class 包括许多种，它们是封装好的 C++代码，如 Actor 类、Pawn 类和 Character 类等。这些类被称为"父类"。父类的蓝图层级下存在许多继承于它的子类，在 Blueprint Class 的结构体中可通过创建子类来继承父类的结构函数。因此，在创建 Blueprint Class 时，要根据 Blueprint Class 的功能选择要继承的父类。父类蓝图列表示例如图 3-6 所示。

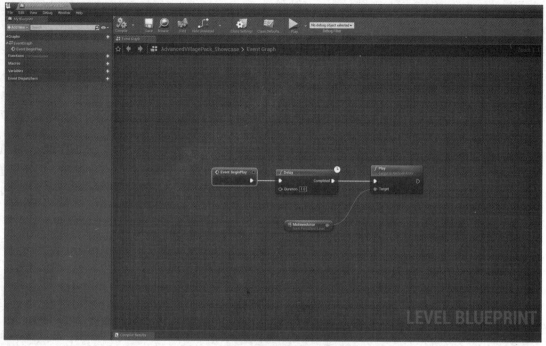

图 3-5 Level Blueprint 的编辑界面

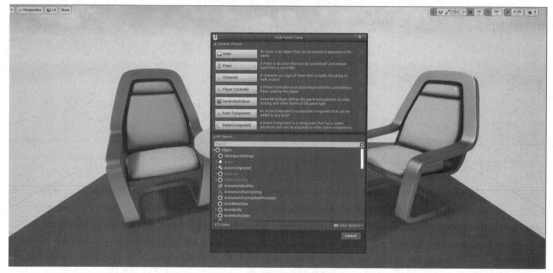

图 3-6 父类蓝图列表示例

  Blueprint Class 具有如下特征：首先，创建的 Blueprint Class 没有关卡限制，可以在多个关卡中使用。其次，Blueprint Class 可创建构建脚本，构建脚本设计的目的是当蓝图所创建的对象以某种方式进行更新时执行该脚本。这表示，当对象被移动、旋转、缩放或其任何属性被调整后，构建脚本会被再次执行。当 Blueprint Class 被新建时，会自动出现空白的构建脚本。最后，Blueprint Class 事件的执行从 Blueprint Class 事件被触发开始，而不是在关卡运行后自动执行。Blueprint Class 的编辑界面如图 3-7 所示。

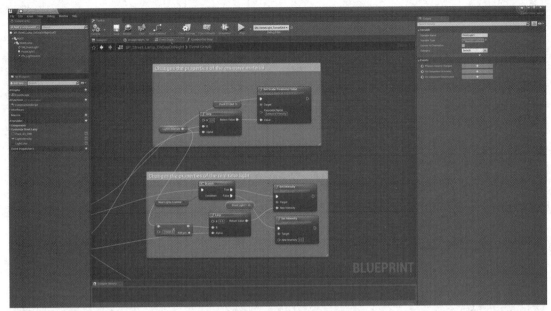

图 3-7　Blueprint Class 的编辑界面

3．Blueprint Interface

Blueprint Interface 是一个或多个函数的集合，它只有名称，没有具体实施规则。Blueprint Interface 可以添加到其他蓝图中。任何添加了该接口的蓝图都保证拥有这些函数。接口的函数可以在添加它的每个蓝图中提供功能。在本质上，这类似于一般编程中的接口概念，它允许多个不同类型的对象通过一个公共接口共享和被访问。简单地说，Blueprint Interface 允许不同的蓝图相互共享和发送数据。Blueprint Interface 的编辑界面如图 3-8 所示。

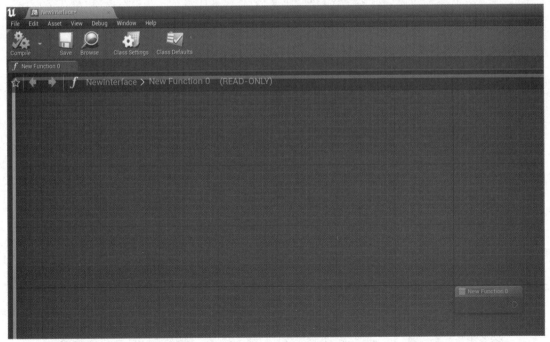

图 3-8　Blueprint Interface 的编辑界面

4. Blueprint Function Library

Blueprint Function Library 是一个静态函数的集合,提供不与特定游戏性对象绑定的调用功能,即它不需要绑定到对象身上即可在蓝图中进行调用。它可以非常方便地将代码中的函数提供给所有蓝图使用,同时也提供了很好的代码复用性。一个 Blueprint Function Library 可以定义若干函数,且这些函数都是全局函数,可以在蓝图中被任意调用。Blueprint Function Library 的编辑界面如图 3-9 所示。

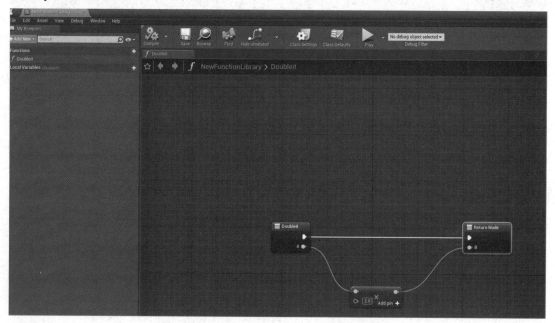

图 3-9　Blueprint Function Library 的编辑界面

5. Blueprint Macro Library

Blueprint Macro Library 是存储宏的容器,它对一些功能算法进行了封装,可以存储常用的节点序列,包括执行和数据传输所需的输入和输出。相较于蓝图内部宏不方便共享的特性,Blueprint Macro Library 的内容可在所有图表中共享,为用户节约了时间,提高了效率。Blueprint Macro Library 的编辑界面如图 3-10 所示。

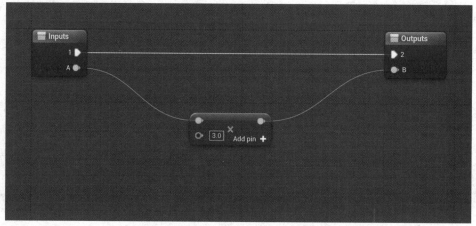

图 3-10　Blueprint Macro Library 的编辑界面

3.1.3 蓝图编辑器

蓝图编辑器的界面如图 3-11 所示，可分为 6 个部分：Menu（菜单）、Components（组件）面板、My Blueprint（我的蓝图）面板、Toolbar（工具栏）、Graph Editor（图表编辑器）和 Details（细节）面板。

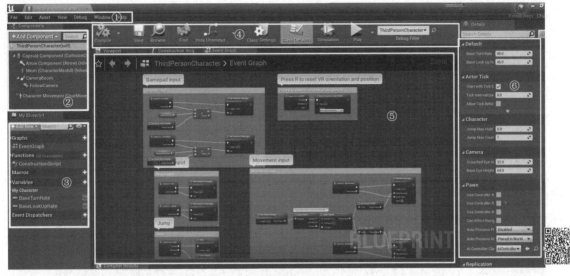

图 3-11　蓝图编辑器的界面

1. Menu

Menu 中的内容是针对蓝图编辑器整体所进行的基础和常规操作。以执行"Edit"→"Project Settings"命令为例，其界面如图 3-12 所示。

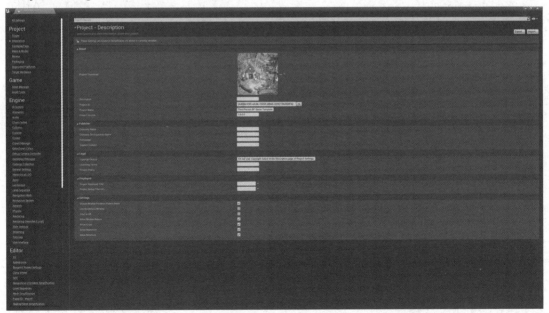

图 3-12　Project Settings 界面

2．Components 面板

Components 面板用于为蓝图添加各类组件，如静态网格体、音效和粒子特效等。完成组件的添加后，其效果可在编辑器的视口中查看。单击"+Add Component"按钮可调出组件列表，查看所有可添加的组件。以 UE 中 Advanced Village Pack 素材包里名为BP_Street_Lamp_OnDayOnNight 的蓝图为例，组件的添加效果如图 3-13 所示。

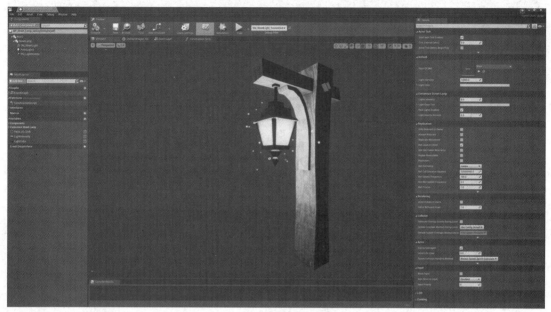

图 3-13　组件的添加效果

3．My Blueprint 面板

My Blueprint 面板显示蓝图的图表、函数、宏、变量和脚本等大纲信息。图表、函数和宏可通过节点编辑的方式来实现功能，而变量主要通过对不同类型的元素进行编辑后在图表中引用。以构建脚本的编辑界面为例，其界面内容如图 3-14 所示。

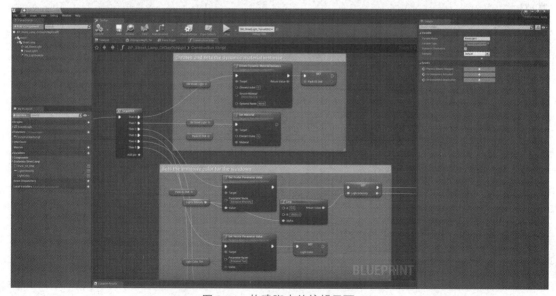

图 3-14　构建脚本的编辑界面

4．Toolbar

蓝图编辑器的 Toolbar 如图 3-15 所示，利用它可对蓝图编辑过程中的基础功能进行修改。Toolbar 的功能区域分为 9 部分，从左到右依次进行介绍。第一部分是编译功能，蓝图编辑好后可进行编译，查看蓝图类的具体实现功能。第二部分和第三部分是保存和浏览功能，可对编辑好的蓝图进行保存和浏览。第四部分是查找功能，可查看任何引用该蓝图的对象。第五部分是隐藏不相关功能，启用后当前图表中任何没有被选中或者没有链接至选中节点的节点都会被隐藏淡化。第六部分是类设置功能，可以对蓝图进行一些特定的设置。第七部分是类默认值功能，用于设置蓝图的一些默认属性。最后两部分分别是模拟和播放功能，用于查看蓝图效果。

图 3-15　蓝图编辑器的 Toolbar

5．Graph Editor

虽然不同类型的蓝图有不同的编辑器，但是多数蓝图的功能都是通过图表中的节点编辑来实现的，蓝图执行时大部分需要执行的脚本都写在图表编辑器中。图表编辑器界面和多个界面共享一个区域，例如视口界面，其用于观察蓝图的编程效果。以 Advanced Village Pack 素材包里名为 BP_Street_Lamp_OnDayOnNight 的蓝图为例，图表编辑器界面和视口界面分别如图 3-16 和图 3-17 所示。

6．Details 面板

Details 面板用于定义并调整蓝图所有内容的属性，它具有上下文敏感性，因此选中不同的对象在 Details 面板中会显示不同的属性。例如，新建一个空白蓝图并在其 Components 面板中添加一个静态网格体，便可在 Details 面板中对其静态网格体进行设置，效果如图 3-18 所示。

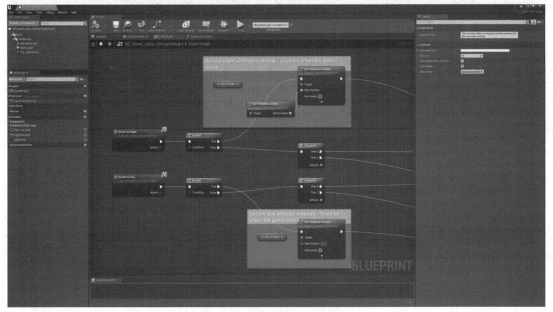

图 3-16　图表编辑器界面

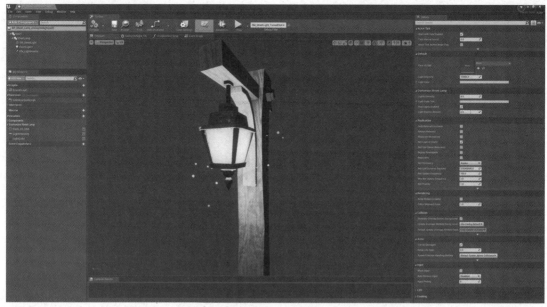

图 3-17　视口界面

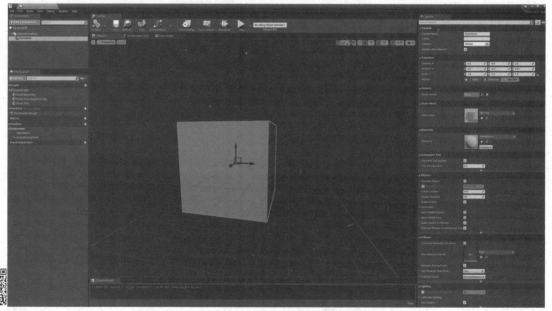

图 3-18　添加静态网格体并对其进行设置

3.2　事件节点

　　蓝图的功能机制是面向对象的事件驱动机制，特定对象的事件触发才能让蓝图的功能得以发挥。Events 是从游戏性代码中调用的节点，在 Event Graph 中开始执行个体网络。它们使蓝图执行一系列操作，对游戏中发生的特定事件（如游戏开始、关卡重置、受到伤害等）进行回应。这些事件可在蓝图中访问，以便实现新功能或覆盖/扩充默认功能。任意数量的 Events 均可在单一 Event Graph 中使用，但每种类型只能使用一个。

UE 中常用的事件节点有 Event BeginPlay 事件节点、On Actor Begin Overlap 事件节点、On Actor End Overlap 事件节点、On Component Begin Overlap 事件节点、On Component End Overlap 事件节点、Event Tick 事件节点、键盘响应事件节点和鼠标响应事件节点等。

3.2.1　Event BeginPlay 事件节点

Event BeginPlay 意为事件开始执行，在游戏开始时将在所有 Actor 对象上触发此事件，游戏开始后生成的所有 Actor 对象均会立即调用此事件。本节通过实现一个游戏运行时自动触发 UI 的效果来认识这个节点的用法及功能效果。

创建一个 UE 4 第三人称项目，在创建好的游戏关卡里新建一个用户界面中的 UI 蓝图，如图 3-19 所示，进入后 UI 编辑界面如图 3-20 所示。

图 3-19　新建 UI 蓝图

图 3-20　UI 编辑界面

在 UI 蓝图里添加"开始游戏"和"退出游戏"按钮，构成一个简单的游戏开始界面，如图 3-21 所示。

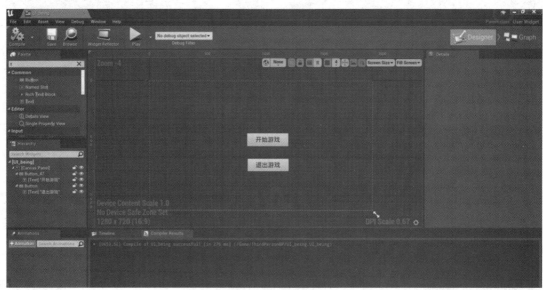

图 3-21　添加按钮

创建好 UI 界面后，执行 UE 工具栏中的"Blueprints"→"Open Level Blueprint"命令，打开关卡蓝图，如图 3-22 所示。

图 3-22　打开关卡蓝图

在关卡蓝图里的事件图表中的空白处右击，会出现节点列表，在节点列表里寻找或在搜索框中输入 Event BeginPlay 事件节点的名称，便可将其添加到图表中，如图 3-23 所示。

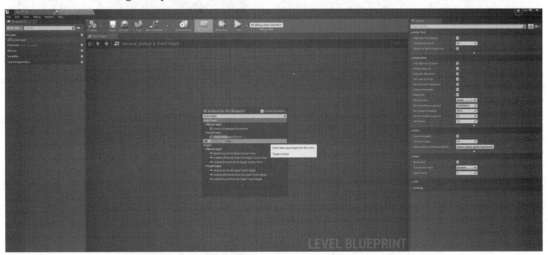

图 3-23　Event BeginPlay 事件节点的添加

通过节点间引脚的连接，在关卡蓝图中实现关卡开始运行时 UI 界面自动显示的效果。关卡中蓝图的编辑如图 3-24 所示。

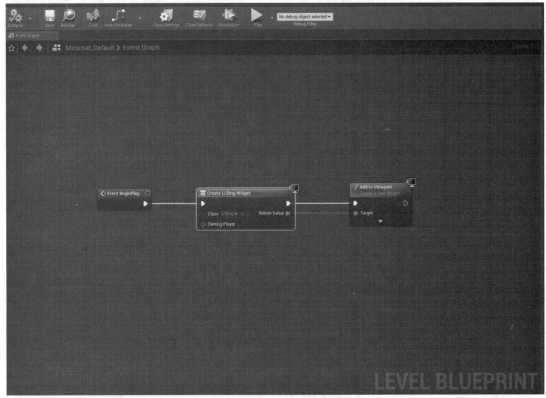

图 3-24　关卡中蓝图的编辑

对关卡蓝图进行编译并保存后可运行关卡查看事件编辑效果，如图 3-25 所示，当关卡开始运行时，UI 界面自动显示。此功能可对事件节点 Event BeginPlay 的功能进行验证。

图 3-25　Event BeginPlay 事件节点的功能效果

3.2.2　On Actor Begin Overlap 事件节点和 On Actor End Overlap 事件节点

On Actor Begin Overlap 意为 Actor 对象重叠时触发事件，它和 On Actor End Overlap 都属于碰撞类型的节点。两者的作用机制为当两个 Actor 对象的碰撞响应允许重叠时，两个 Actor 对象移到一起便可触发事件。On Actor Begin Overlap 是碰撞开始重叠时触发的事件节点，On Actor End Overlap 是碰撞结束重叠时触发的事件节点。下面以在关卡蓝图里实现自动开关门为例介绍 On Actor Begin Overlap 事件节点和 On Actor End Overlap 事件节点的功能。

在前面新建的第三人称项目场景中放置门框、门和盒体触发器，并调整好它们的位置关系和大小，效果如图 3-26 所示。

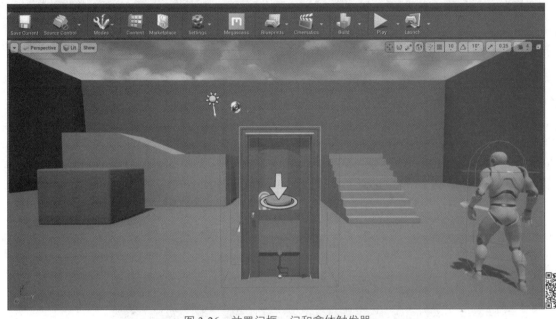

图 3-26 放置门框、门和盒体触发器

将门的静态网格体由静态改为可移动，然后选中门并打开关卡蓝图，在关卡蓝图中对门进行引用，如图 3-27 和图 3-28 所示。

选中盒体触发器，为盒体触发器添加 On Actor Begin Overlap 事件节点和 On Actor End Overlap 事件节点，如图 3-29 和图 3-30 所示。

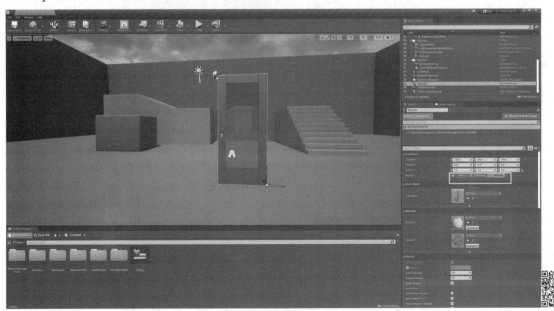

图 3-27 门"可移动"操作

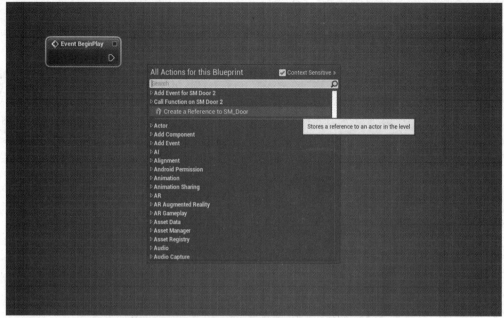

图 3-28　门在关卡蓝图中的引用

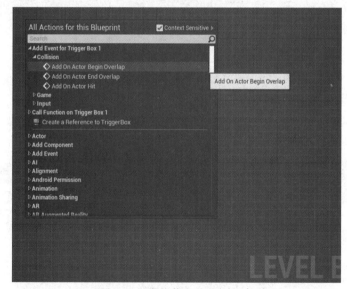

图 3-29　事件节点的添加方法

图 3-30　事件节点添加完成

在关卡蓝图中实现 Actor 对象碰撞开始重叠时自动开门和碰撞结束重叠时自动关门的蓝图功能。其蓝图编辑界面如图 3-31 所示，场景运行界面如图 3-32 和图 3-33 所示。

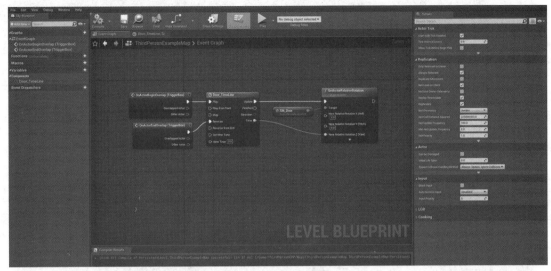

图 3-31　蓝图编辑界面

图 3-32　场景运行界面（碰撞开门效果）　　图 3-33　场景运行界面（结束碰撞关门效果）

3.2.3　On Component Begin Overlap 事件节点和 On Component End Overlap 事件节点

On Component Begin Overlap 意为组件重叠时触发事件，它和 On Component End Overlap 都属于碰撞类型的节点。两者的作用机制与 On Actor Begin Overlap 事件节点和 On Actor End Overlap 事件节点相似，不过它们是当两个组件的碰撞响应允许重叠时，碰撞后触发事件。On Component Begin Overlap 是碰撞开始重叠时触发的事件节点，On Component End Overlap 是碰撞结束重叠时触发的事件节点。下面以实现蓝图类自动开关门为例介绍 On Component Begin Overlap 事件节点和 On Component End Overlap 事件节点的功能。

在前面创建的第三人称项目中新建蓝图类，继承于 Actor 父类，命名为 bp_door，如图 3-34 和图 3-35 所示。

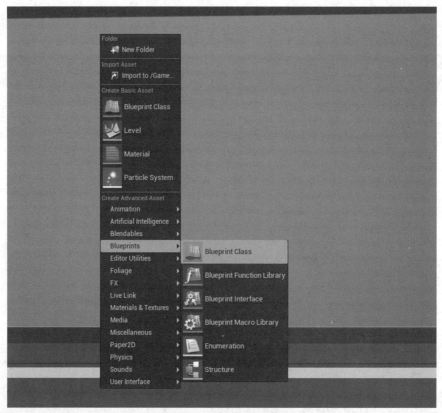

图 3-34　蓝图类的创建

图 3-35　Actor 父类的选择

在新建的 bp_door 蓝图类中，添加两个静态网格体组件，分别为门框和门，添加后的效果如图 3-36 所示。

然后为整个蓝图类添加碰撞组件 Box Collision（盒体触发器），用以进行事件的触发，添加后的效果如图 3-37 所示。

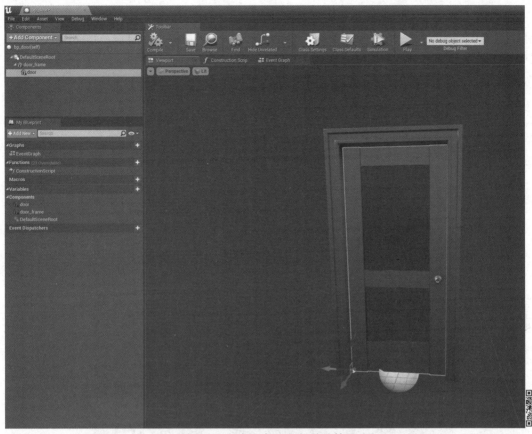

图 3-36　添加门框和门组件的效果

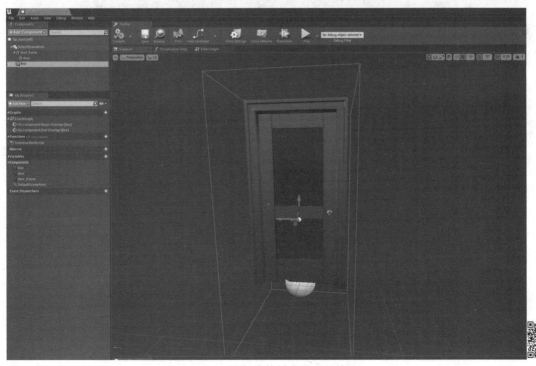

图 3-37　添加盒体触发器后的效果

单击盒体触发器，在 Details 面板的 Events 栏中，分别单击 On Component Begin Overlap 选项和 On Component End Overlap 选项右侧的"+"按钮，将这两个事件节点添加到事件图表中，如图 3-38 和图 3-39 所示。

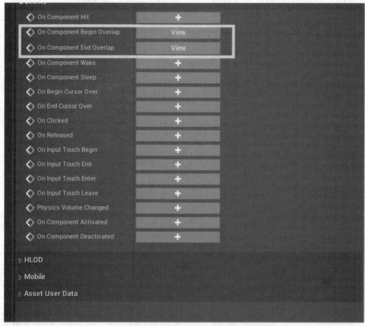

图 3-38　将两个事件节点添加到事件图表中

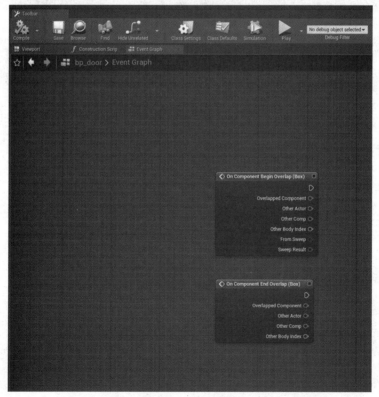

图 3-39　事件图表

对蓝图的事件图表进行编辑，实现碰撞开始时门自动打开，而碰撞结束后门自动关闭的效果。其蓝图编辑界面和效果如图 3-40～图 3-42 所示。

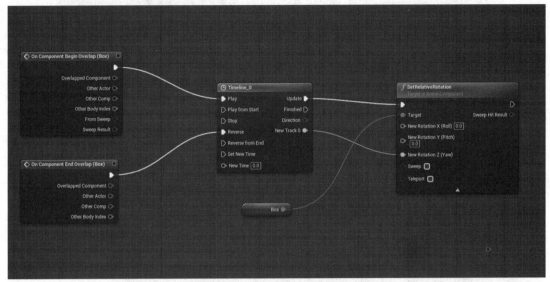

图 3-40　碰撞开门蓝图编辑界面

图 3-41　碰撞开门效果

图 3-42　碰撞结束关门效果

3.2.4　Event Tick 事件节点

Event Tick 事件节点响应时钟事件，是游戏进程中每帧都调用的事件。Event Tick 事件产生于游戏的每帧中。例如，在一个每秒运行 60 帧的游戏中，Event Tick 事件会被每秒调用 60 次。下面通过输出每秒帧的时间值来说明 Event Tick 事件的执行次数和时间；通过利用 Event Tick 事件每秒的执行次数来控制 Actor 对象在场景中沿 X 轴运动的案例说明 Event Tick 事件节点的功能。

在上文创建的第三人称项目中新建继承于 Actor 父类的蓝图类，命名为 bp_cube。在蓝图类的事件图表中激活 Event Tick 事件节点，通过蓝图编辑将每秒帧的时间值输出，对应的蓝图编辑界面和时间值输出效果分别如图 3-43 和图 3-44 所示。

利用 Event Tick 事件每秒的执行次数来控制 Actor 在场景中沿 X 轴运动功能的实现流程如下：先在上文创建的第三人称项目场景中添加立方体组件，并将其运动状态更改为可移动，再在关卡蓝图中对立方体进行引用，如图 3-45 所示。

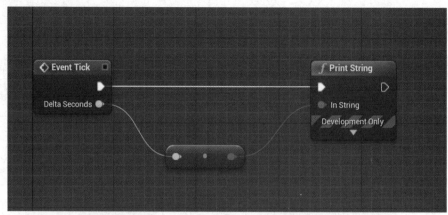

图 3-43　帧的时间值输出蓝图编辑界面

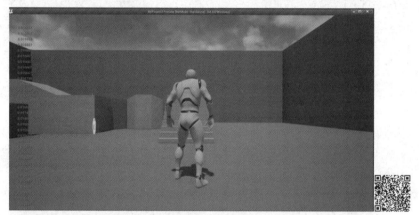

图 3-44　帧的时间值输出效果

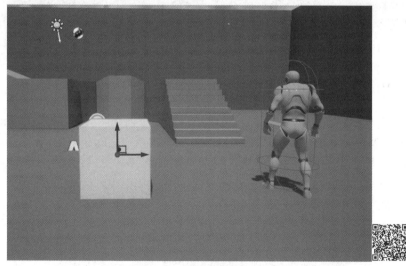

图 3-45　添加立方体

　　在添加好立方体组件后，在事件图表中编写利用 Event Tick 事件控制立方体沿 X 轴运动的蓝图代码，代码编辑界面如图 3-46 所示。对比游戏运行前后立方体的位置，如图 3-47 和图 3-48 所示，可见立方体沿 X 轴以 Event Tick 事件所控制的速度移动。

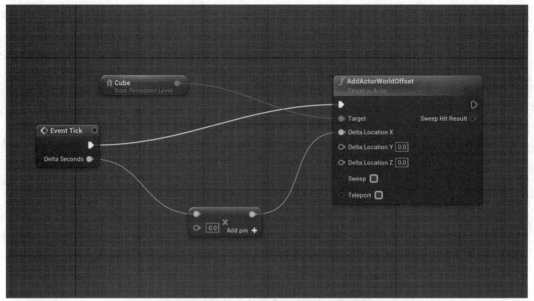

图 3-46 立方体沿 X 轴运动蓝图代码编辑界面

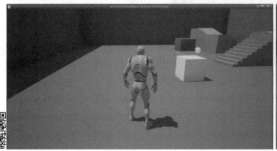

图 3-47 游戏初始运行时立方体的位置

图 3-48 游戏运行后立方体的位置

3.2.5 键盘响应事件节点

UE 开发的项目除了可对角色进行行走和跳跃等基本动作控制，还可以根据项目运行使用的不同外部设备对其交互行为进行控制。例如，当用计算机运行时，可使用键盘、鼠标等外部设备对角色进行控制；当用手机等移动设备运行时，可使用触屏等外部设备进行控制。

下面介绍外部设备常用的键盘响应事件节点，利用按键开门的蓝图功能介绍键盘响应事件节点的使用和功能编写方法。

利用按键 E 来控制开关门的程序核心思想为，当检测到角色走到门前时按 E 键触发开门事件。本案例在 3.2.3 节 bp_door 蓝图类碰撞开门案例的基础上进行操作，保留该蓝图类的组件信息，只更改其事件图表。事件图表的更改结果如图 3-49 所示。

在原有的程序图表中，首先通过获取玩家信息更改是否允许输入键盘内容，然后添加 E 节点和 Gate 节点，E 节点用以触发开门事件，Gate 节点用以判断角色是否在门前（碰撞范围内）。若角色在碰撞范围内，则按 E 键触发开门事件可执行，执行效果如图 3-50 所示；否则将不可执行。当角色处于碰撞重叠区域内时，按 E 键即可实现开门效果，再次按 E 键，门自动关闭。

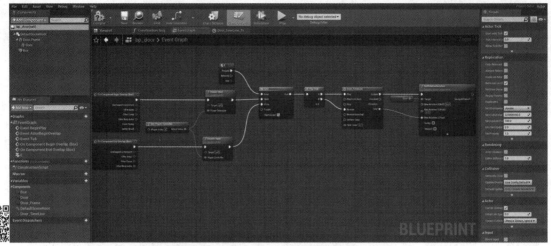

图 3-49　事件图表的更改结果

图 3-50　按键开门效果

3.2.6　鼠标响应事件节点

鼠标是控制项目交互的常用外部设备。下面通过用鼠标控制门自动开启的案例来介绍鼠标响应事件节点的使用和功能编写方法。

用鼠标单击开门的项目思路为，当用鼠标单击门的静态网格体时，门自动开启。本案例沿用 3.2.3 节中的 bp_door 蓝图类，在事件图表中进行修改。

在修改蓝图前，需要在 UE 的用户控制器中对允许单击场景中物品的事件进行激活。其操作步骤是，在 World Settings（世界设置）面板中将游戏模式（GameMode Override）设置为第三人称游戏模式（ThirdPersonGameMode），如图 3-51 所示。

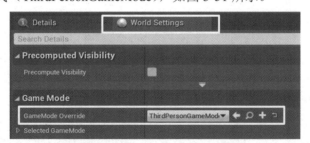

图 3-51　第三人称游戏模式的设置

继续在 Game Mode（游戏模式）选项卡下进行操作，单击 Player Controller Class 选项右侧的 "+" 按钮，新建 Player Controller Class（玩家控制器），在新建的 Player Controller Class

中勾选"Enable Click Events"复选框，并在 Player Controller Class 下拉菜单中选择新建的 Player Controller Class。其操作流程如图 3-52～图 3-54 所示。

图 3-52　新建玩家控制器

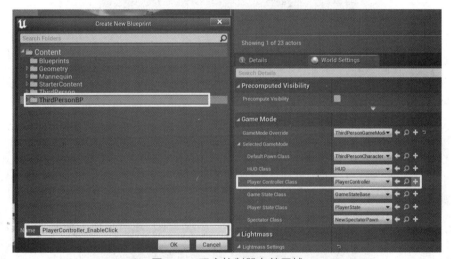

图 3-53　玩家控制器存储区域

图 3-54　勾选"Enable Click Events"复选框

　　鼠标单击事件设置完成后，对 bp_door 蓝图类进行更改，不修改其组件部分，保留原有的门、门框和盒体碰撞器，只修改蓝图。单击静态网格体 door，在 Details 面板中找到 On

Clicked 事件，单击右侧的"+"按钮，将其添加到事件图表中，如图 3-55 所示。

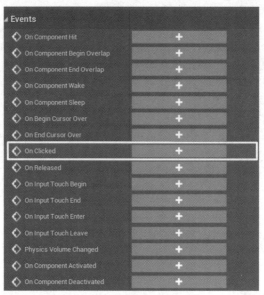

图 3-55　添加鼠标单击事件

事件添加完成后，对事件图表中的蓝图进行编辑。首先实现当组件碰撞重合时显示鼠标光标，结束重合后不显示鼠标光标；其次实现当组件碰撞重合时，单击鼠标开门的事件可执行，结束重合后该事件不可执行；最后实现当单击一次时门打开，再次单击时门关闭的功能。对应的蓝图修改结果和效果如图 3-56～图 3-58 所示。

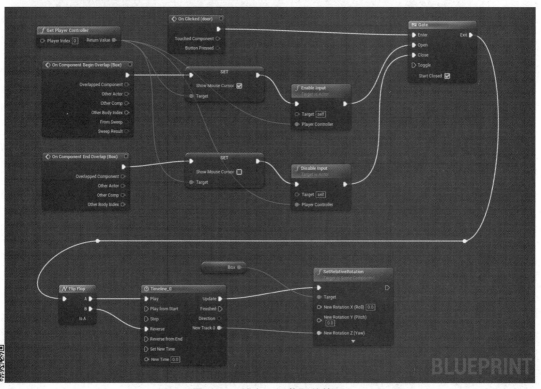

图 3-56　单击开门蓝图的编写

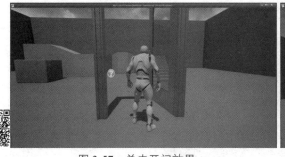

图 3-57　单击开门效果

图 3-58　再次单击关门效果

3.3　变量

变量是容纳字符串、数字和数组等数据的容器，在 UE 中具有重要作用。本节将介绍变量的基本概念、使用方法和基本类型等。

3.3.1　变量概述

变量用来保存值、场景中的对象或 Actor 的属性。变量的类型有基础型变量（字符型、文本型等）、数据型变量（布尔型、整型和浮点型等）和引用型变量（Actor、Object等特定类型的变量）等。变量的属性可以由包含它的蓝图通过内部方式访问，也可以通过外部方式访问，以便设计人员使用放置在关卡中的蓝图实例来修改它的值。变量在蓝图编辑器中的操作位置在 My Blueprint 面板中。当新建空白蓝图类时，在 Variables 选项卡中默认存在组件变量层级，其层级下默认会出现名为 DefaultScenceRoot 的场景组件变量，如图 3-59 所示。

图 3-59　名为 DefaultScenceRoot 的场景组件变量

在 Variables 选项卡中可以进行的操作有两种：一种是新建变量，单击"+Add New"按钮新建变量并为其命名。另一种是针对场景中已有的变量进行修改，在变量的右侧会出现一个闭着的眼睛，意为此变量并非公有变量，不能在蓝图实例上进行编辑，如图 3-60 所示；当眼睛打开时，变量将由私有变为公有，可以实现在蓝图实例上的编辑，如图 3-61 所示。

图 3-60　新建布尔型变量 Example

图 3-61　变量由私有变为公有

在蓝图编辑器内主要使用 Details 面板对蓝图变量进行修改，如图 3-62 所示。

图 3-62　Details 面板的变量

3.3.2　结构体变量

结构体（Structure）变量是由一系列相同类型或者不同类型的数据构成的数据集合。下面介绍几种常用的 Structure 变量类型。

首先，在 UE 的资源列表中新建 Structure，如图 3-63 所示，并将其命名为 Item_list，用来存储物体信息。

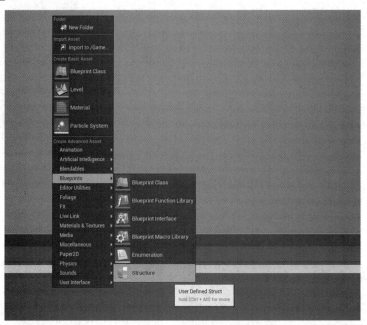

图 3-63　新建 Structure

然后双击打开 Item_list 结构体，为其添加不同类型的信息，如物品名称、物品数量和物品描述等，如图 3-64 所示。

当结构体内的信息添加完成后，新建名为 bp_variable 的蓝图类，在蓝图编辑器的 Variables 选项卡中新建变量，并命名为 Item_Information，在 Details 面板中将 Variable Type 更改为 Item List，完成结构体变量的创建和使用，如图 3-65 所示。

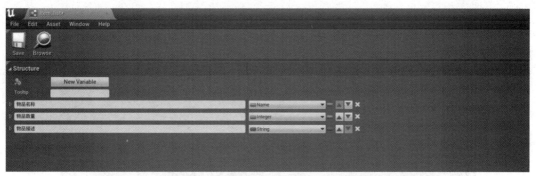

图 3-64　为结构体添加不同类型的信息

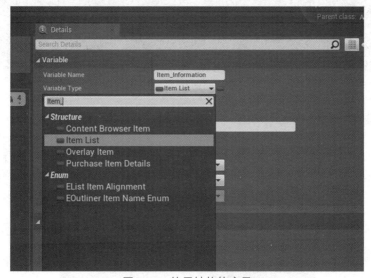

图 3-65　使用结构体变量

　　将新建的 Item_Information 拖入事件图表中，单击"获得变量"按钮，再把变量右侧的节点拖出来，在出现的节点列表中选择 Break Item_list，即可将结构体变量所包含的变量类型以引脚的形式展现出来，进而能够在蓝图事件图表中进行进一步操作，如图 3-66 所示。

图 3-66　添加 Break Item_list 节点

　　Item_list 结构体从创建到使用，体现了从创建结构体变量到使用结构体变量的全过程。另外，还可以通过 Break Vector 节点对结构体变量所包含的变量类型进行分解，查看 UE 内置的结构体变量所包含的变量类型。在 bp_variable 蓝图类中新建 Vector 类型的结构体变量，用 Break Vector 节点对其进行分解，可见 Vector 变量中包含三个方向的变量引脚，如图 3-67 所示。

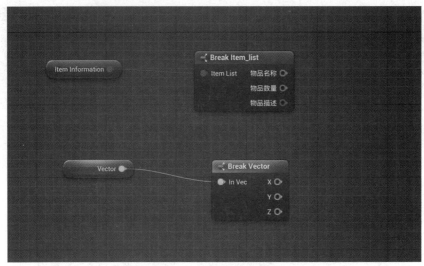

图 3-67　Vector 变量的分解

3.3.3　对象变量

对象（Object）变量中包含各种复杂对象，用来调整蓝图类型。在蓝图中创建的任何组件，当它需要被调用时，都是作为对象变量存在的。

在前面新建的 bp_variable 蓝图类中新建一个名为 Objects_List 的变量，而后打开其变量类型选择列表，展开 Object Types 栏，可查看对象变量的类型，如图 3-68 所示。

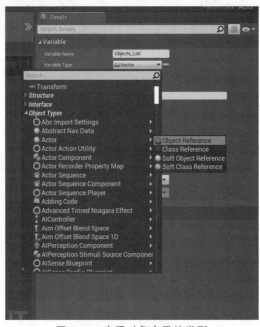

图 3-68　查看对象变量的类型

以前文中的 bp_door 蓝图类为例，在 bp_door 蓝图类的事件图表中对静态网格体 door 的引用方式是将其直接从组件面板中拖动到事件图表中，因此 door 便作为一个对象变量被事件图表引用了，如图 3-69 所示。

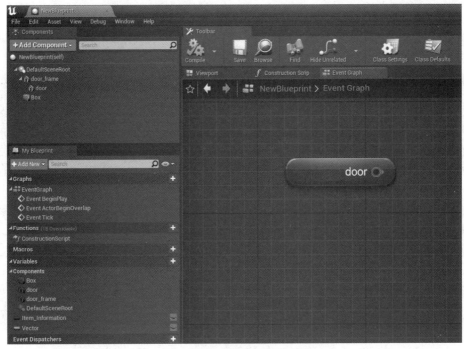

图 3-69　对象变量的引用

3.3.4　枚举变量

枚举（Enumeration）变量是一个被命名的整型常数的集合，例如，{A,B,C}这个集合可作为一个枚举类型的变量使用。

在项目中新建 Enumeration 变量，将其命名为 Enum_Type，如图 3-70 所示。

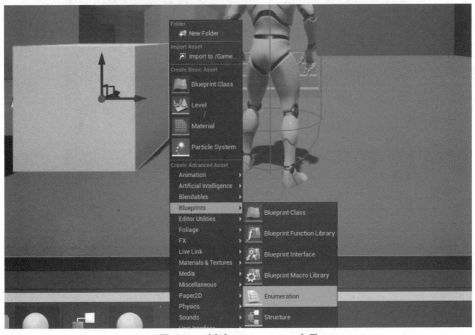

图 3-70　新建 Enumeration 变量

双击打开新建的 Enum_Type，其编辑器如图 3-71 所示，单击面板右侧的"New"按钮可添加常量数据。常量添加后，可单击其右侧的正三角按钮和倒三角按钮调整常量的位置，或者单击"×"按钮删除常量，如图 3-72 所示。

图 3-71　Enum_Type 编辑器

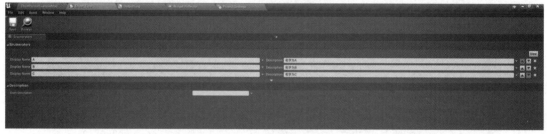

图 3-72　常量添加完成

新建枚举变量后应保存。回到上文创建的 bp_variable 蓝图类中，新建变量并命名为 MyEnum，将其变量类型更改为 Enum Type，如图 3-73 所示。

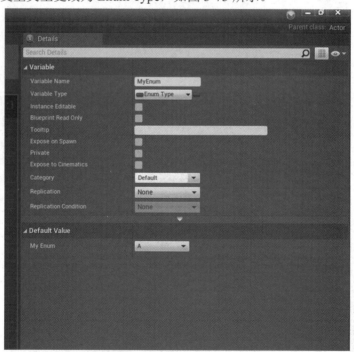

图 3-73　枚举变量的引用

然后对蓝图进行编译，而后便可在变量的 Details 面板的 Default Value 栏的 My Enum 下拉列表中查看建立在 Enum_Type 中的三项内容，如图 3-74 所示。当将鼠标光标悬停在枚举值上时，可查看其文字描述。

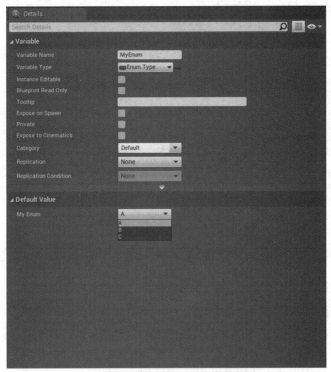

图 3-74　枚举变量的查看

3.3.5　数组变量

数组（Array）变量用以存储多个同一类型的变量。下面介绍数组变量的定义和使用。

在关卡蓝图中新建一个名为 MyArray 的 String 类型的变量，如图 3-75 所示。

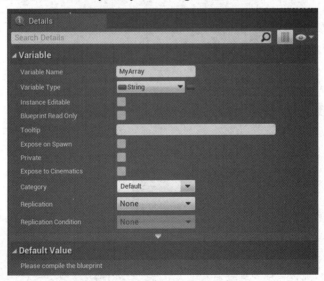

图 3-75　创建 String 类型的变量

单击 String 右侧的圆角矩形图标可调出一列图标，如图 3-76 所示，单击其中的九宫格阵列图标，即可把当前的 String 类型的变量定义为数组变量。

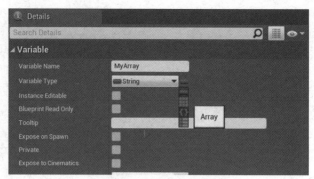

图 3-76　调出一列图标

选中数组变量图表并编译，会发现 MyArray 变量的默认值发生了改变，可以添加数组元素，这里添加了 A、B、C 三个元素，如图 3-77 所示。

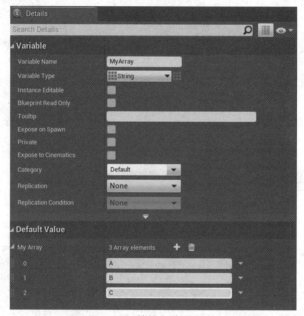

图 3-77　数组元素的添加

将更改后的 MyArray 变量拖动到事件图表中，单击获得变量按钮，拉出变量右侧的引脚连接 GET 节点，然后编辑其他节点，实现按键将 MyArray 数组变量中的内容输出。数组变量内容输出蓝图和效果分别如图 3-78 和图 3-79 所示。

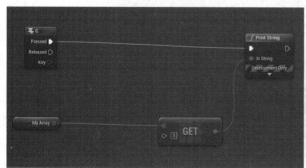

图 3-78　数组变量内容输出蓝图

图 3-79　数组变量内容输出效果

3.4　Math 类型节点

Math 类型节点包括几类变量之间的加、减、乘、除等数学运算节点。本节介绍加法节点、减法节点、乘法节点和除法节点的功能及使用方法。

3.4.1　加法节点

新建继承于 Actor 父类的名为 bp_math 的蓝图类。双击打开蓝图，在事件图表中单击鼠标右键，进入节点菜单，展开 Math 栏，可查看 Math 类型下的所有节点，如图 3-80 所示。

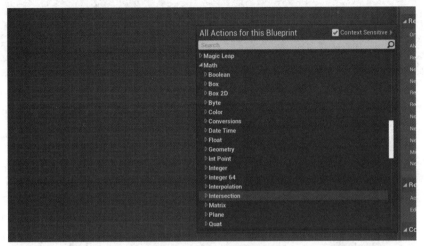

图 3-80　Math 类型节点列表

下面以整型数据为例。打开整数类包含的所有节点，其中 int + int 表示两个整数相加，是较为常用的加法节点，如图 3-81 所示。

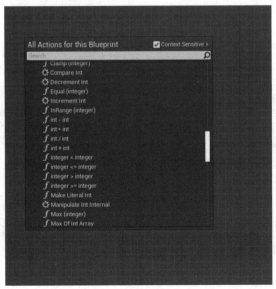

图 3-81　整数类节点列表

将 int + int 节点拖入事件图表中，在这个节点上有两个整型数据可以被赋值，利用整数加法节点的这个特性，输入两个整数并将其通过字符串打印出来。整数加法实现蓝图和效果分别如图 3-82 和图 3-83 所示，输入"12"和"15"两个整数，在运行结果中得到两者相加的结果 27。

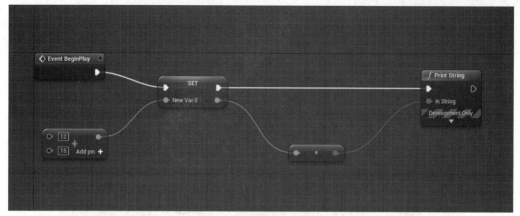

图 3-82　整数加法实现蓝图

图 3-83　整数加法实现效果

3.4.2　减法节点

减法节点功能的介绍也以整型数据为例，在 bp_math 蓝图类的事件图表中添加 int - int 节点，如图 3-84 所示。

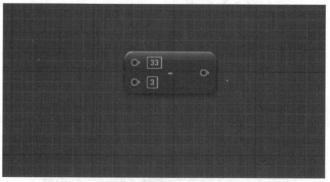

图 3-84　减法节点的添加

在事件图表中编辑与 3.4.1 节相同的蓝图节点，实现两个数相减的功能。整数减法实现蓝图如图 3-85 所示。

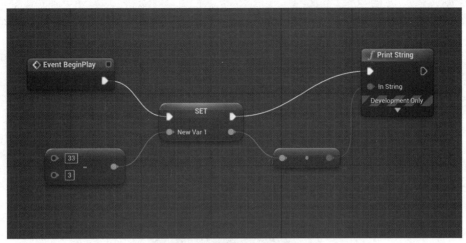

图 3-85　整数减法实现蓝图

3.4.3　乘法节点

乘法节点功能的介绍也以整型数据为例，在 bp_math 蓝图类的事件图表中添加 int * int 节点，如图 3-86 所示。

图 3-86　乘法节点的添加

在事件图表中编辑与 3.4.1 节相同的蓝图节点，实现两个数相乘的功能。整数乘法实现蓝图如图 3-87 所示。

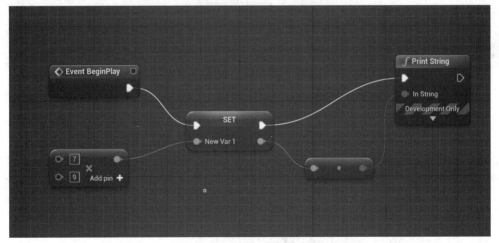

图 3-87　整数乘法实现蓝图

3.4.4 除法节点

除法节点功能的介绍也以整型数据为例，在 bp_math 蓝图类的事件图表中添加 int ／ int 节点，如图 3-88 所示。

图 3-88　除法节点的添加

在事件图表中编辑与 3.4.1 节相同的蓝图节点，实现两个整数相除的功能。整数除法实现蓝图如图 3-89 所示。

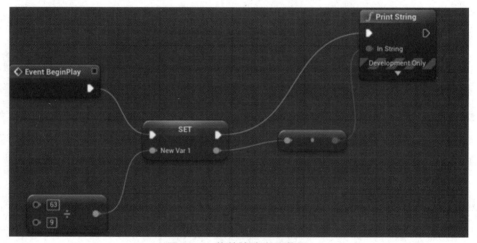

图 3-89　整数除法实现蓝图

3.5　构建脚本

构建脚本（Construction Script）属于特定蓝图的节点图表，当新建一个 Actor 蓝图时，在函数栏中默认会出现 ConstructionScript 选项，双击它可以进入其编辑区域。与事件图表一样，Construction Script 的编辑区域也在整个编辑器的中间部分，如图 3-90 所示。

Construction Script 有如下几个特点。首先，Construction Script 只有在 UE 的关卡编辑器中放置或更新时才会被调用执行，在游戏运行过程中不会被执行；其次，Construction Script 在组件列表之后运行，它包含的节点图表允许蓝图实例执行初始化操作；最后，Construction Script 的功能丰富，它可以执行场景射线追踪、设置网格体和材质等操作，应根据场景环境来设置。下面以随机散布工具的创建为例进行详细介绍。

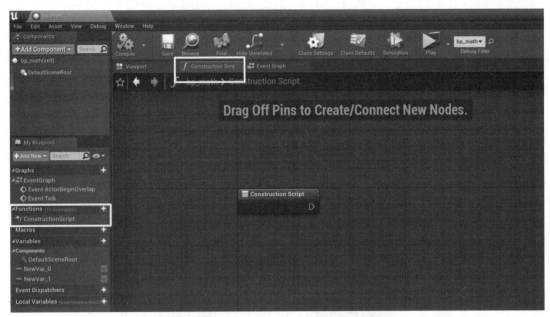

图 3-90 Construction Script 的编辑区域

3.5.1 随机散布工具的概念

随机散布工具是使用蓝图可视化脚本系统创建的一项工具，属性为继承于 Actor 父类的蓝图类。随机散布工具在场景的构建方面起着很大的作用，它能在一个自定义区域内随机散布用户选择的静态网格体文件，如为花坛随机添加鲜花、为草地随机添加绿植等。

随机散布工具的使用方法如下。

将创建好的蓝图类拖到场景中需要随机创建静态网格体的位置，如图 3-91 所示。

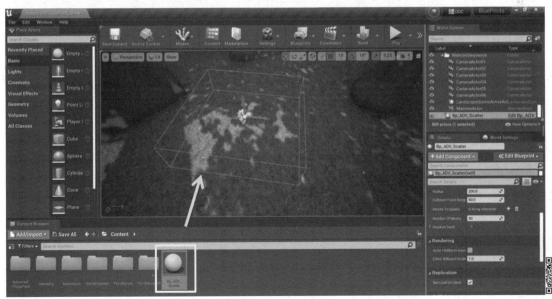

图 3-91 将创建好的蓝图类拖到场景中

选中随机散布工具，在 Details 面板的 "Default" 选项卡的 "Meshs To Spawn" 选区，单击 "0 Array elements" 右侧的 "+" 按钮，如图 3-92 所示，在出现的内容区域为工具添加所要随机生成的静态网格体。

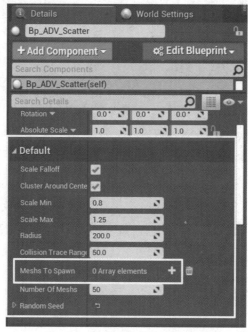

图 3-92　静态网格体的添加方法

可根据所要随机生成的静态网格体的种类数量，对 "0 Array elements" 右侧的 "+" 按钮进行操作。例如，需要随机生成石头、草和灌木 3 种静态网格体，则单击 3 次 "+" 按钮，在出现的 3 个静态网格体的内容区域分别添加这 3 种静态网格体，如图 3-93 和图 3-94 所示。

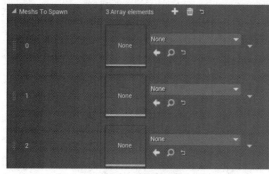

图 3-93　静态网格体的添加区域

图 3-94　静态网格体添加完成

添加的静态网格体会显示在场景的随机散布工具中，如图 3-95 所示。

还可以在 Details 面板的 "Default" 选项卡中通过修改 "Radius" 的值改变随机散布工具的生成范围，如图 3-96 所示。可见随着随机散布工具生成范围的改变，随机生成的静态网格体的位置也发生了变化。

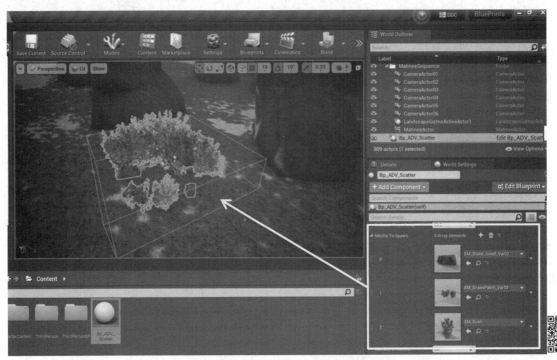

图 3-95 静态网格体的添加效果

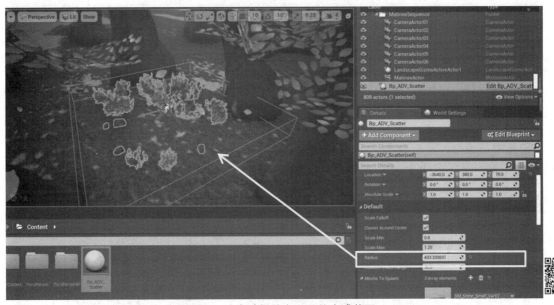

图 3-96 改变随机散布工具的生成范围

当把随机散布工具的生成范围变大后，会出现许多空白区域。改变 Details 面板的 "Default" 选项卡的 "Number Of Meshs" 的值可以改变静态网格体的生成数量，如图 3-97 所示。

随机散布工具的蓝图类在项目运行前便发挥作用，符合构建脚本当蓝图类放置在场景中便起作用的特点。接下来，通过变量的创建、碰撞网格体的添加和随机流的实现三部分来介绍随机散布工具的创建过程。

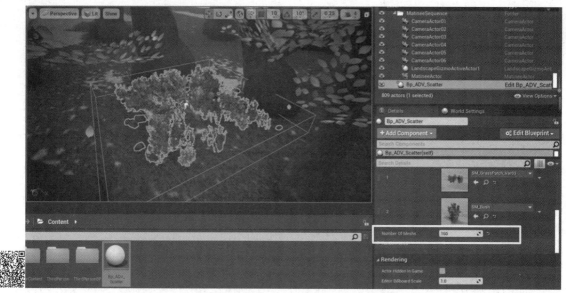

图 3-97　改变静态网格体的生成数量

3.5.2　变量的创建

新建第三人称项目，将其命名为 BluePrints，如图 3-98 所示。

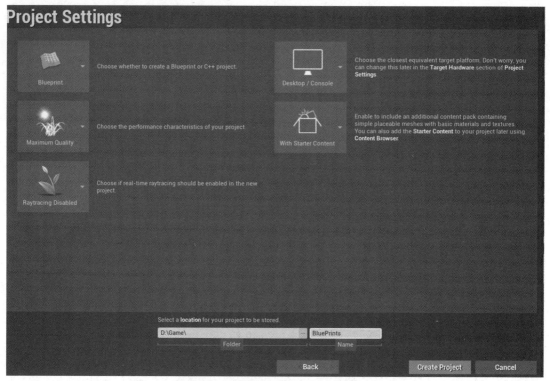

图 3-98　新建第三人称项目 BluePrints

新项目创建完成后，为了展示随机散布工具的使用效果，在新项目中运用与前文相同的方法使用 UE 中的 Advanced Village Pack 素材包。双击打开素材包中自带的 AdvancedVillagePack_Showcase 地图，随机散布工具的使用效果便会在其中展示出来，如图 3-99 所示。

图 3-99　AdvancedVillagePack_Showcase 地图场景

在内容浏览器中新建继承于 Actor 父类的蓝图类，将其命名为 Bp_ADV_Scatter，如图 3-100 和图 3-101 所示。

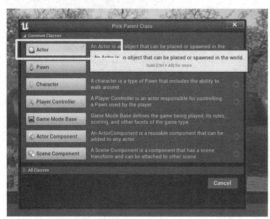

图 3-100　新建继承于 Actor 父类的蓝图类

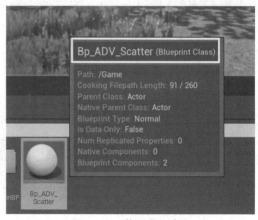

图 3-101　蓝图类的命名

完成随机散布工具蓝图类的创建后，双击打开蓝图编辑器，在 My Blueprint 面板的变量操作区域内为随机散布工具蓝图类添加变量。

1. 布尔型变量的添加

单击变量操作区域右侧的"+"按钮，新建一个名为"Scale Falloff"的变量，如图 3-102 所示。

选中新建的变量，在 Details 面板中，将其变量类型更改为 Boolean，如图 3-103 所示。

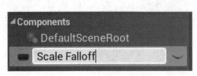

图 3-102　Scale Falloff 变量的创建

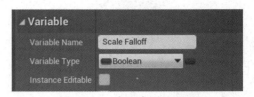

图 3-103　变量类型的更改

Scale Falloff 变量主要用于判断缩放衰减，对蓝图进行编译后勾选 Default Value 选项卡中的"Scale Falloff"复选框，将其设置为 true，如图 3-104 所示。

使用同样的方法创建名为"Cluster Around Center"的 Boolean 类型的变量，进行编译后，勾选其默认值，如图 3-105 所示。

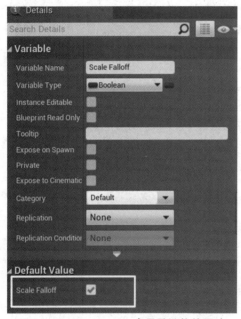

图 3-104　Scale Falloff 变量默认值的更改

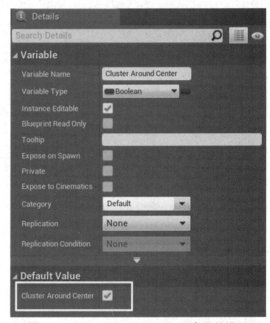

图 3-105　Cluster Around Center 变量的设置

当 Scale Falloff 和 Cluster Around Center 两个 Boolean 类型的变量创建完成后，对其进行公开操作，完成 Boolean 类型变量的创建，如图 3-106 所示。

图 3-106　变量的公开

2. 浮点型变量的添加

单击变量操作区域右侧的"+"按钮，新建名为"Scale Min"的 Float 类型的变量，此变量意为控制随机散布变量的最小缩放值。对蓝图进行编译并保存后，将 Scale Min 变量的默认值更改为 0.8，如图 3-107 所示。

添加名为"Scale Max"的 Float 类型的变量，此变量意为控制随机散布变量的最大缩放值。对蓝图进行编译并保存后，将 Scale Max 变量的默认值更改为 1.25，如图 3-108 所示。

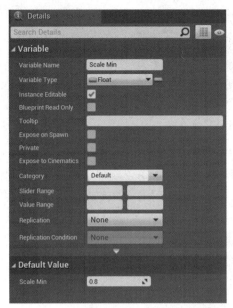

图 3-107 更改 Scale Min 变量的默认值

图 3-108 更改 Scale Max 变量的默认值

添加名为"Radius"的 Float 类型的变量，此变量意为随机散布工具放置在场景中时的半径。对蓝图进行编译并保存后，将 Radius 变量的默认值更改为 200，如图 3-109 所示。

添加名为"Collision Trace Range"的 Float 类型的变量，此变量意为对每个生成 Actor 的位置创建一个直接追踪，以防止在每个已经生成的静态网格体内部生成对象。对蓝图进行编译并保存后，将 Collision Trace Range 变量的默认值更改为 50，如图 3-110 所示。

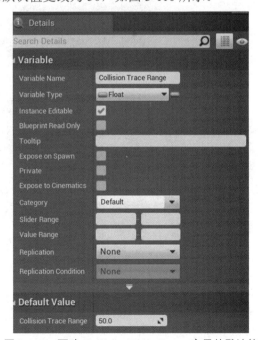

图 3-109 更改 Radius 变量的默认值 　　图 3-110 更改 Collision Trace Range 变量的默认值

最后，将 4 个 Float 类型的变量都公开，以便在需要的时候对这些变量进行编辑，如图 3-111 所示。

图 3-111　公开变量

3．静态网格体数组变量的添加

静态网格体数组变量主要用于存储用户创建的静态网格体，并将其分配到指定的存储区域。首先创建名为"Meshs to Spawn"的变量，存储待使用的静态网格体。然后在 Details 面板中，将其变量类型更改为 Static Mesh 的 Object Reference，如图 3-112 所示。单击变量类型右侧的九宫格图标，将 Meshs to Spawn 变量定义为数组变量，如图 3-113 所示。

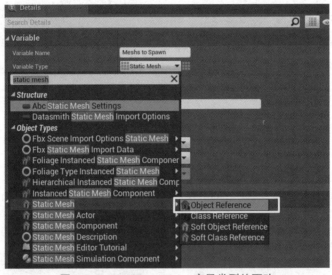

图 3-112　Meshs to Spawn 变量类型的更改

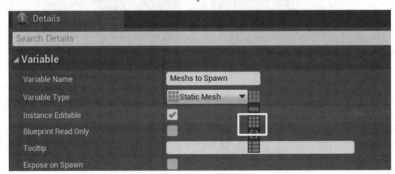

图 3-113　将 Meshs to Spawn 变量定义为数组变量

运用同样的方法创建名为"Instanced Meshs"的 Instanced Static Mesh Component 的 Object Reference 类型的数组变量，此数组变量用于存储所使用静态网格体的所有实例，如图 3-114 所示。

最后，将 Meshs to Spawn 数组变量公开，如图 3-115 所示，用户可通过外部调用来调整数组变量存储静态网格体的数量。

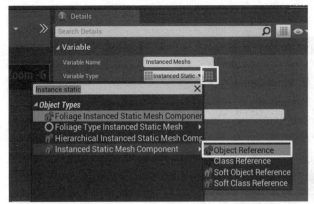

图 3-114　创建 Instanced Meshs 数组变量　　　图 3-115　公开 Meshs to Spawn 数组变量

4. 其他类型变量的添加

除上述 3 种类型的变量外，要实现整个随机散布工具的功能还需要添加几个其他类型的变量。

首先，创建名为"Spawn Point"的变量，并在 Details 面板中将变量类型更改为 Vector（向量），如图 3-116 所示。向量类型的变量用于存储 X 轴、Y 轴和 Z 轴的位置信息，确定静态网格体的位置。

其次，创建名为"Number of meshs"的 Integer 类型的变量，用于定义随机散布工具所存储的静态网格体的数量。编译并保存蓝图后，将 Number of meshs 变量的默认值更改为 50，如图 3-117 所示，以便当用户向随机散布工具中添加静态网格体时，其以初始数量会立刻出现在场景中，从而直观地观察随机散布工具是否能正常运行。

图 3-116　创建 Spawn Point 变量并更改其变量类型　　图 3-117　创建 Number of meshs 变量并更改其默认值

最后，创建名为"Random Seed"的变量，并在 Details 面板中将变量类型更改为 Random Stream，如图 3-118 所示。此变量类型会生成重复的随机数值，而后在蓝图中使用，创建随机散布模式，实现随机散布工具的随机效果。

完成 3 个类型的变量的添加后，将 Number of meshs 变量和 Random Seed 变量公开，以便用户对工具进行操作，如图 3-119 所示。

图 3-118　创建 Random Seed 变量并更改其变量类型

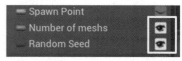

图 3-119　公开 Number of meshs 变量
和 Random Seed 变量

3.5.3　碰撞网格体的添加

当随机散布工具被添加到场景中后，碰撞网格体可以识别场景元素与它的碰撞，进而为静态网格体的随机散布提供条件。

1. 组件的添加

打开随机散布工具蓝图类的编辑器，为了能清晰地对放置到关卡中的工具进行定位，让随机散布工具与其他蓝图类区分开。在组件添加面板中为蓝图类添加 Billboard 组件，选中 Billboard 组件将其拖到根组件处，替换默认根组件，如图 3-120 所示。

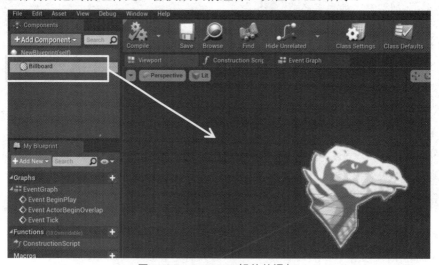

图 3-120　Billboard 组件的添加

Billboard 组件添加完成后，再添加一个 Box Collision 组件，作为 Billboard 组件的子项，将其命名为 Radius vis，如图 3-121 所示。

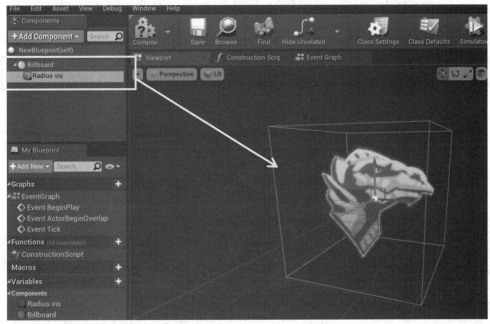

图 3-121　添加 Box Collision 组件

2. 范围调整

为随机散布工具添加完必要组件后，便要对其使用范围进行调整。这里主要引用前文创建的 Radius 变量为半径控制随机散布工具的 X 轴和 Y 轴，运用 Collision Trace Range 变量控制随机散布工具的 Z 轴，进而对随机散布工具的使用范围进行调整。

在蓝图编辑器中选中构建脚本编辑区域，整个工具的蓝图编辑都将在构建脚本中进行。首先在构建脚本中调用 Radius 变量和 Collision Trace Range 变量，并制作向量节点，如图 3-122 所示。

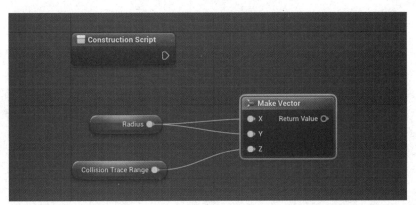

图 3-122　调用 Radius 变量和 Collision Trace Range 变量

对已创建的 Box Collision 组件进行引用，进而编写程序实现对包围盒范围的调整。其蓝图编辑界面如图 3-123 所示。

编译并保存脚本后，可在场景中测试包围盒范围调整的效果。将随机散布工具从内容浏览器拖动到场景中，在 Details 面板中调整 Radius 变量和 Collision Trace Range 变量的数值，控制随机散布工具的使用范围，效果如图 3-124 所示。

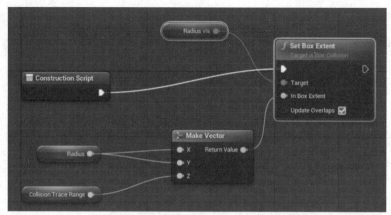

图 3-123　包围盒范围调整的蓝图编辑界面

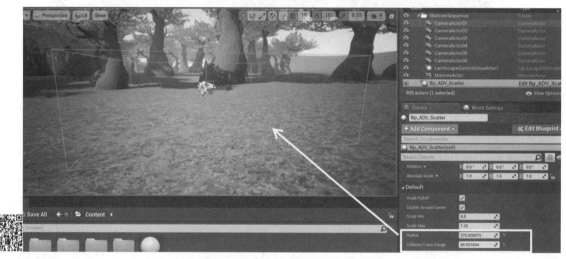

图 3-124　包围盒范围调整后的效果

3．随机散布工具中静态网格体的添加

先使用 LENGTH 节点和 For Loop 节点对 Meshs to Spawn 变量进行操作，控制添加到场景中的静态网格体的数量，如图 3-125 所示。

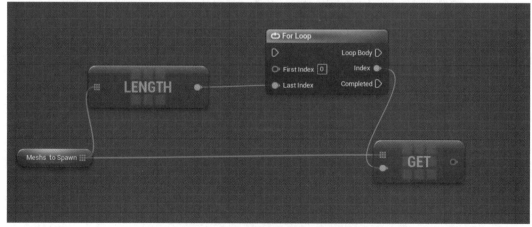

图 3-125　控制静态网格体的数量

再创建静态网格体实例化组件变量，并将其存储到一个数组中。引用 Instanced Meshs 数组变量，将静态网格体实例添加到随机散布工具中。引用 Number of meshs 变量，对随机散布工具生成的静态网格体数量进行限制，避免随机散布工具消耗过多的资源。添加静态网格体的蓝图编辑界面如图 3-126 所示。

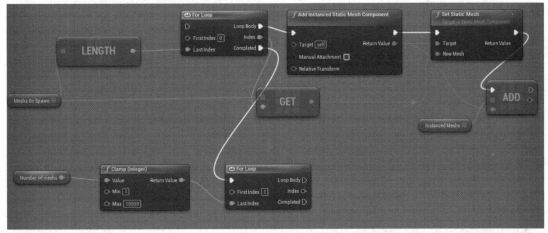

图 3-126　添加静态网格体的蓝图编辑界面

3.5.4　随机流的实现

完成静态网格体的添加后，要对随机散布工具中的静态网格体的位置和大小进行随机操作。

1. 设置 X 轴和 Y 轴的随机选择

当设置 X 轴和 Y 轴的随机选择时，主要会用到 Random Float in Range from Stream（范围内随机浮点），这个节点将为一个坐标轴固定一个最小值和一个最大值，而后在这两个值中选择一个点来生成网格体。运用 Radius 变量控制 Random Float in Range from Stream 节点的范围，以实现在 Radius 变量固定的范围内随机生成静态网格体的效果，实现了 X 轴和 Y 轴的随机选择，如图 3-127 所示。

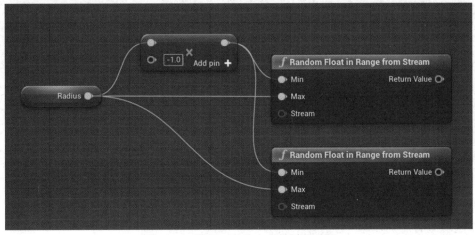

图 3-127　设置 X 轴和 Y 轴的随机选择

2．添加聚集选项

静态网格体随机生成后，还需要判断生成的静态网格体是否聚集在一起，以控制静态网格体的聚集效果。引用前文创建的名为"Cluster Around Center"的 Boolean 类型的变量，使用范围内随机浮点节点和旋转浮点（Select Float）节点，创建分布衰减，实现聚集选项的添加，如图 3-128 所示。

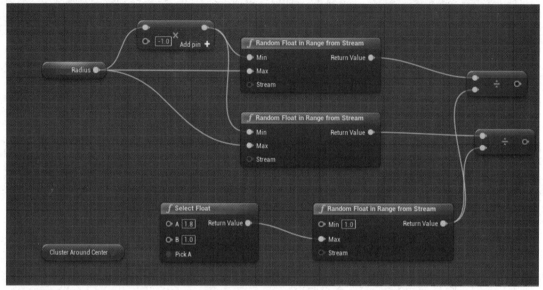

图 3-128　聚集选项的添加

3．建立静态网格体的生成向量

聚集选项添加完成后，建立静态网格体的生成向量。首先引用 Random Seed 变量实现在范围内随机浮点的随机流送，然后运用 Make Vector 节点实现 X 轴和 Y 轴在二维方向上的静态网格体的随机生成，实现 Z 轴上静态网格体范围高度的添加，最终实现静态网格体的随机生成效果，如图 3-129 所示。

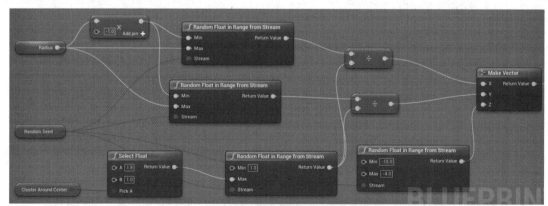

图 3-129　静态网格体随机生成效果的实现

4．实现碰撞检测

当随机散布工具开始工作时，为了防止其从场景中静态网格体的内部生成新的静态网格体，就要为它添加碰撞检测。引用前文创建的向量型变量 Spawn Point，并对其进行设置，确保生成的每个静态网格体都会被传递到 Spawn Point 变量中。因此，Spawn Point 变量的 SET 节点需要与前文添加的 Make Vector 节点相连接，如图 3-130 所示。

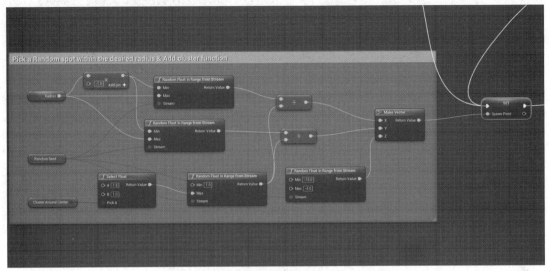

图 3-130 Spawn Point 变量的 SET 节点

完成 Spawn Point 变量的添加后，引入 Collision Trace Range 变量，目的是将其 Z 轴向量信息与当前网格体生成的位置信息结合起来，确定是否有其他网格体挡住了这个位置。Collision Trace Range 位置检测蓝图编辑界面如图 3-131 所示。

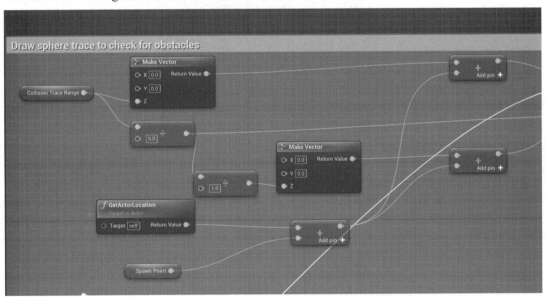

图 3-131 Collision Trace Range 位置检测蓝图编辑界面

当 Collision Trace Range 变量的位置检测完成后，将其变量信息输入 Spawn Point 变量中，运用 SphereTraceByChannel 节点实现准确的碰撞检测，如图 3-132 所示。

将 SphereTraceByChannel 节点的"Draw Debug Type"更改为"For Duration"，同时勾选"Trace Complex"和"Ignore Self"复选框，如图 3-133 所示。

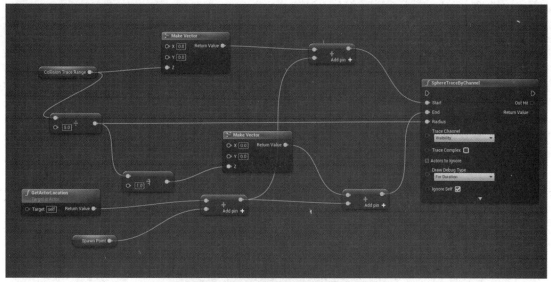

图 3-132　碰撞检测的实现

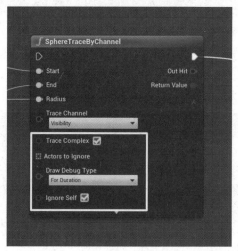

图 3-133　按通道跟踪球体节点的设置

在场景中对碰撞检测效果进行测试，如图 3-134 所示，可见其中有球体碰撞检测区域的红色边框。当将 SphereTraceByChannel 节点的"Draw Debug Type"更改为"None"时，红色边框隐藏起来。

5. 添加碰撞序列

实现碰撞检测的功能后，为随机散布工具添加碰撞序列，只有在不会与其他对象碰撞的情况下才会生成网格体。运用前文创建的碰撞检测系统创建一个循环体，当循环体找到一个没有碰撞的点时，就会中断循环，生成一个用户自定义的网格体类型。若循环体没有找到没有碰撞的点，就会一直循环，直至找到，如图 3-135 所示。

6. 创建缩放衰减

缩放衰减是随机散布工具实现最终效果的重要手段，其效果的实现主要基于静态网格体的生成节点。引用 Radius 变量和 Spawn Point 变量，让蓝图知道需要把静态网格体放置在距离生成中心区域多远的位置，如图 3-136 所示。

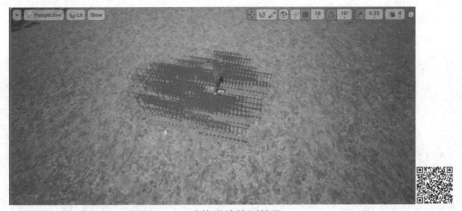

图 3-134　球体碰撞检测效果

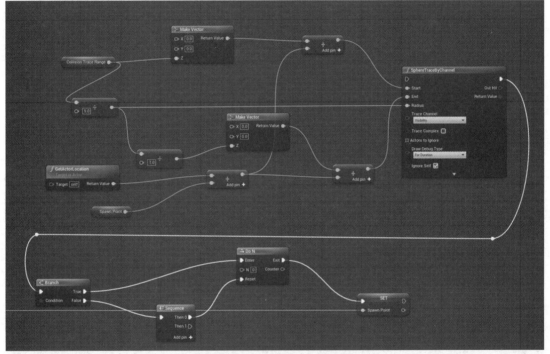

图 3-135　碰撞序列的添加

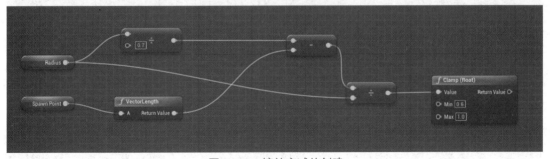

图 3-136　缩放衰减的创建

7．添加聚集缩放衰减

如果启用聚集选项，就需要体现出不同的衰减效果，可以设置一个布尔值来打开或关闭缩放衰减，并通过数学运算确定最终缩放。为实现此效果，这里引用布尔型变量 Scale Falloff，如图 3-137 所示。

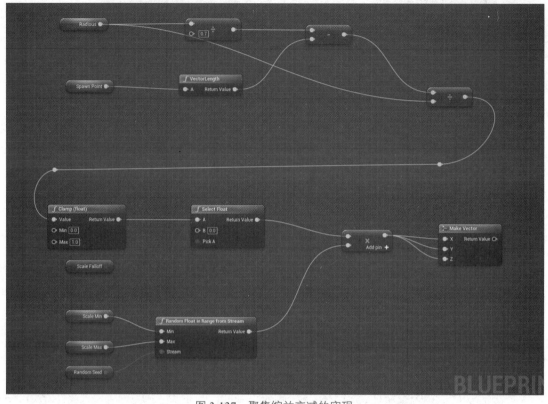

图 3-137　聚集缩放衰减的实现

8. 添加随机旋转网格体

为了使随机散布的变化具有多样性，需要为随机散布工具添加随机旋转网格体，用于控制静态网格体的随机旋转，并且让蓝图告诉系统在哪里放置用户选择的对象、如何缩放它们，以及何时添加随机旋转，如图 3-138 所示。

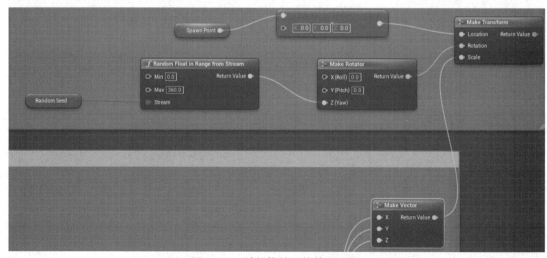

图 3-138　随机旋转网格体的添加

9．设置随机流

随机流用于让随机散布工具具有随机性，但也具有一定的可预测性，实现在静态网格体实例数组中获取对随机静态网格体实例的引用，最终实现静态网格体的随机添加，如图 3-139 所示。完成上述操作后即可实现随机散布工具的功能。

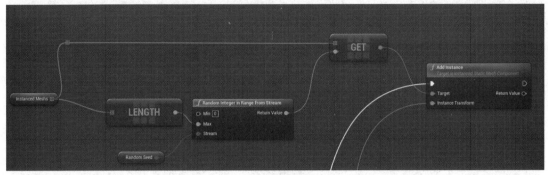

图 3-139　随机流的设置

3.6 循环

循环属于一种流程控制操作，UE 中的流程控制有多种形式，默认的流程控制包括分支和循环等。本节将介绍 4 种循环节点，分别是 For Loop 节点、For Loop With Break 节点、For Each Loop 节点和 While Loop 节点。

3.6.1　For Loop 节点

For Loop 节点是一个循环节点，利用计数器所具备的计数循环次数功能来进行处理。循环从第一个索引值开始，依次增加 1，直到最后一个索引值循环结束。下面通过对文本循环打印功能的实现来介绍 For Loop 节点的使用。

在 UE 的项目中新建一个继承于 Actor 父类的蓝图类，命名为 bp_Loop。双击打开 bp_Loop 蓝图类，在其事件图表中添加一个 For Loop 节点，如图 3-140 所示。

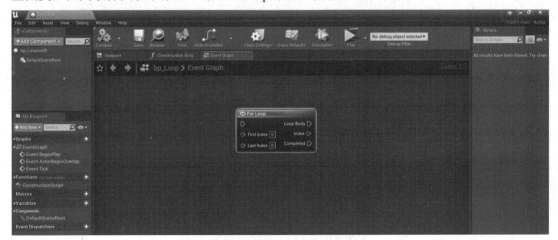

图 3-140　添加 For Loop 节点

For Loop 节点左侧有两个整型参数，分别为 First Index 和 Last Index，分别表示首个索引值和最后一个索引值。右侧的 Loop Body 为循环体，输出循环的每次迭代；Index 在执行过程中输出循环的当前索引；Completed 表示循环完成后触发执行该引脚。

对事件图表中 For Loop 节点的 First Index 和 Last Index 数值进行设置，将其数值分别设置为 0 和 6，而后编辑蓝图节点，将 For Loop 节点的循环次数以文本的形式打印在游戏视口中，如图 3-141 和图 3-142 所示。

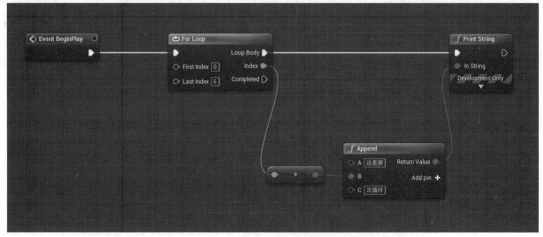

图 3-141　打印循环次数的蓝图编辑界面

图 3-142　循环次数打印输出

3.6.2　For Loop With Break 节点

For Loop With Break 节点也是一个循环节点，其与 For Loop 节点相似，不同的是 For Loop With Break 节点可以设置中断循环条件。

在上文新建的 bp_Loop 蓝图类的事件图表中添加 For Loop With Break 节点，如图 3-143 所示。

图 3-143　添加 For Loop With Break 节点

由图 3-143 可见，For Loop With Break 节点的引脚与 For Loop 节点的引脚十分相似，唯一不同的是 For Loop With Break 节点左侧多出来一个 Break 引脚，用以编辑循环的中断执行操作。

接下来，在 For Loop With Break 节点左侧的两个整数值处分别输入"0"和"12"，使用与 For Loop 节点相同的方式将循环结果打印在游戏视口中。其蓝图编辑界面如图 3-144 所示。

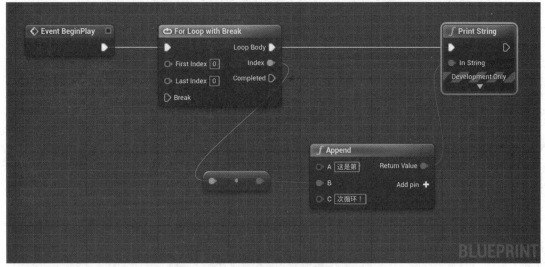

图 3-144　循环结果打印蓝图编辑界面

若不添加中断循环的条件，则 For Loop With Break 节点可以像 For Loop 节点一样连续循环。为验证 For Loop With Break 节点的中断循环功能，接下来对其中断条件的蓝图进行编写，如图 3-145 所示。首先，新建自定义事件，给 For Loop With Break 节点的中断循环功能添加一个触发事件；然后，编写中断事件的条件，若输出的整数大于或等于 6，则中断循环，即可执行 5 次循环。执行 5 次循环后不再执行，验证了 For Loop With Break 节点的中断循环功能。中断循环的效果如图 3-146 所示。

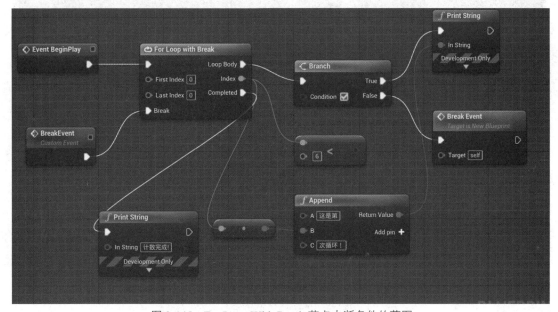

图 3-145　For Loop With Break 节点中断条件的蓝图

图 3-146　中断循环的效果

3.6.3　For Each Loop 节点

For Each Loop 节点是针对数组而存在的循环节点。利用数组可对多个值进行集中管理，当访问数组中的所有元素时会用到循环。使用 For Each Loop 节点专门处理数组的 For Loop 循环。本节通过打印一个数组平均值的案例对 For Each Loop 节点的功能进行介绍。

打开上文建立的 bp_Loop 蓝图类，在蓝图编辑器的变量选项卡中新建名为 "data" 的变量，在右侧的 Details 面板中将变量类型修改为 Integer，并将变量定义为数组变量，如图 3-147 和图 3-148 所示。

图 3-147　创建 data 变量

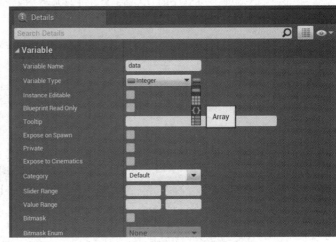

图 3-148　更改 data 变量的类型

整型数组建立完成后对其进行编译，编译后在变量的默认值处可为数组变量添加初始值。这里为这个数组变量添加 4 个值，如图 3-149 所示。

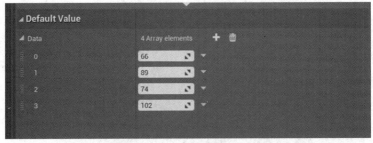

图 3-149　数组变量默认值的添加

完成数组变量元素的创建后，在蓝图的事件图表中添加 For Each Loop 节点，如图 3-150 所示。在 For Each Loop 节点的左侧，Array 引脚为输入类型，用以连接所要操作的数组。For Each Loop 节点的右侧为节点的输出项，其中 Loop Body 为节点的循环体；Array Element 表示在 For Each Loop 节点中将按顺序从数组中取出值；Array Index 可获得取出值的索引号；Completed 表示数组全部处理完成后连接至后续处理。

图 3-150　添加 For Each Loop 节点

完成 For Each Loop 节点在事件图表中的添加后，将 data 数组变量连接至 Array 引脚，如图 3-151 所示。使用 For Each Loop 节点，首先计算 data 数组变量中存储值的总数，然后将所得的值除以 data 数组变量中存储值的数量，得到平均值。因此，还需要一个整型变量来存储 data 数组变量中存储值的数量。新建名为 "num" 的整型变量，编译后将其初始值设置为 0，如图 3-152 所示。

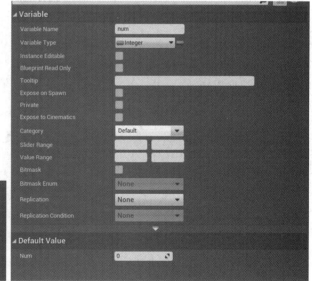

图 3-151　data 数组变量的引用　　　　　图 3-152　新建 num 变量并将其初始值设置为 0

变量设置完成后，将 num 变量拖入事件图表中，而后对 data 数组变量和 num 变量进行操作，实现 data 数组变量中数值的平均值的输出，如图 3-153 所示。数组中存储的 4 个数值分别为 66、89、74、102，通过计算可知其平均值为 82.75，但由于输出值为整数，故输出结果应为 82。通过 For Each Loop 节点对数组中数值的循环实现了数组平均值的输出。

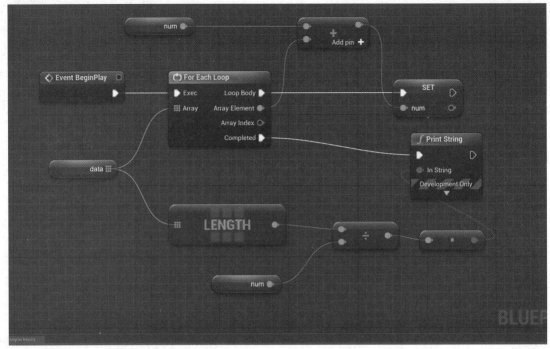

图 3-153　data 数组变量中数值的平均值输出蓝图

3.6.4　While Loop 节点

While Loop 节点也是一个循环节点，但其循环特征为通过检查条件来判断是否继续循环。While Loop 节点需要一个布尔值来判断是否进入循环体中。当布尔值为 true 时，While Loop 节点将会输出一个结果，进入下一轮循环中；当布尔值为 false 时，退出循环。本节通过判断一个数是否为质数的案例来说明 While Loop 节点的使用。

打开上文中建立的 bp_Loop 蓝图类，将 While Loop 节点添加到事件图表中，如图 3-154 所示。While Loop 节点右侧的 Loop Body 引脚和 Completed 引脚在上文中已经介绍过了；左侧有一个 Boolean 类型的参数 Condition，它的作用是如果将循环条件传递给它，则当它为 true 时执行循环体，否则循环结束。

了解了 While Loop 节点的功能后，下面开始进行案例编辑。新建整型变量，命名为 Counter，编译完成后将其默认值修改为 1，将 Counter 变量用作计数器的功能，如图 3-155 所示。

Counter 变量创建完成后，再创建一个名为 "flag" 的 Boolean 类型的变量，用以存储通过 While Loop 节点的 Condition 参数所要判断的值，如图 3-156 所示。

创建名为 "num" 的 Integer 类型的变量，用来存储所要进行判断的值，如图 3-157 所示，将判断整数 11 是否为质数。

创建好多个变量后，在事件图表中进行节点连接，实现质数判断的功能。其程序逻辑如下：当变量 "flag" 为 true 时，While Loop 节点持续循环，进入循环处理，而后变量 "Counter" 的值加 1。如果变量 "Counter" 等于变量 "num"，则变量 "flag" 为 false，停止循环，判断变量 "num" 是质数。计算变量 "num" 除以变量 "Counter" 的余数，如果等于 0，则变量

"flag"为 false，停止循环，判断变量"num"不是质数。质数判断蓝图编辑界面如图 3-158
所示。

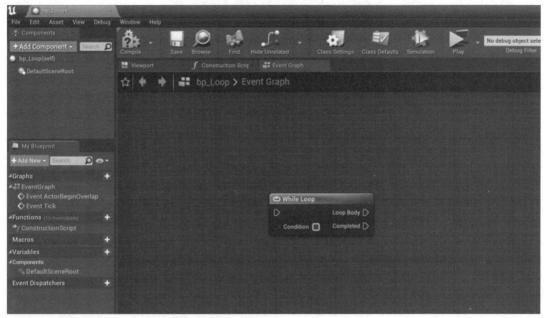

图 3-154　While Loop 节点的添加

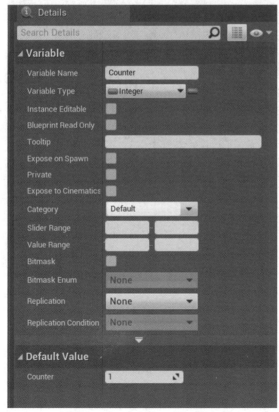

图 3-155　新建 Counter 变量

图 3-156　创建 flag 变量

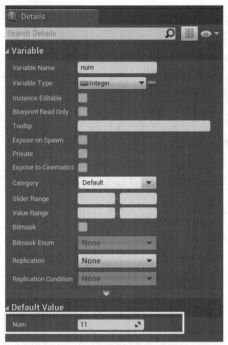

图 3-157　创建 num 变量

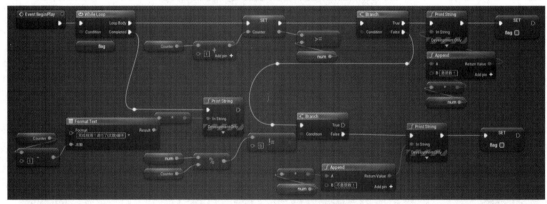

图 3-158　质数判断蓝图编辑界面

3.7　蓝图通信

　　蓝图通信是指把一些事件从一个蓝图中传递到另一个蓝图中，实现蓝图之间的信息共享和传递。UE 有 4 种常用的蓝图通信方式：直接通信、类型转换通信、蓝图接口通信和事件分发器通信。

3.7.1　直接通信

　　直接通信方式是最常用的，也是最好理解的。比如，在两个蓝图类中，一个蓝图想要调用另一个蓝图中的参数或者函数，就可以使用这种方式。这里以玩家按下键盘上的 F 键，场景中的灯光关闭为例，来介绍直接通信方式的使用。

案例操作实现灯光蓝图和人物蓝图之间的通信。新建一个第三人称项目，导入初学者内容包，找到名为 Blueprint_CeilingLight 的蓝图类，这便是灯光蓝图。若想对这个蓝图进行操作，则需要实现对 Blueprint_CeilingLight 蓝图类的引用。将 Blueprint_CeilingLight 蓝图类拖入场景中。在 UE 场景中单击第三人称人物，在右侧的世界大纲面板中定位显示其人物蓝图的名称 ThirdPersonCharacter。双击 ThirdPersonCharacter 右侧的"Edit ThirdPersonCharacter"，可打开人物蓝图编辑界面，如图 3-159 和图 3-160 所示。

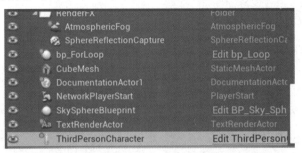

图 3-159　双击"Edit ThirdPersonCharacter"

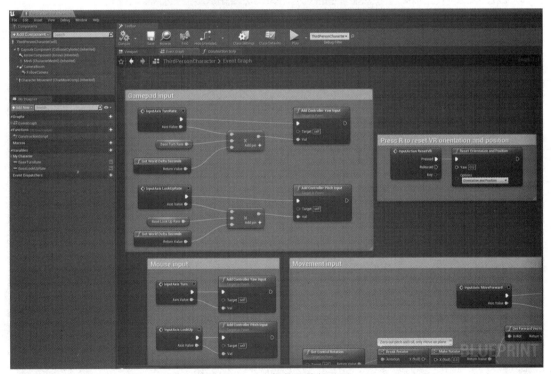

图 3-160　人物蓝图编辑界面

在第三人称人物蓝图编辑器中，新建一个名为"light reference"的变量，将其变量类型更改为 Object Types 分类下的 Blueprint Ceiling Light 的 Object Reference 类型，完成对灯光蓝图的引用，如图 3-161 所示。

变量类型更改完成后，勾选"Instance Editable"复选框，表示可公开编辑该变量，如图 3-162 所示。

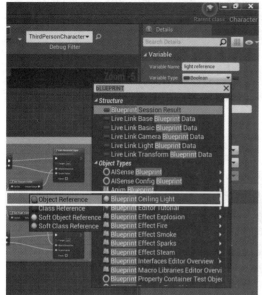

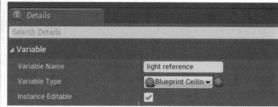

图 3-161　新建 light reference 变量并更改其变量类型　　　图 3-162　允许公开编辑 light reference 变量

　　完成上述操作后,在人物蓝图中实现按 F 键灯光关闭的操作。其蓝图编辑界面如图 3-163 所示,实现了按键开关灯功能。

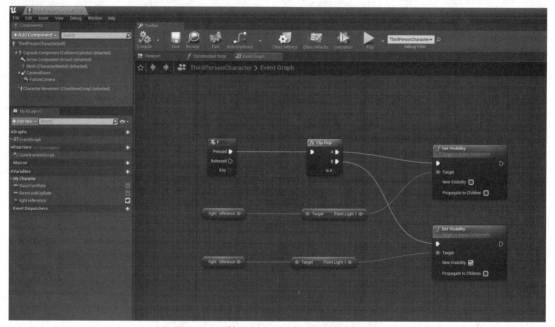

图 3-163　按 F 键灯光关闭蓝图编辑界面

　　回到关卡界面,在场景中选中人物,在右下角的 Details 面板中找到 Default 区域,在 Light Reference 右侧的下拉列表中选择 Blueprint_CeilingLight 蓝图类,完成灯的实例的添加,如图 3-164 和图 3-165 所示。

　　完成上述操作后,可运行关卡,对其进行测试,可见按下 F 键灯光关闭,再次按 F 键灯光打开,实现了直接通信的应用,如图 3-166 所示。

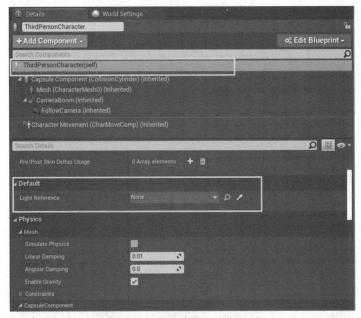

图 3-164　灯的实例的添加区域

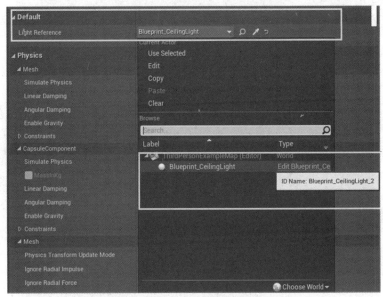

图 3-165　灯的实例的添加方法

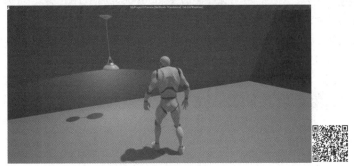

图 3-166　按键开灯效果

3.7.2 类型转换通信

类型转换是一种常用的通信方式，其允许引用一个 Actor，并尝试将它转换为其他类。如果转换成功，则可以直接访问 Actor 的信息和函数。在使用此方式时，可以先引用关卡中的 Actor，然后使用 Cast 节点将其转换为特定类型。在这类通信方式中，当前 Actor 和目标 Actor 之间是一对一的关系。本节将通过实现在人物靠近时物体旋转的功能来对类型转换通信方式进行介绍。

在第三人称项目中，新建一个继承于 Actor 父类的蓝图类，将其命名为 BP_RotateObject。双击打开该蓝图类，为其添加静态网格体组件，并为静态网格体赋予一个立方体模型，如图 3-167 和图 3-168 所示。

图 3-167　添加静态网格体组件

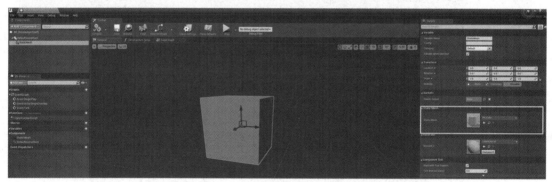

图 3-168　为静态网格体赋予一个立方体模型

在蓝图编辑器中创建名为"CanRotate"的 Boolean 类型的变量，用以作为物体是否可旋转的判断条件，如图 3-169 所示。编译后将 CanRotate 变量的默认值设置为 False。

单击"My Blueprint"选项卡，然后单击 Functions 面板右侧的"+"按钮以创建新的函数，并将其命名为 OverlappedPlayer，如图 3-170 所示。

在选择函数之后，在 Details 面板的 Inputs 层级下单击右侧的"+"按钮，创建新的 Boolean 类型的参数，并将其命名为 Begin Overlap，如图 3-171 所示。

完成上述操作后，在蓝图图表中进行蓝图编辑，实现当将 CanRotate 变量设置为 true 时立方体发生旋转的蓝图类，并将其旋转设置为沿 Z 轴以"2.0"的速度运动，如图 3-172 所示。CanRotate 变量的引用如图 3-173 所示。

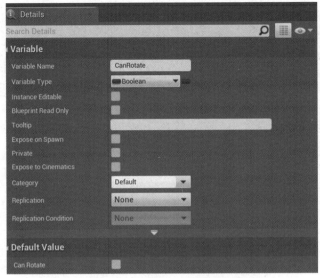

图 3-169　CanRotate 变量的设置

图 3-170　创建 OverlappedPlayer 函数

图 3-171　创建 Begin Overlap 参数

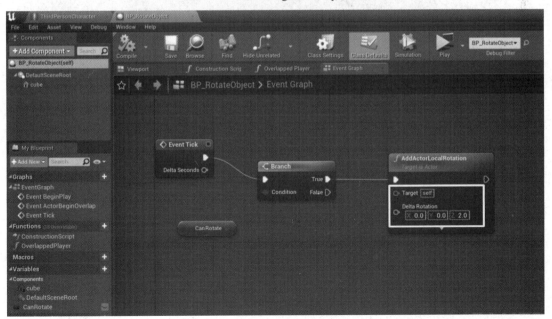

图 3-172　立方体的旋转蓝图

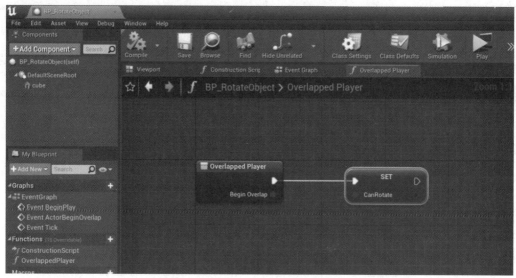

图 3-173　CanRotate 变量的引用

之后对人物蓝图进行修改，使用与 3.7.1 节相同的方法在世界大纲面板中打开 ThirdPersonCharacter 蓝图，为其添加 Sphere Collision 组件，如图 3-174 所示。

图 3-174　添加 Sphere Collision 组件

Sphere Collision 组件添加完成后，在其 Details 面板中将球体的半径修改为 "200.0"，如图 3-175 所示。

图 3-175　修改球体的半径

半径修改完成后，选中球体碰撞器，在右侧的 Details 面板中单击 On Component Begin Overlap 和 On Component End Overlap 后面的 "+" 按钮，将这两个事件节点添加到事件图表中，如图 3-176 所示。

从 On Component Begin Overlap 事件节点的 Other Actor 引脚拖出一根引线，然后搜索并选择 Cast To BP_RotateObject。从 As BP Rotate Object 引脚拖出一根引线，然后搜索并选择 Overlapped Player。启用 Overlapped Player 节点的 Begin Overlap 引脚。将相同的节点附加到

On Component End Overlap 事件节点上。禁用 Overlapped Player 节点的 Begin Overlap 引脚，
如图 3-177 所示。

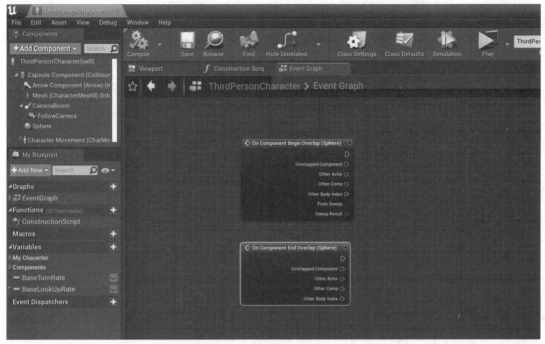

图 3-176　碰撞事件节点的添加

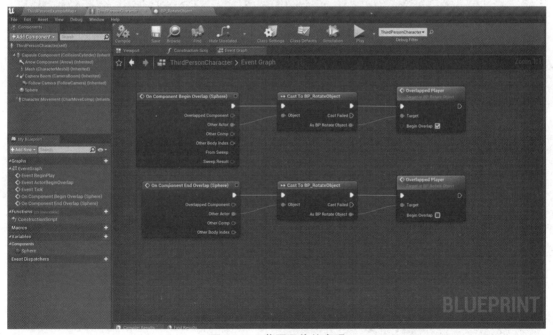

图 3-177　蓝图通信的实现

通过人物蓝图的编写实现了 Cast 节点的相关应用，接下来在场景中查看其效果，如
图 3-178 所示。当人物距离立方体较远时，立方体不运动；当人物距离立方体较近时，立方
体开始沿 Z 轴旋转。

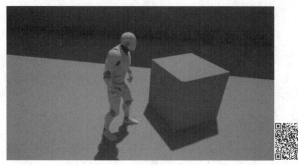

图 3-178　立方体旋转

3.7.3　蓝图接口通信

接口负责定义一系列共有的行为或功能，这些行为或功能在不同蓝图中可以由不同的函数实现。当你为不同蓝图实现了相同类型的功能时，适合使用蓝图接口通信方式。此方式要求每个蓝图都实现接口，以便访问其共有功能。此外，还需要引用 Actor，以便通过引用来调用接口函数。当采用这种通信方式时，当前 Actor 和目标 Actor 之间是一对一关系。本节通过使用接口实现玩家与灯的交互行为来对蓝图接口通信进行介绍。

在第三人称项目中，新建蓝图接口，并将其命名为 BPI_Interact。其新建过程如下：在 Content Browser 中右击，然后在 Blueprints 列表中选择"Blueprint Interface"选项，如图 3-179 所示。

图 3-179　蓝图接口的创建

图 3-180　将第一个函数命名为 Interact

双击 BPI_Interact 将其打开。在函数列表下，将第一个函数命名为 Interact，如图 3-180 所示，而后进行编译和保存。

蓝图接口创建完成后，创建可交互电灯的蓝图。这里直接使用初学者内容包中的

Blueprint_CeilingLight 蓝图，对其进行复制，并将复制后的蓝图命名为 bp_lamp。双击打开 bp_lamp，对其进行开关灯交互功能的实现。

　　首先，在蓝图的事件图表中创建名为"ToggleLight"的自定义事件，并对灯的组件进行引用，为自定义事件添加可视和不可视的选择功能，以实现灯的开关功能，如图 3-181 所示。

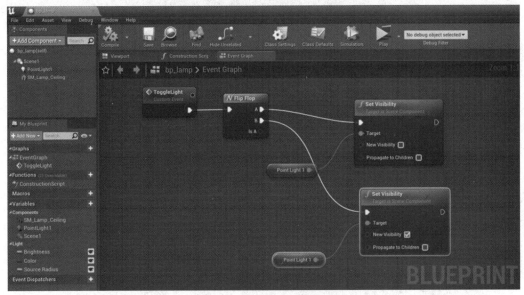

图 3-181　灯的开关功能的实现

　　单击蓝图编辑器菜单栏中的"Class Settings"按钮，然后导航至 Details 面板，在 Interfaces 区域中，单击"Add"下拉按钮，如图 3-182 所示，搜索并选择"BPI_Interact"选项，实现蓝图接口在灯的蓝图类中的添加，如图 3-183 所示。

图 3-182　蓝图接口的添加按钮

图 3-183　蓝图接口的添加方法

　　编译并保存蓝图后，转到"My Blueprint"选项卡下的接口部分。在 Interact 函数上右击，在打开的快捷菜单中选择"Implement event"选项，如图 3-184 所示，将会看到 Event Interact

虚幻引擎开发基础与实践

节点显示在事件图表中，如图 3-185 所示。

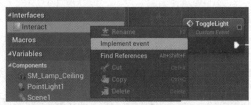

图 3-184　选择 "Implement event" 选项

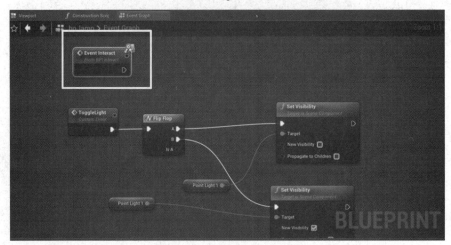

图 3-185　添加 Event Interact 节点

从 Event Interact 节点拖出一根引线，然后搜索并选择 ToggleLight 节点，实现让 Interact 函数触发 ToggleLight 事件的功能，如图 3-186 所示。

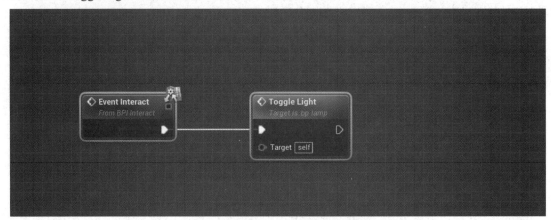

图 3-186　蓝图接口的使用

接下来对玩家蓝图进行修改，使用与上文相同的方法在世界大纲面板中找到 ThirdPersonCharacter 蓝图并双击打开，为其添加 Sphere Collision 组件，并将 Sphere Collision 组件的半径修改为 "200.0"。而后用上文中提到的方法，将 Sphere Collision 组件的 On Component Begin Overlap 事件节点添加到事件图表中，从 On Component Begin Overlap 事件节点拖出一根引线，然后搜索并选择 Interact (Message)，确保选择位于 BPI Interact 类别下的函数，如图 3-187 和图 3-188 所示。

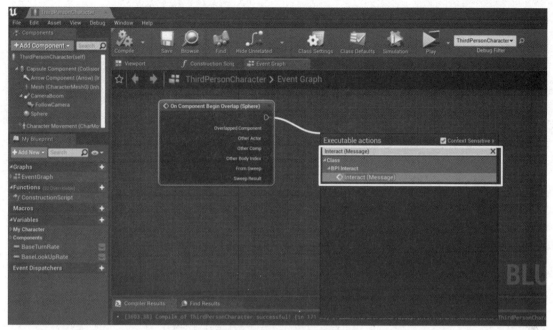

图 3-187　Interact 节点的添加

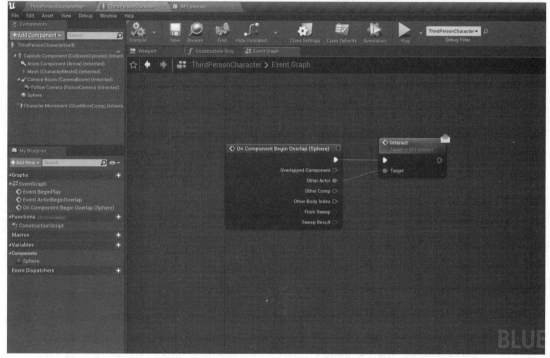

图 3-188　Interact 节点的使用

完成蓝图编辑后，将 bp_lamp 蓝图类拖入场景中进行测试，如图 3-189 和图 3-190 所示。当人物距离灯较远时，灯正常亮；当人物靠近灯时，灯熄灭。

在这个案例中，通过蓝图接口实现了灯的蓝图和人物蓝图之间的通信。

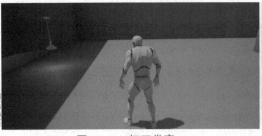

图 3-189 灯正常亮   图 3-190 灯熄灭

3.7.4 事件分发器通信

事件分发器（Event Dispatchers）是一种蓝图通信方式，在采用此方式时，当触发一个事件后，监听该事件的所有其他蓝图都会收到通知，并做出反应。在这种方式中，负责发送事件的蓝图需要创建一个 Event Dispatchers，所有监听该事件的蓝图都会订阅该 Event Dispatchers。此通信方式采用一对多关系，通过为 Event Dispatchers 绑定一个或多个事件，可以在调用该 Event Dispatchers 后触发所有事件。本节通过对可交互的门事件的制作，来对 Event Dispatchers 的使用进行介绍。

创建一个负责发送事件的蓝图。在第三人称项目中新建一个继承于 Actor 父类的蓝图类，将其命名为 BP_BossDied。双击打开该蓝图类，在其 Components 面板中，为其添加 Box Collision 组件，如图 3-191 所示。

图 3-191 添加 Box Collision 组件

选中 Box Collision 组件，在 Details 面板的 Rendering 部分，取消勾选 "Hidden in Game" 复选框，这样就能在游戏中显示碰撞盒体，如图 3-192 所示。

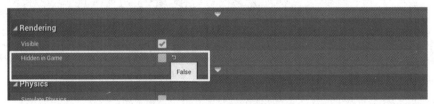

图 3-192 显示碰撞盒体的设置

为 Box Collision 组件添加 On Component Begin Overlap 事件节点，并将 On Component Begin Overlap 事件节点显示在事件图表中，如图 3-193 所示。

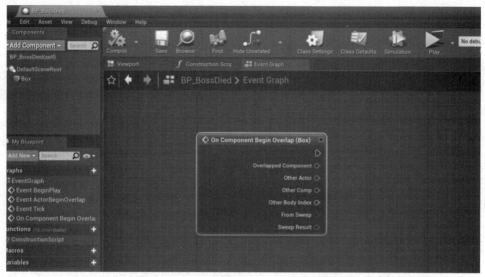

图 3-193 为 Box Collision 组件添加 On Component Begin Overlap 事件节点

在左侧的 My Blueprint 面板中，导航至 Event Dispatchers 部分，单击"+Add New"按钮以添加新事件，并将此事件命名为 OnBossDied，如图 3-194 所示。

图 3-194 新建事件分发器

将 OnBossDied 拖动到事件图表中，然后选择 Call 来添加节点，如图 3-195 所示。将 On Component Begin Overlap 事件节点连接到 Call OnBossDied 节点上，如图 3-196 所示。编译并保存蓝图。至此，就完成了负责发送事件的蓝图的创建。

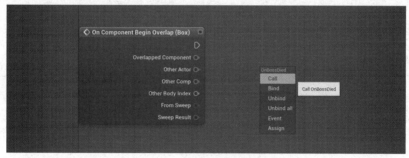

图 3-195 事件分发器的添加

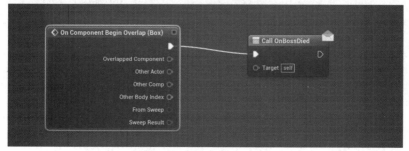

图 3-196 事件分发器的使用

而后创建交互门的蓝图类，让其继承于 Actor 父类下，命名为 BP_BossDoor。双击打开该蓝图类，使用前面介绍过的方法为其添加门和门框的静态网格体组件，如图 3-197 所示。

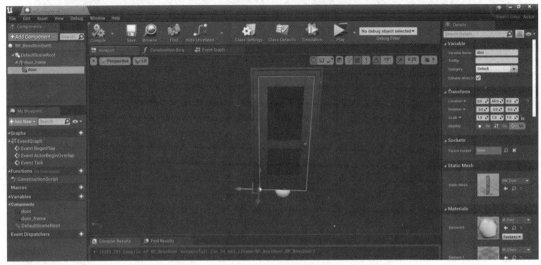

图 3-197　添加门和门框的静态网格体组件

创建自定义事件并编辑事件图表以实现门的旋转，如图 3-198 所示。

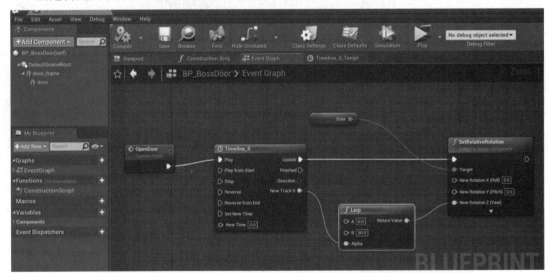

图 3-198　门的旋转蓝图

新建变量，并将其命名为 BossDiedReference，如图 3-199 所示。在 Details 面板中更改变量类型，搜索并选择 BP Boss Died 的 Object Reference 类型，如图 3-200 所示。勾选"Instance Editable"复选框，如图 3-201 所示。

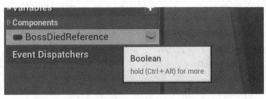

图 3-199　新建变量

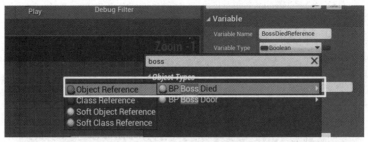

图 3-200　变量类型的更改

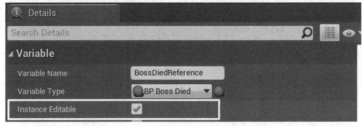

图 3-201　勾选"Instance Editable"复选框

将 BossDiedReference 变量拖动到事件图表中，然后在事件图表中添加自定义事件，并将其命名为 BossDied，最后完成整个蓝图的编辑，如图 3-202 所示。

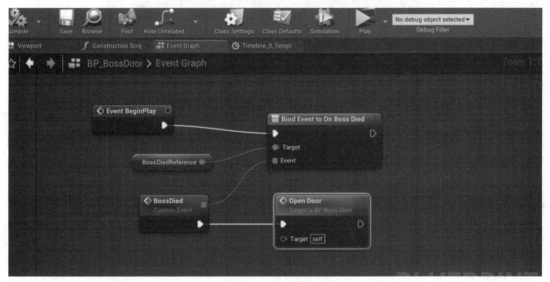

图 3-202　事件分发器的调用

将 BP_BossDoor 蓝图类和 BP_BossDied 蓝图类均拖动到关卡中。选中 BP_BossDoor 蓝图类，在 Details 面板中，单击 Boss Died Reference 右侧的下拉箭头，搜索并选择 BP_BossDied，如图 3-203 所示。

当人物触发 BP_BossDied 蓝图类时，门随之打开，如图 3-204 所示。

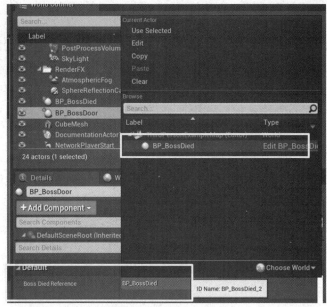

图 3-203　蓝图实例的添加

图 3-204　门打开效果

3.8　蓝图应用实例

通过前面几节内容的学习，我们已经对蓝图有了初步的了解，本节将综合所学知识实现 3 个与蓝图相关的功能：昼夜交替、关卡跳转和关卡内瞬移。

3.8.1　昼夜交替

昼夜交替效果即可以在项目运行时体验从白天到黑夜的光线交替效果，主要对场景中的光源进行改变。昼夜交替蓝图可对整个场景产生影响，使用关卡蓝图来进行编辑会更加合适。昼夜交替的事件触发引用 Event Tick 帧事件，通过在关卡蓝图中对场景中的光源进行旋转和对天空盒的位置进行更新实现昼夜交替功能。

新建第三人称项目，在项目默认关卡中进行操作。在世界大纲面板中搜索 Light Source，如图 3-205 所示。在 Details 面板中将 Light Source 的运动状态改为可移动（Movable），如图 3-206 所示。选中 Light Source，在关卡蓝图中对其进行调用，如图 3-207 所示，调用后会出现 Light Source 节点，如图 3-208 所示。

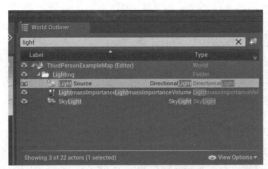

图 3-205　在世界大纲面板中搜索 Light Source

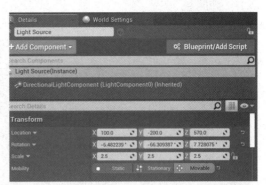

图 3-206　设置 Light Source 的运动状态为可移动

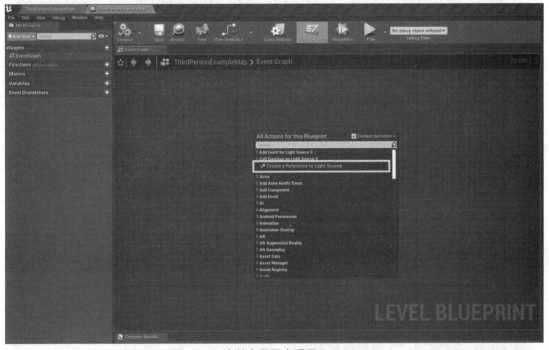

图 3-207　在关卡蓝图中调用 Light Source

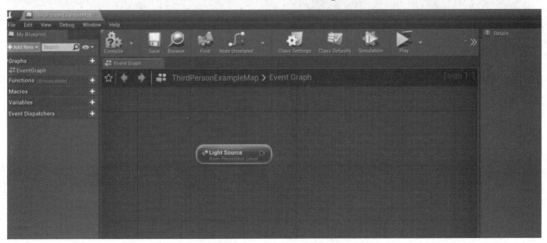

图 3-208　Light Source 节点的引用

使用同样的方法完成对 SkySphereBlueprint 的引用，如图 3-209 和图 3-210 所示。

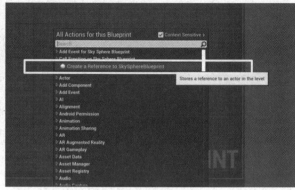

图 3-209　在世界大纲面板中搜索 SkySphereBlueprint　　　　图 3-210　在关卡蓝图中调用 SkySphereBlueprint

完成对光源和天空的引用后，还需要设置一个变量，用作光源旋转（昼夜交替）的速度。在 My Blueprint 面板的 Variables 选项卡中新建一个变量，并将其命名为 speed，如图 3-211 所示。

图 3-211　创建 speed 变量

修改 speed 变量的变量类型为 Float，如图 3-212 所示。编译并保存蓝图后，修改 speed 变量的默认值为 5，如图 3-213 所示。

图 3-212　修改 speed 变量的变量类型　　　　　　图 3-213　speed 变量的默认值设置

变量创建好后，引用 Event Tick 节点作为事件触发节点，设置 Light Source 沿 Y 轴旋转，通过旋转体的创建引用 speed 变量。在光源旋转设置完成后，更新天空蓝图的位置，最终完成关卡蓝图的编辑，如图 3-214 所示。

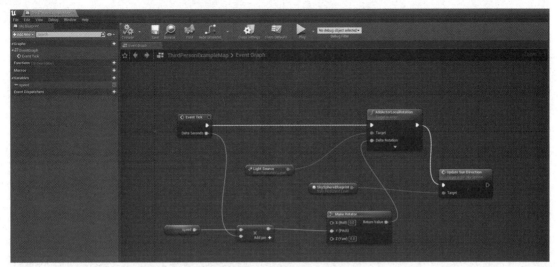

图 3-214　昼夜交替蓝图

在场景中对昼夜交替功能进行测试，如图 3-215 和图 3-216 所示，截取两个不同时间段的光照和天空景象，可见昼夜交替功能成功实现。

图 3-215　上午效果

图 3-216　傍晚效果

3.8.2　关卡跳转

场景中的关卡跳转有多种实现方式，这里介绍通过使用蓝图类的方法在场景中添加碰撞触发器来实现关卡跳转。引用 UE 中的 Advanced Village Pack 素材包中的场景，通过其和默认场景之间的相互跳转来验证关卡跳转功能的实现。

打开上文中新建的第三人称项目，将 Advanced Village Pack 素材包自 UE 库中添加至项目中，如图 3-217 所示。打开素材包内自带的 AdvancedVillagePack_Showcase 场景，添加碰撞触发器，当事件触发后将跳转到默认 ThirdPersonExampleMap 中。

图 3-217　素材包的添加

新建一个继承于 Actor 父类的蓝图类，将其命名为 BP_Levelcrossing。双击打开 BP_Levelcrossing 蓝图类，为其添加门框组件和碰撞检测组件，如图 3-218 所示。

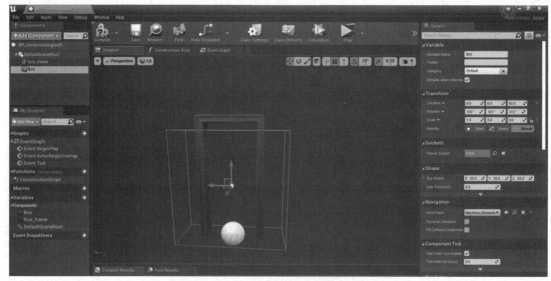

图 3-218　添加门框组件和碰撞检测组件

选中盒体碰撞检测器，在右侧的 Details 面板中为其添加 On Component Begin Overlap 事件节点，如图 3-219 所示。

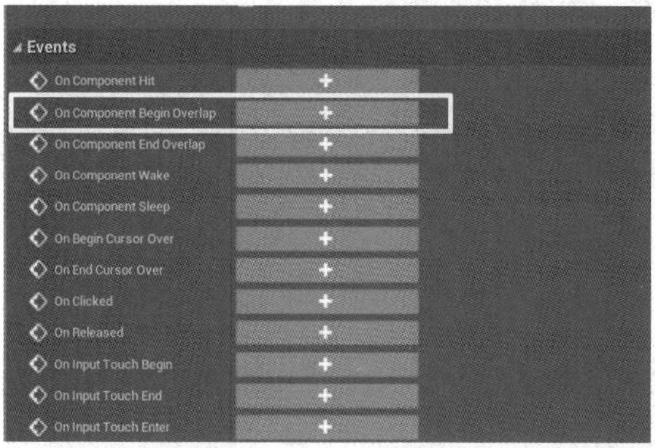

图 3-219　添加 On Component Begin Overlap 事件节点

在事件图表中通过对象引用打开关卡的 Open Level（by Object Reference）节点，在该节点的关卡选择下拉列表中，选择即将要跳转到的场景，如图 3-220 所示。

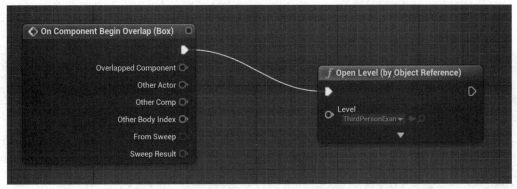

图 3-220　关卡跳转的实现

完成蓝图编辑后编译并保存，然后将其放到场景中便可进行测试，如图 3-221 所示。但由于 AdvancedVillagePack_Showcase 场景中的控制角色不是第三人称，因此若想切换到第三人称控制，则需要将第三人称人物角色拖入场景中。

图 3-221　场景中穿越门的添加

单纯地将人物拖入场景中并不能在关卡运行时直接控制，还需要获得玩家控制权。因此，选中人物，在 Details 面板中搜索 pawn，在 Pawn 层级下确认 Auto Possess Player 的值为 Player 0，以此获得玩家权限，如图 3-222 和图 3-223 所示。

图 3-222　搜索 pawn　　　　　图 3-223　确认 Auto Possess Player 的值为 Player 0

获得第三人称玩家权限后，可对关卡跳转进行测试，运行结果如图 3-224 和图 3-225 所示，场景跳转成功。

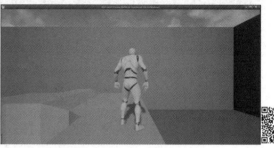

图 3-224　场景跳转前　　　　　　　　　　图 3-225　场景跳转后

3.8.3　关卡内瞬移

关卡内瞬移主要是通过使用盒体触发器和引用 Actor 在关卡蓝图中编写瞬移程序而实现的。

在第三人称项目中的 ThirdPersonExampleMap 场景中添加瞬移开始位置的标识平面和瞬移触发盒体触发器，如图 3-226 所示。

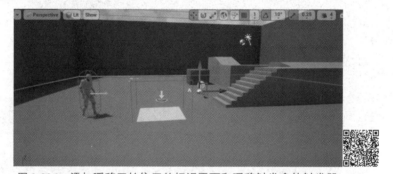

图 3-226　添加瞬移开始位置的标识平面和瞬移触发盒体触发器

而后在场景中添加目标位置的标识平面和定位 Actor，如图 3-227 所示。

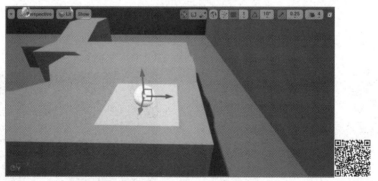

图 3-227　添加目标位置的标识平面和定位 Actor

分别选中盒体触发器和定位 Actor，在关卡蓝图中对 Actor 进行引用，为盒体触发器添加 On Actor Begin Overlap 事件节点，如图 3-228 所示。

在关卡蓝图中编写瞬移程序，调用 Teleport 节点，将目标 Actor 的位置赋予玩家角色，实现瞬移功能。其蓝图编辑界面和瞬移效果如图 3-229 和图 3-230 所示。

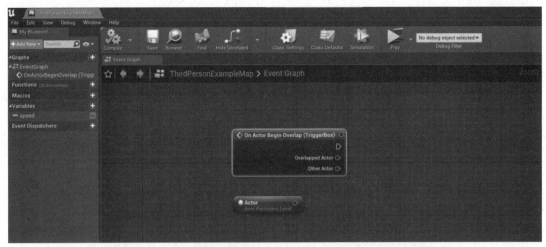

图 3-228　为盒体触发器添加 On Actor Begin Overlap 事件节点

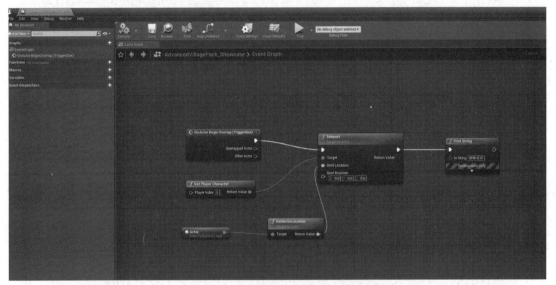

图 3-229　实现瞬移功能蓝图编辑界面

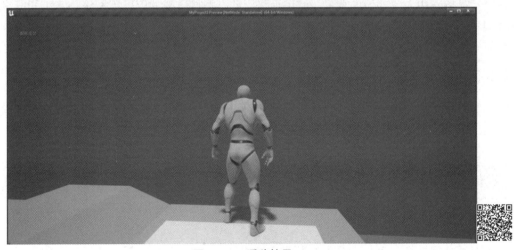

图 3-230　瞬移效果

第4章
Chapter 4
材　质

开发游戏需要考虑游戏设备实时渲染时的计算处理效率和图形硬件的限制。与真实的世界一样，游戏场景内包含各种各样的物体。在使用 UE 开发游戏的过程中，材质被应用于游戏场景中几何物体的渲染，如网格体、粒子和 UI 元素等。不同的物体拥有不同的表面细节，材质定义了外观，如颜色、透明度和碰撞后的物理特效等。在 UE 中，材质的作用是计算照在物体表面的光在不同的情况下会引起物体表面产生什么样的效果。

本章主要内容如下。

- 材质的基本概念。
- 认识材质编辑器。
- 材质节点。
- 材质编辑器的使用。
- 地形材质。
- 认识 UV。
- 材质编辑实例。

4.1　材质的基本概念

材质是应用于几何物体网格表面的细节资源描述，可以指定其材料和质感。在 UE 中，材质定义场景中对象的表面属性。通俗地讲，可以将材质视为应用于网格体来编辑其视觉外观的一层"油漆涂料"。通过材质的编辑可以向 UE 发出指令，告诉其物体表面应该如何与场景中的光线完成交互。材质的定义包括物体表面细节的各个方面，如物体表面的颜色、反射率、粗糙度、透明度等。

在 UE 中，材质通过材质编辑器中的可视化节点来进行编辑。实际上，每个节点都是一段高级着色语言（High Level Shader Language，HLSL）的代码片段，每次对材质的编辑就是通过节点来完成 HLSL 代码的创建。

4.2　认识材质编辑器

4.2.1　新建材质

材质编辑器是一个基于节点的图形化编辑界面。在 UE 中，需要通过材质编辑器来创建和编辑材质。在材质编辑器中可以创建应用到几何体上的着色器。

材质编辑器可以通过双击材质打开。如果没有已有材质，则需要新建材质。单击"Add/Import"按钮，创建资源，如图 4-1 所示。

图 4-1　单击"Add/Import"按钮

在资源浏览器中选中材质，完成材质的创建，如图 4-2 所示。

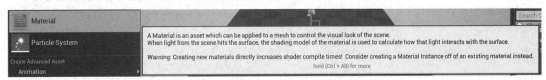

图 4-2　选中材质

双击新建的材质资源，进入材质编辑器，即可进行材质编辑，如图 4-3 所示。

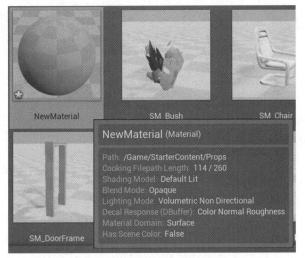

图 4-3　双击新建的材质资源

4.2.2　材质编辑器界面

UE 的材质编辑器界面如图 4-4 所示。

材质编辑器界面主要包括工具栏（Toolbar）、视口（Viewport）面板、细节（Details）面板、图表（Chart）面板和调色板（Palette）面板。

1．工具栏

在工具栏中罗列了材质编辑需要使用的工具，如图 4-5 所示。

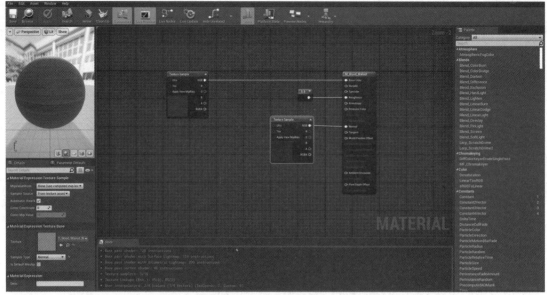

图 4-4　UE 的材质编辑器界面

图 4-5　工具栏

Save：保存当前资源，用于保存当前对材质的修改。也可以通过 Content Browser 中的 Save All 来保存全部内容，从而避免遗漏。

Browse：用于找到当前资源在浏览器中的位置。

Apply：对材质进行变更后，确认并应用变更后的材质。

Search：在材质图表中搜索，查找当前材质内容。

Home：在图表中使基础材质节点居中。

Clean up：清除未与基础材质节点连接的所有废节点。

Connectors：显示或者隐藏未连接的节点。

Live Preview：实时刷新任何更改在 Material Preview 窗口中的内容并预览当前材质，而无须保存或应用。

Live Nodes：实时更新对节点所做的任何常量更改，预览每个节点中的材质。

Live Update：对网格中的每个节点进行编辑或更改后，重新编译其着色器。

Hide Unrelated：单击该按钮后，单击某个节点，会高亮显示与该节点执行线相关联的节点。

Stats：隐藏或显示节点图中的材质统计。

Platform Stats：模拟移动设备显示材质状态，统计数据和编译错误。

2．视口面板

视口面板用于材质的效果预览，体现了当前材质的渲染效果，如图 4-6 所示。

3．细节面板

细节面板展示了当前选中材质的材质表现和函数节点属性，在这里可以对某个节点进行参数属性调整，如图 4-7 所示。

图 4-6　视口面板

图 4-7　细节面板

4．图表面板

图表面板显示材质的材质表现。每种材质在创建后都会生成一个默认的基础材质节点——主材质节点，这一节点上的若干输入都对应着材质的一项设置，可以和其他材质节点相连，如图 4-8 所示。

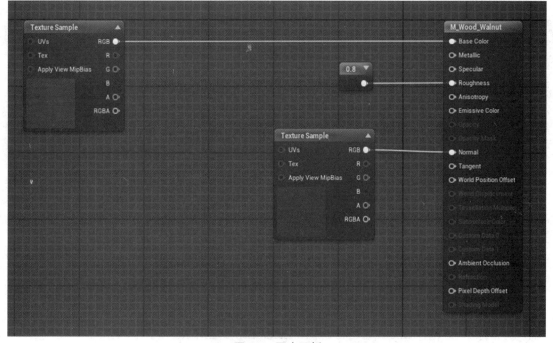

图 4-8　图表面板

5. 调色板面板

调色板面板列出了所有材质表现和函数节点。调色板面板实际上提供了若干材质的特定模板，可以通过"拖放"操作将模板放置到图表面板中，如图4-9所示。

图 4-9　调色板面板

4.3　材质节点

在材质编辑过程中会用到各种材质节点以实现不同的材质效果，接下来对一些基础的材质节点进行介绍。

4.3.1　主材质节点

当材质被创建时，会在材质编辑器的图表面板中自动出现一个主材质（M_Material）节点，它可与其他材质节点相连接，如图4-10所示。下面对主材质节点的部分属性进行介绍。

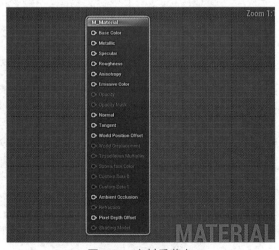

图 4-10　主材质节点

Base Color：基础颜色，用来定义材质的整体颜色，它可以输入 RGB 3 个通道的信息。

Metallic：金属色，定义表面模拟金属属性。非金属值为 0，金属值为 1。

Specular：高光，其值介于 0 与 1 之间，在大多数情况下应保留其默认值 0.5。高光是非金属表面的反射强度的体现，它无法作用于金属表面。在使用 UE 制作大部分材质时，不会使用高光来控制反射强度，而会使用粗糙度来控制。

Roughness：粗糙度，用来控制材质实际的粗糙程度。该值越高，材质表面将向越多方向散射光线。当粗糙度值为 0 时，材质表面体现为镜面反射；当粗糙度值为 1 时，材质表面体现为完全的漫反射。

Emissive Color：自发光颜色，可以通过乘法节点来控制材质自发光。

Opacity：在半透明混合模式下，可以使用不透明度这一节点。不透明度的值介于 0 与 1 之间，0 代表完全透明，1 代表完全不透明。

Opacity Mask：不透明度蒙板与不透明度类似，但该节点仅在蒙板混合模式下使用。与不透明度节点相同的是，不透明度蒙板的值也介于 0 与 1 之间；与不透明度节点不同的是，在使用不透明度蒙板节点时，不同色调的灰色无法在实时结果中体现。使用不透明度蒙板节点，材质只有可见与不可见两种状态。

Normal：连接此节点使用法线贴图。

World Position Offset：世界位置偏移，该节点使得材质可以控制网格体的顶点在世界空间内移动，这使得设计者运用材质去控制物体的形状、旋转、移动等十分方便。

Subsurface Color：次表面颜色，仅当材质属性中着色模型为次表面时才可使用该节点。使用这一节点模拟当光照穿过表面时物体的颜色变换。

4.3.2　常量节点

Constant 节点：当定义浮点数与多通道运算时，自动影响多通道。

Constant2Vector 节点：用于定义二维向量，影响两个通道。

Constant3Vector 节点：用于定义三维向量，影响 3 个通道。可使用此节点对物体颜色、位置和方向矢量进行定义。以颜色定义为例，其效果如图 4-11 所示。

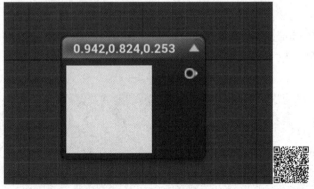

图 4-11　颜色定义效果

Constant4Vector 节点：用于定义四维向量，影响 4 个通道。可使用此节点定义带透明度的颜色，其比 Constant3Vector 节点新增了颜色透明度通道，如图 4-12 所示。

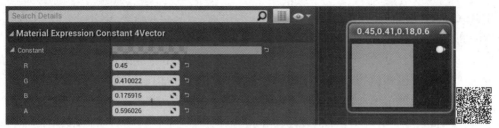

图 4-12　使用 Constant4Vector 节点定义颜色

4.3.3　变量节点

ScalarParameter 节点：浮点变量，其可被程序调整，可将浮点数转换为浮点变量，用来接收外部的参数，如图 4-13 所示。

VectorParameter 节点：矢量变量，可由任意向量转换而成，各个向量在转换时均会转换成 4 个通道的矢量变量，如图 4-14 所示。

图 4-13　ScalarParameter 节点

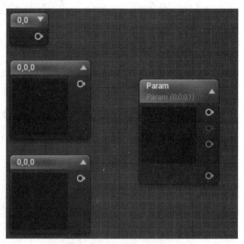

图 4-14　VectorParameter 节点

TextureSmapleParameter2D 节点：贴图采样节点变量，可转换成贴图变量在材质实例中进行编辑。该节点可由贴图采样节点转换而来，如图 4-15 所示。

TextureSampleParameterSubUV 节点：粒子 SubUV 贴图变量，是贴图采样参数节点的特殊形式，专用于序列图粒子，其可以使序列图粒子平滑过渡。该节点可由 Particle SubUV 转换而来，如图 4-16 所示。

图 4-15　TextureSmapleParameter2D 节点

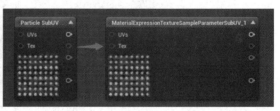

图 4-16　TextureSampleParameterSubUV 节点

StaticSwitchParameter 节点：开关参数节点，可在材质实例中切换两个静态开关参数值，如图 4-17 所示。

变量节点的功能多，操作也略显复杂，可通过下面的变量节点操作来实现对变量节点的学习。在材质函数中按住 S 键，在蓝图控制面板中单击，然后松开 S 键，便可得到一个单一变量，可以对其进行命名，并将其连接到所需的输入上，如图 4-18 所示。

图 4-17　StaticSwitchParameter 节点　　　　　　图 4-18　创建节点并连接

在左侧的细节面板中可以对参数进行重命名，并可对其默认值（Default Value）、最小值（Slider Min）和最大值（Slider Max）分别进行设定和限制，如图 4-19 所示。

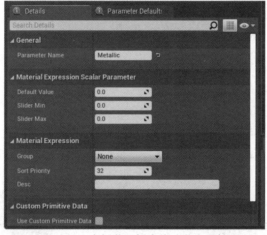

图 4-19　在细节面板中修改节点属性

按住 4 键，在蓝图控制面板中单击，然后松开 4 键，便可得到一个多维常量。虽然常量不可更改，但是可以通过在该常量上右击并选择"Convert to Parameter"选项来得到一个多维变量，如图 4-20 和图 4-21 所示。

图 4-20　选择"Convert to Parameter"选项　　　　图 4-21　变量转换

右击并搜索 Texture Object Parameter 可以得到一个贴图变量，对其进行相应的命名后即可使用，如图 4-22 所示。

具体来说，贴图的使用必须通过 Texture Sample 将其转换为 RGB 或 RGBA 值。按住 T 键，在蓝图控制面板中单击，然后松开 T 键，便可得到一个 Texture Sample，如图 4-23 所示。

图 4-22　添加贴图

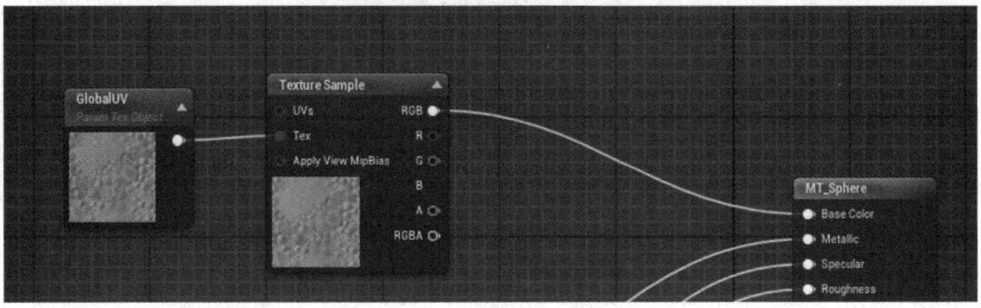

图 4-23　贴图节点连接

4.3.4　运算节点

Add 节点：加法节点，可将输入的两个值相加，如图 4-24 所示。在材质颜色的应用中，该节点可用来提升整体颜色或混合颜色。

Subtract 节点：减法节点，加法的逆运算效果，同样对两个值起作用。

Multiply 节点：乘法节点，将输入的两个值相乘，起到混合颜色和通道的作用。

Divide 节点：除法节点，A 除以 B。

Switch 节点：开关节点，它需要设置一个布尔值进行控制，如图 4-25 所示。

图 4-24　Add 节点

图 4-25　Switch 节点

4.3.5　函数节点

VectorToRadialValue 节点：将平面坐标空间转换为极坐标的坐标空间，如图 4-26 所示。

ScaleUVsByCenter 节点：从中心缩放 UV，可制作一些放大或缩小的效果，如图 4-27 所示。

图 4-26　VectorToRadialValue 节点

图 4-27　ScaleUVsByCenter 节点

SimpleGrassWind 节点：用于模拟吹过草地的阵风，输入到世界位置偏移，可对模型产生蠕动效果，如图 4-28 所示。

RadialGradientExponential 节点：圆形渐变的生成，通过此节点可快速生成一个圆形渐变，如图 4-29 所示。

Fresnel_Function 节点：菲涅耳函数节点，模拟菲涅耳函数效果，如图 4-30 所示。

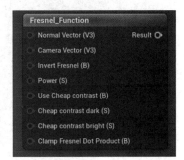

图 4-28　SimpleGrassWind 节点　　图 4-29　RadialGradientExponential 节点　　图 4-30　Fresnel_Function 节点

4.4　材质编辑器的使用

4.4.1　新建材质节点

在上一节中，我们学习了材质节点的相关属性，接下来对材质节点的创建和使用进行介绍。在材质编辑器中，有两种新建材质节点的方法。第一种方法是在图表面板中进行创建，单击鼠标右键，在出现的节点列表中搜索或选择想要添加的节点，如图 4-31 所示。

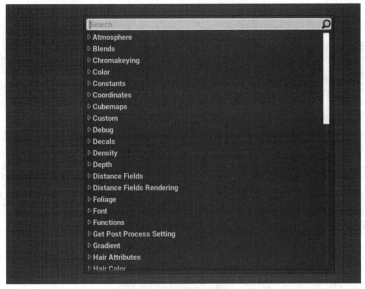

图 4-31　节点列表

第二种方法是在调色板面板中搜索或选择所需要的节点，将其拖入编辑面板中，完成材质节点的创建，如图 4-32 所示。

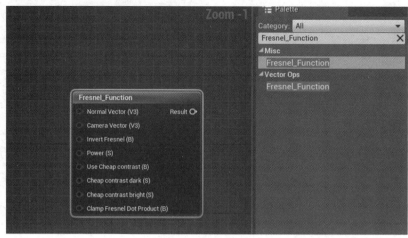

图 4-32　通过调色板面板添加材质节点

4.4.2　新建材质实例

每次保存材质模板不但需要消耗大量的计算资源进行编译，而且不能适配不同的场景进行参数微调，使用起来比较麻烦。因此，UE 为用户提供了一种可以多次使用同一材质模板的方法——材质实例。

材质实例可以在资源浏览器中通过右键快捷菜单进行创建，如图 4-33 所示。

同时，也可以在材质模板上右击，在弹出的快捷菜单中选择"Create Material Instance"选项，这样就得到了一个继承了材质模板变量的实例，如图 4-34 所示。

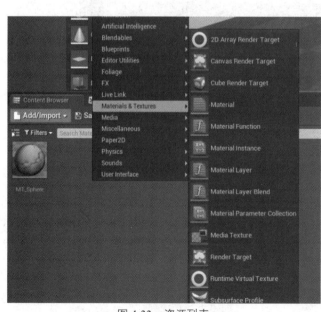

图 4-33　资源列表

图 4-34　创建材质实例

打开材质实例，在右侧细节面板的 General 选项卡的 Parent 选项中，可以看到其对应的材质模板，可以选择不同的材质模板，如图 4-35 所示。

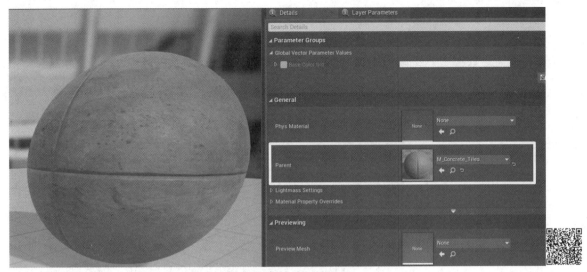

图 4-35　属性修改效果

选中材质模板后，模板中的相应参数将会显示在 Parameter Groups 栏中，可以勾选相应的参数进行更改，如图 4-36 所示。

图 4-36　材质实例的修改效果

4.4.3　新建动态材质

现在看到的材质都是静态材质，我们也可以创建动态材质。在使用 Rotator 时会提到 Time 默认输入是系统时间，那么系统就一定提供了一个可以输出时间的节点。

打开材质函数界面，右击并输入 Time 便可找到相应的节点，如图 4-37 所示。

Time 节点记录了连续变化的时间，如果将它作为贴图的位移输入，那么每时每刻贴图的位移都在进行连续的变化，这样就得到了动态的材质。在图 4-38 中，将 Time 与一个常量 0.01 相乘。之所以这样做，是因为 Time 值相对来说偏大，对于之后输入的速度值会非常敏感，从而导致不便于控制。因此，需要对其进行缩小。缩小后其再与 U、V 两个方向的值相乘，便可单独控制在这两个方向上的位移速度。不过，这里还应该修改两个输入的名称，因为其输入的含义已经发生了变化。

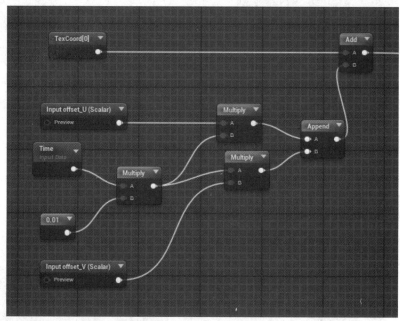

图 4-37　Time 节点　　　　　　　　　图 4-38　动态材质节点连接

4.4.4　新建材质函数

当节点越来越多时，我们可以发现材质界面越来越乱，到后期很难管理，而且全部通过复制并粘贴的方式来复现某一段程序逻辑也很复杂。针对这一问题，UE 提供了一个工具——材质函数。材质函数的创建步骤如图 4-39 所示。

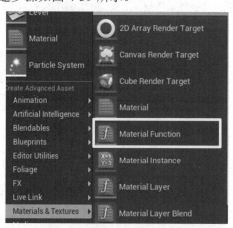

图 4-39　材质函数的创建步骤

在 Content Browser 中右击，创建材质函数，单击进入后会看到有一个 Output Result，这是创建函数的输出点，其可以是任意值，这取决于最后传给它的值的类型。同样，一个材质函数中可以有多个输出，通过不同命名将它们区分开来，如图 4-40 所示。

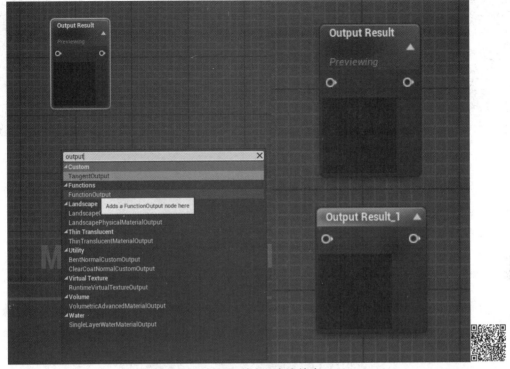

图 4-40　材质函数中的多个输出

在本例中，只需要一个 Output，所以可以删除多余节点。将材质中创建的调整 UV 部分的内容复制并粘贴到函数中，然后重新将节点连接起来，这样就得到了一个简单的材质函数，如图 4-41 所示。

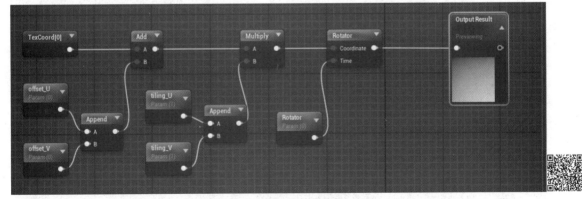

图 4-41　材质函数的编辑

目前这些材质函数的参数不能针对具体 UV 进行调整，可以将这些参数变成 Input 值，等待函数外参数的输入。右击并搜索 Input，根据需要将其改成相应的名称，这样函数就多了一些可以输入参数的接口，如图 4-42 所示。

注意，要记得在细节面板中更改 Input 值类型，如图 4-43 所示。

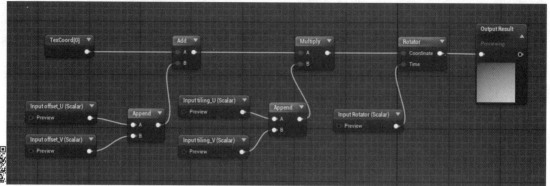

图 4-42　材质函数的输入接口

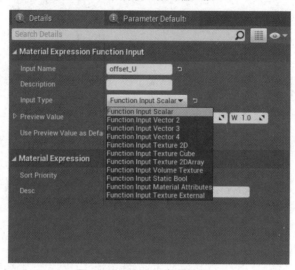

图 4-43　Input 值类型的更改

　　由于这里只需要单一变量，因此选择第一项"Function Input Scalar"。同时，通过 Sort Priority 进行参数顺序的调整，如图 4-44 和图 4-45 所示。

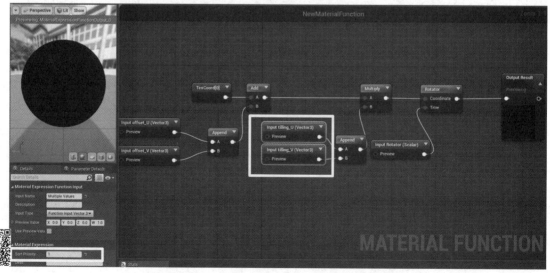

图 4-44　通过 Sort Priority 进行参数顺序的调整 1

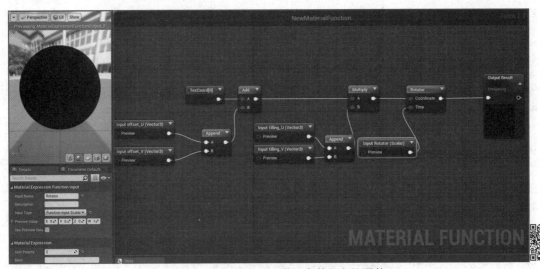

图 4-45　通过 Sort Priority 进行参数顺序的调整 2

Sort Priority 数值越小，优先级越高。打开材质，将原有的复杂节点删除，替换成材质函数并重新连接相应的参数，如图 4-46 所示。

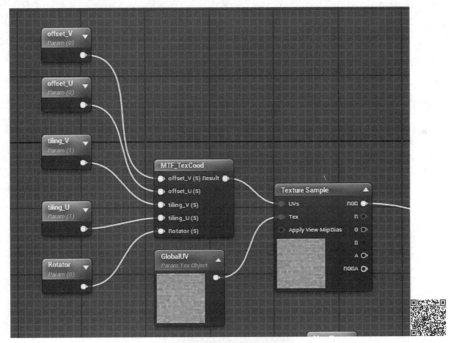

图 4-46　参数的使用

4.5 地形材质

4.5.1 搭建标准材质函数

了解了材质函数的使用方法，就可以搭建一个可以复用的标准材质函数以满足不同环境下的使用需求了，如图 4-47 所示。

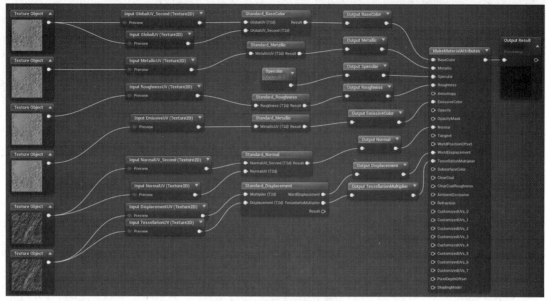

图 4-47　搭建标准材质函数

　　首先需要使用 MakeMaterialAttributes 节点，这个节点与材质模板中的默认节点相同，可以接收来自不同类型的值的输入并最终集成一个输出值，如图 4-48 所示。

图 4-48　MakeMaterialAttributes 节点

在 BaseColor 部分，根据需要构建一个分层材质，在编辑时可以根据项目需要编辑成一个单层材质，如图 4-49 所示。

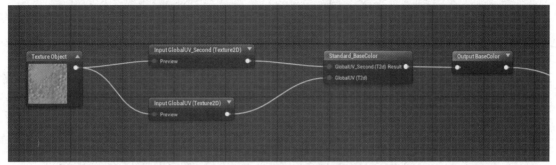

图 4-49　单层材质的编辑

BaseColor 仅从函数外获取两个贴图的输入，其他可调整参数都被封装在了函数内。将基础材质部分通过 StaticSwitchParameter 分成静态和动态两部分，并将相应计算封装到计算贴图位置的函数中，将其命名为 Standard_TexCor，如图 4-50 所示。

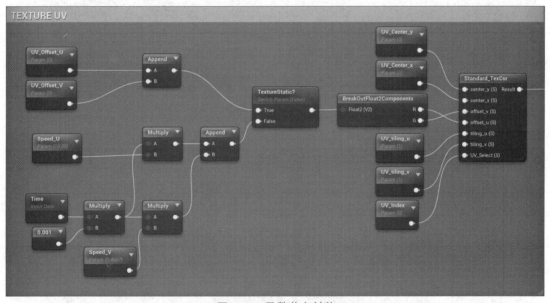

图 4-50　函数节点封装

然后将相应值传入 Texture Sample 的输入中，并将 Texture Sample 输出的 RGB 值进行再处理，如图 4-51 所示。处理过程中用到的函数如图 4-52 所示。

通过函数嵌套和拆包的方式，最终根据需求可以制作出可复用的高效的标准材质函数。

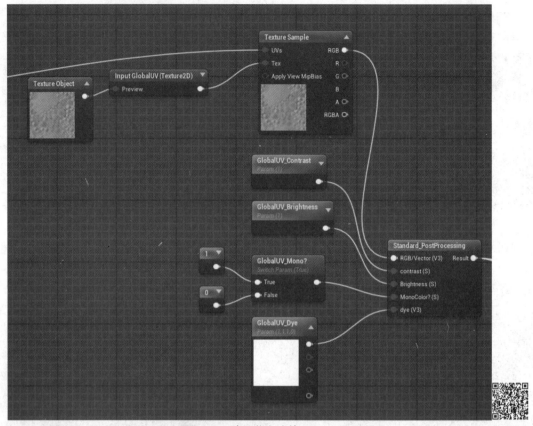

图 4-51　贴图节点连接

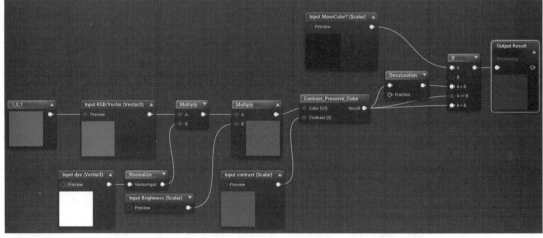

图 4-52　处理过程中用到的函数

4.5.2　地形材质编辑

地形材质编辑后不能通过拖动到视口中的方式应用材质，而需要将材质实例拖入细节面板的材质属性设置栏中才能实现应用。

打开材质实例的材质模板，通过材质函数封装不同材质层的材质信息，如图 4-53 所示。

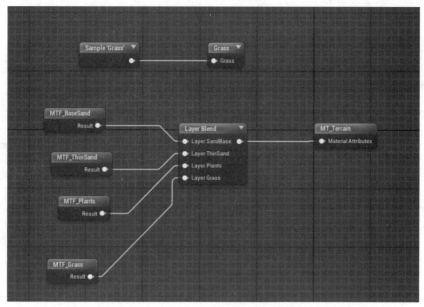

图 4-53　多层材质节点编辑

其中 Layer Blend 节点是 UE 专门针对地形设置的混合节点，可以在节点的细节面板中进行不同层的定义，如图 4-54 所示。

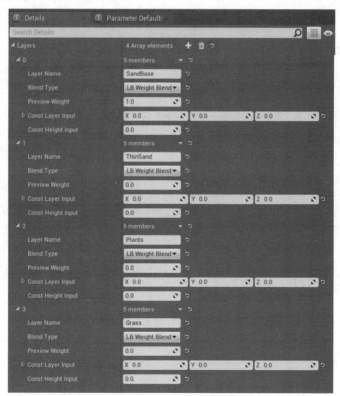

图 4-54　Layer Blend 节点编辑

对连接好的地形材质创建材质实例，并将实例应用于地形。进入"Landspace"→"Paint"界面，可以看到不同的材质已经被显示在窗口中，如图 4-55 所示。

单击"+"按钮，创建相应的权重信息，如图 4-56 所示。

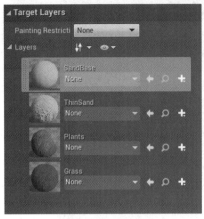

图 4-55　地形材质层

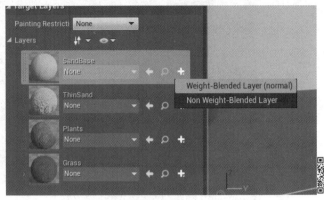

图 4-56　创建材质权重信息

进入 Paint 界面，单击材质，便可在不同位置利用笔刷绘制不同材质的地形，如图 4-57 所示。

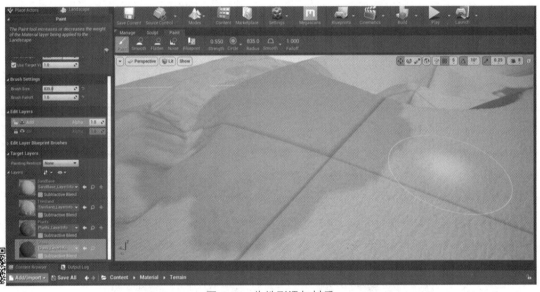

图 4-57　为地形添加材质

4.6　认识 UV

三维建模中的 UV 可理解为立体模型的"皮肤"，将"皮肤"展开，然后进行二维平面上的绘制并赋予物体。接下来详细介绍 UV 贴图、UV 创建及 UV 在 UE 中的使用。

4.6.1　UV 贴图

这里 UV 贴图是 U、V 纹理贴图坐标的简称，它和 3D 模型空间的 X、Y、Z 坐标轴相似。它定义了二维贴图上每个点的位置信息，这些点与 3D 模型是相互联系的，以确定表面纹理贴图的位置。UV 贴图就是将图像上的每一个点精确映射到三维模型的表面。在点与点之间由软件进行图像光滑插值处理。

4.6.2　UV 创建

在 DCC 软件中搭建一组 Lowpoly 小花，并将其拆分 UV，如图 4-58 所示。

图 4-58　花朵 UV 制作

将 UV 区域分成四块。左上区域（$0<x<0.5,0.5<y<1$）为根茎部分拆分出的 UV，右上（$0.5<x<1,0.5<y<1$）、左下（$0<x<0.5,0<y<0.5$）、右下（$0.5<x<1,0<y<0.5$）分别划为 3 种不同花瓣的区域。之后将花瓣的 UV 分别拆至相应区域中，并分别导出保存，就得到了 3 个相同模型但 UV 不同的花朵，如图 4-59 所示。

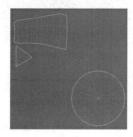

图 4-59　UV 区域划分

将 3 个模型导入 UE 中，并提前绘制相应的贴图。分别为根茎和花瓣绘制不同的颜色，并根据花朵形状在 Alpha 通道上为贴图存储相应的形状数据，保存为.tga 或.psd 格式，如图 4-60 和图 4-61 所示。

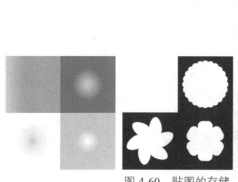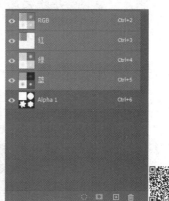

图 4-60　贴图的存储

图 4-61　在 UE 中导入模型

创建一个材质，将贴图拖到材质上，将采样器的 RGB 通道与 Base Color 相连接，将采样器的 A 通道与 Opacity Mask 相连接，如图 4-62 所示。需要注意的是，连接 Opacity Mask 前需要将贴图材质的混合模式修改为 Masked，如图 4-63 所示。

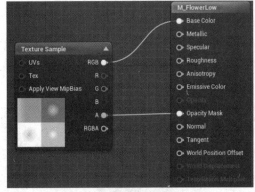

图 4-62　贴图材质编辑　　　　　　　　　图 4-63　贴图材质混合模式的修改

将贴图材质分别赋予 3 个模型，这样有着不同 UV 的模型便拥有了不同的花朵样式，如图 4-64 所示。通过使用这种方法可以大幅减少资产数量，并最大限度地对场景空间实现优化。

图 4-64　将贴图材质分别赋予 3 个模型

4.6.3　UV 在 UE 中的使用

对于材质 UV 贴图，在一些情况下需要对材质进行平铺、旋转、缩放等操作，这些操作都可以通过进行一系列计算后将值插入 Texture Sample 节点的 UVs 中实现。

首先获取材质的坐标信息，右击并输入 TexCoord，找到相应的节点，如图 4-65 所示。

图 4-65　找到 TexCoord 节点

对节点进行乘法运算即可进行重复或拉伸操作。注意，TexCoord 节点是一个二维数组，分别记录了 U 方向和 V 方向上的贴图坐标信息，因此可以对其分别做乘法或者统一做乘法。单独做乘法，通过不同的值我们可以获得不同的平铺效果，如图 4-66 和图 4-67 所示。

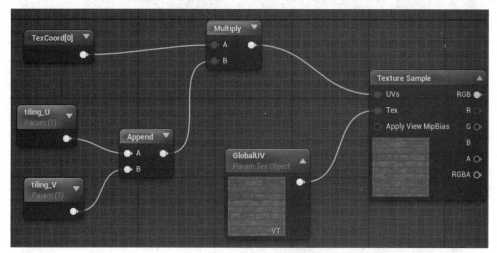

图 4-66　材质平铺效果编辑

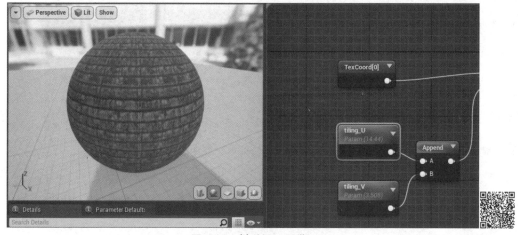

图 4-67　材质视口预览

统一做乘法相当于等比缩放，如图 4-68 所示。

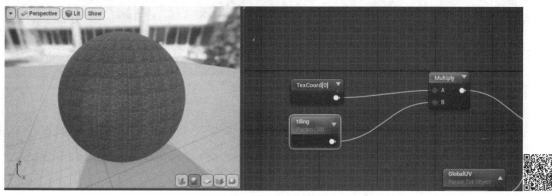

图 4-68　贴图缩放效果

偏移量可以通过做加法进行控制，同样可以单独控制或者统一控制，如图 4-69 所示。

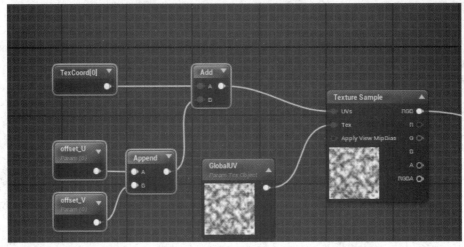

图 4-69　材质偏移量的控制

旋转量可以通过 Rotator 节点进行控制。Rotator 节点的 Time 输入默认为时间，因此如果不输入其他变量，则贴图会持续旋转，如图 4-70 所示。

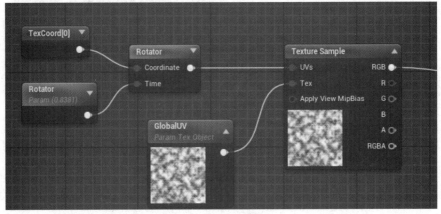

图 4-70　Rotator 节点的使用

相关调整方式可以联合起来使用，这样可以达到更好控制 UV 的效果，如图 4-71 所示。

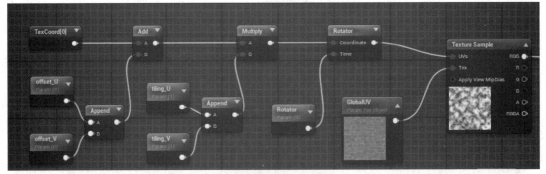

图 4-71　完整节点连接

打开材质实例，可以看到相应的参数调整，可以在其中进行实例化操作，如图 4-72 所示。

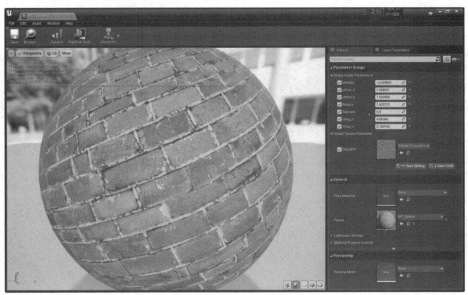

图 4-72 材质实例编辑

对于不同的实例，可以用同一个材质模板创建不同的材质效果，如图 4-73 所示。

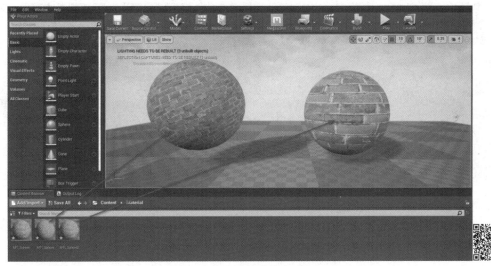

图 4-73 不同材质效果对比

4.7 材质编辑实例

4.7.1 材质变化效果

在前面内容中，我们已经学习了使用 Multiply、Add、Time 等节点对材质节点进行运算，但是通过常量或者变量的单一参数对其实现变化总是太有规律，那么能不能实现无规律的变化效果呢？

首先导入一张 RGB 通道均为独立分层云彩效果的 Noise 贴图，如图 4-74 所示。

图 4-74 导入贴图

然后将贴图的 R、G 通道分别作为 U 方向和 V 方向上的偏移，如图 4-75 所示。

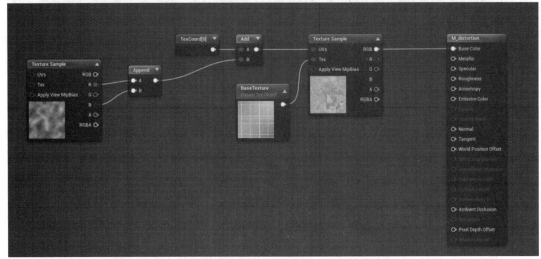

图 4-75　UV 偏移

随后对其进行乘法运算，降低其对 UV 偏移的影响，如图 4-76 所示。

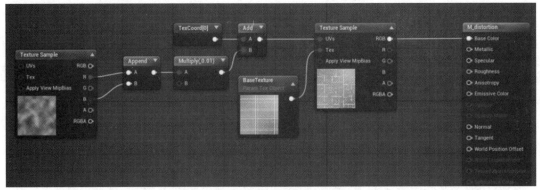

图 4-76　乘法运算操作

将贴图连接到采样的 UV 通道上，可以看到图片已经发生了不规则置换，如图 4-77 所示，但是这样的置换如何让它动起来呢？

图 4-77　图片不规则置换效果

实现对 Noise 采样的贴图变化，而不是对被置换贴图进行变化。使用同样的 UV 偏移平铺方式，便可以使被置换贴图动起来，如图 4-78 所示。

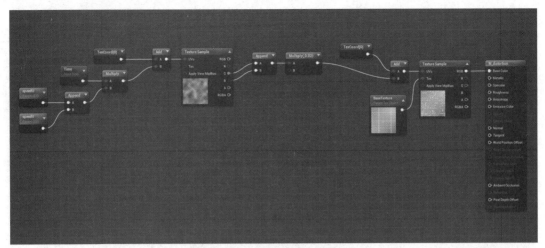

图 4-78　Noise 采样贴图操作

　　一层置换太有规律，可以对其叠加一层，在 UV 处理上实现差别来打破过于规律的变化，如图 4-79 所示。

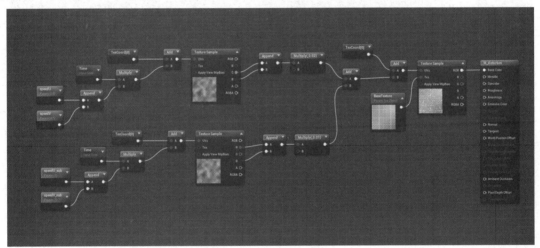

图 4-79　多层材质置换

4.7.2　涟漪材质效果

　　首先，需要一个渐变圆。这里采用算法计算圆，而不是用采样器引入圆，如图 4-80 所示。前者更加节省计算资源，而后者对于初学者来说更加容易。

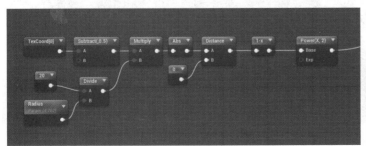

图 4-80　生成渐变圆

然后，导入一个单一涟漪的法线贴图，如图 4-81 所示。

图 4-81　法线贴图纹理效果

接着尝试将圆的结果输入 Sine 节点中，会出现涟漪式的扩散圆，但是这些圆无法运动，如图 4-82 所示。

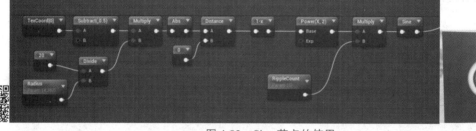

图 4-82　Sine 节点的使用

为了实现波纹的运动，尝试引入 Time 节点，并对圆的结果进行调整，如图 4-83 所示。

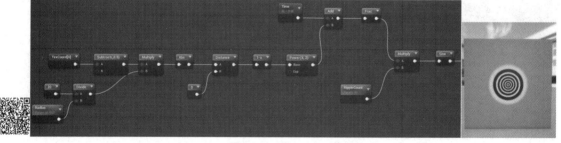

图 4-83　引入 Time 节点

这样就得到了循环运动的多层圆。但同时，考虑到涟漪的强度是逐渐扩散的，边缘值将远小于中间值，因此再加入相应算法进行处理，如图 4-84 所示。

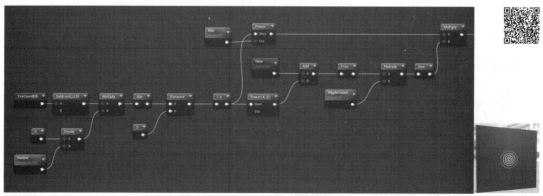

图 4-84　边缘值处理

　　这样就得到了扩散的涟漪遮罩。用遮罩对蒙版进行处理，就获得了涟漪的法线，再将其连接到 Normal 节点上，便可看到模型表面涟漪运动的效果，如图 4-85 所示。

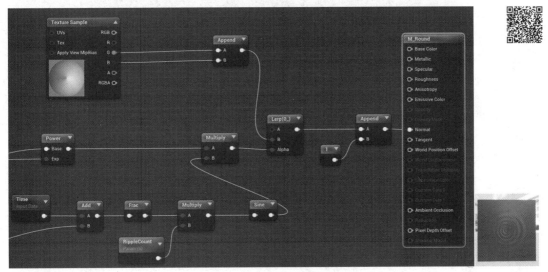

图 4-85　Normal 节点连接

　　将涟漪材质做成材质函数，便可与其他材质进行叠加，如图 4-86 所示。如果涟漪变化太快，则可对时间进行缩放。最终用函数对涟漪进行调用非常方便，如图 4-87 所示。

　　利用涟漪材质节点实现的雨天物体表面材质效果如图 4-88 所示。

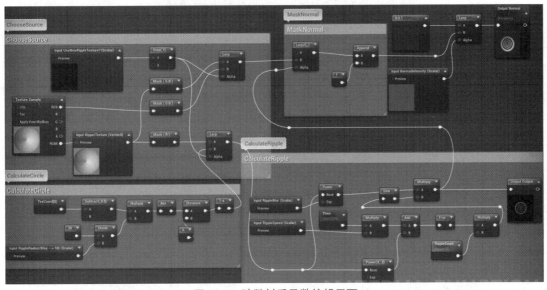

图 4-86　涟漪材质函数编辑界面

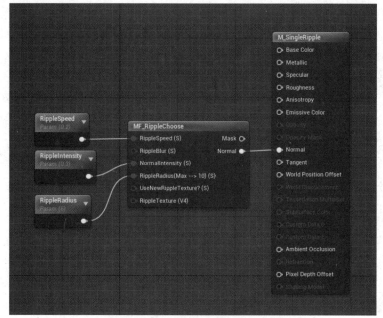

图 4-87　涟漪材质函数的使用

图 4-88　涟漪材质的应用效果

4.7.3　分层材质效果

利用笔刷绘制地形是一种让不同材质混合到一起的方法，除此之外，还有一种常见的材质类型，即分层材质。引擎制作的关键在于场景优化，对于地形来说，通过笔刷可以快速进行场景绘制，可以有效解决大场景的基础材质问题。但对于复杂场景中的多个静态网格体对象来说，很难一个一个地去处理，所以就需要用到更为通用的材质制作方法。

下面结合地形材质、分层材质及相关案例，探讨与材质相关的编辑操作。材质编辑参考图如图 4-89 所示。

图 4-89　材质编辑参考图

在参考图中，有时可能觉得雪和石头的结合是无规律的、随机的，但是仔细观察就能看到雪覆盖在石头之上，而不会位于石头之下或者石头侧面。从游戏制作的角度可以理解为，雪的材质是被投射在石头某个方向的表面之上的。知道了这一点，就可以通过算法实现固定方向上的雪材质的处理。

首先，在 Bridge 资产界面中寻找相关模型作为案例素材进行制作，也可以使用自己的模型进行制作，如图 4-90 所示。

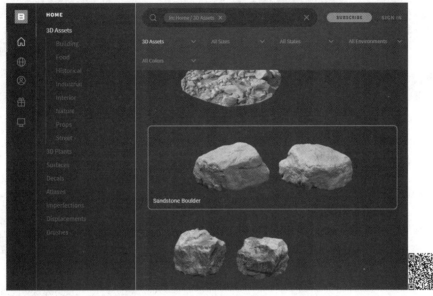

图 4-90　Bridge 资产界面

在界面左侧选择"HOME"→"3D Assets"选项，可以找到相关扫描资产，选择其中的Sandstone Boulder 资产，登录后进行下载，如图 4-91 所示。选择 2K Resolution 大小即可满足制作需求。单击左下角分辨率设置旁的 Settings 图标可以对导出的素材及贴图内容进行修改。

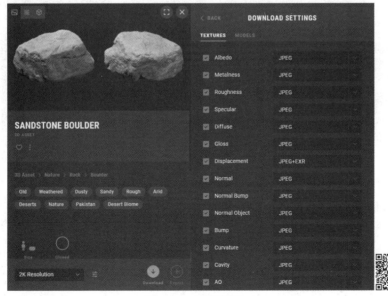

图 4-91　下载素材

下载成功后，单击"Export"按钮即可将其导出到目前打开的 UE 工程中。导入后的资产在"Content"→"Megascans"→"3D_Assets"→"Sandstone_Boulder_vecsch2qx"文件夹中，如图 4-92 所示。

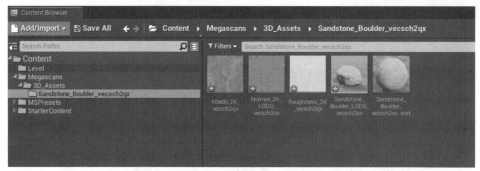

图 4-92　将模型贴图导入 UE 中

将静态网格体拖入场景中，会发现其本身已经有了一层材质，但是这并不是理想的多层材质，因此需要将其从模型上清除掉，如图 4-93 所示。

图 4-93　清除模型上的材质

在模型材质部分选择"Clear"命令即可将它清除掉。下面回到 Bridge 资产界面，在"HOME"→"Surfaces"→"Rock"路径及"HOME"→"Surfaces"→"Snow"路径下分别选择一个材质导入当前工程中。这里选择 ROCK CLIFF 及 SNOW CLIFF 作为新材质，如图 4-94 所示。

导入后的材质资产被放在"Content"→"Megascans"→"Surfaces"目录下，如图 4-95 所示。

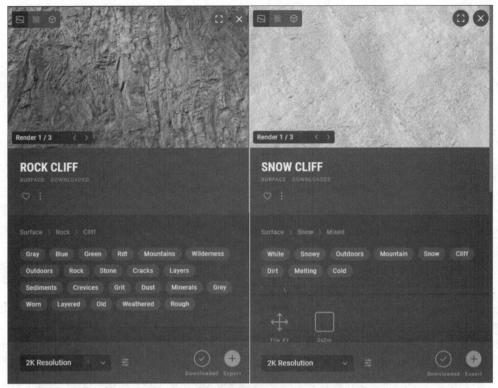

图 4-94　材质的选择

图 4-95　资源目录

　　下面开始制作材质函数。在开始具体制作之前，通过构建材质函数的方式更好地管理材质节点的数据流以优化游戏空间。首先需要一个主材质函数来分别混合 Rock 与 Snow 的 Basecolor、Normal、Roughness、Heightmap 等贴图。先为两个贴图建立输入，类型为 Texture2D，如图 4-96 所示。

　　再为两个贴图的 UVs 建立输入，类型为 Vector2，如图 4-97 所示。

　　另建一组节点，帮助计算 Z 轴全局向量作为蒙版的定点向量的值，如图 4-98 所示。

　　接着对这个值进行处理，如图 4-99 所示。Power 节点可以帮助计算边界的平滑程度，其 Exp 引脚可以单独作为输入控制雪覆盖的程度。Noise 贴图可以适当不规则化接缝，但这项处理也会影响到材质正上方的值，所以需要新建一个 Power 值单独控制边缘和正上方的混合程度。这里用到的 Lerp 节点是经常使用的节点。Lerp 节点可以帮助将 A 值与 B 值通过 Alpha

的输入进行混合，这样我们就得到了效果比较理想的贴图区域，如图 4-100 所示。

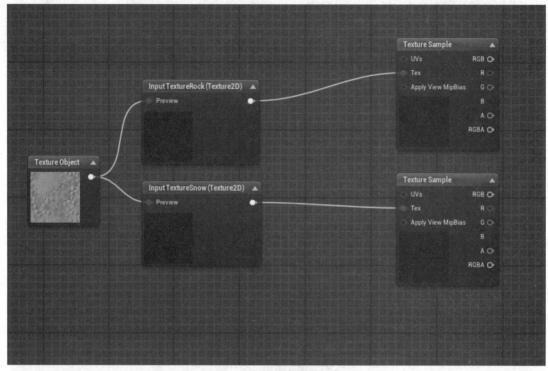

图 4-96　为两个贴图建立输入

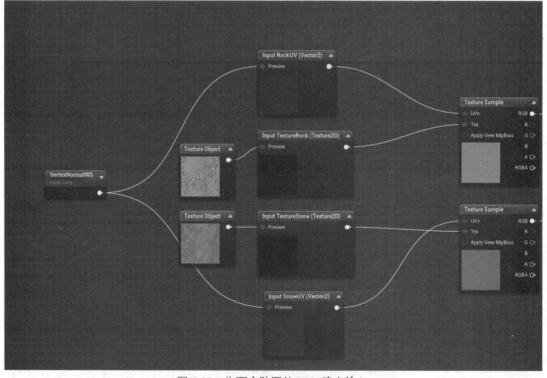

图 4-97　为两个贴图的 UVs 建立输入

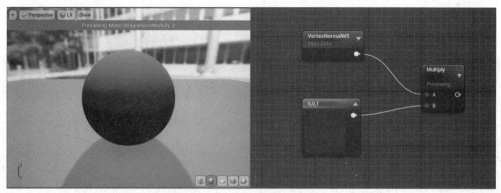

图 4-98　定点向量的确定

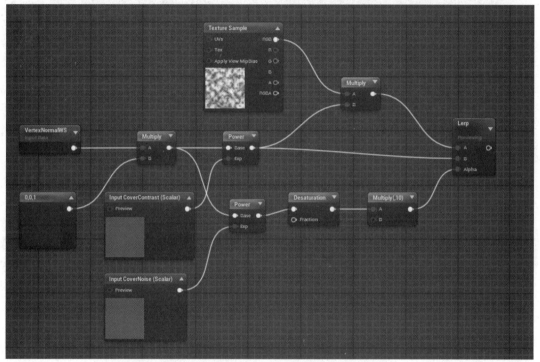

图 4-99　对定点向量的值进行处理

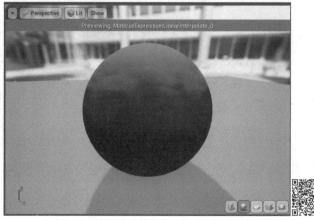

图 4-100　效果比较理想的贴图区域

在此基础上，将得到的 Lerp 值放到一个新的 Lerp 节点中，作为 Rock 与 Snow 材质的混合依据，这样就得到了一个可复用的主材质函数，如图 4-101 所示。

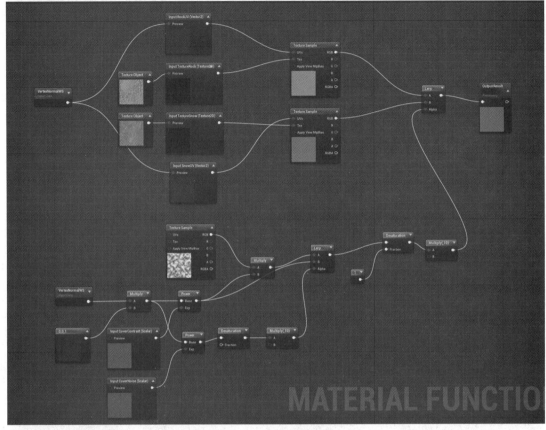

图 4-101　材质混合操作

图 4-102　TexCoord 节点

之后，需要一个材质函数计算 UV 的重复度和偏移。新建一个名为 MTF_UVs 的材质函数，用来处理 UVs。在这里，用 TexCoord 节点作为初始贴图的 UV 坐标进行处理，如图 4-102 所示。

利用第 4.3 节中讲到的节点可以迅速搭建一个标准的 UVs 处理函数，如图 4-103 所示。

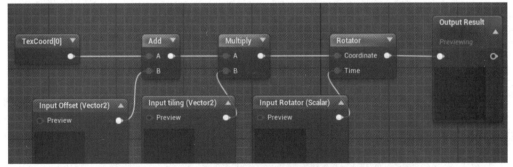

图 4-103　标准的 UVs 处理函数的搭建

最后，需要一个材质函数进行后处理。以贴图的 RGB 值作为输入，对其进行颜色处理，使用 Desaturation 节点处理饱和度，三维向量输入做乘法控制偏色，浮点变量输入做乘法控制亮度，Contrast_Preserve_Color 节点在保证颜色的情况下调节对比度，如图 4-104 所示。

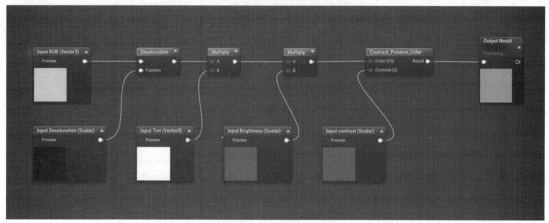

图 4-104　颜色处理操作

接下来就可以在材质中对这些函数进行拼装了。新建一个名为 MT_RockSnow 的自定义材质。以 BaseColor 为例，用材质函数调取贴图并输出，根据需要调用后处理函数，如图 4-105 所示。

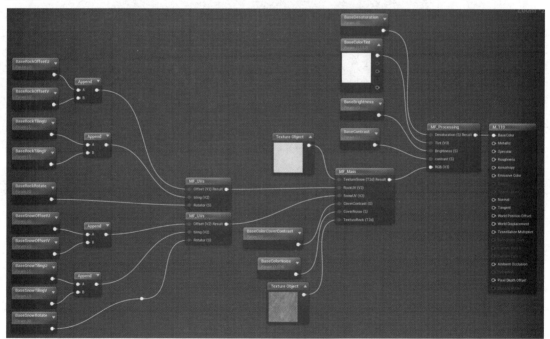

图 4-105　后处理函数的调用

图 4-105 中详细定义了 BaseColor 的控制接口，不仅可以调整其 UV 排列，还可以调整其颜色、边缘等。同理，将这一部分复制到需要的节点上，记得更改变量名称与分组名称。其中 UV 这一部分是可以复用的。材质各个属性的节点编辑如图 4-106～图 4-111 所示。

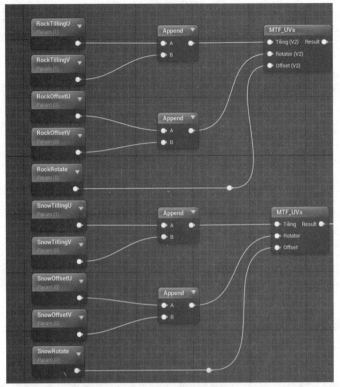

图 4-106　UV 排列调整

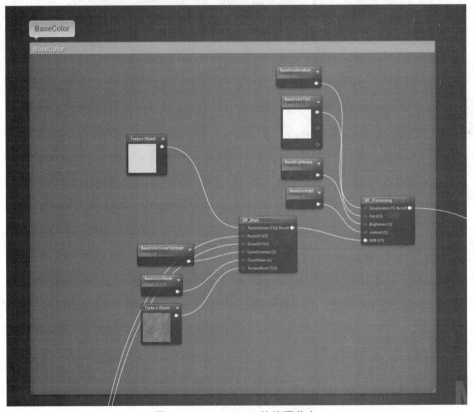

图 4-107　BaseColor 的处理节点

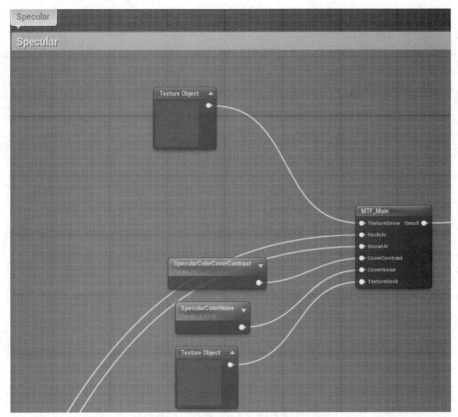

图 4-108　Specular 的处理节点

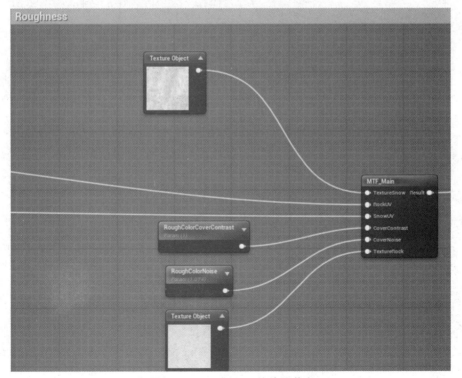

图 4-109　Roughness 的处理节点

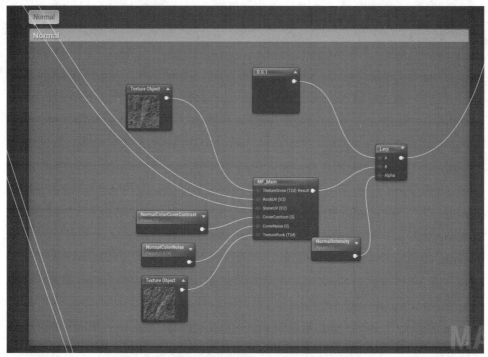

图 4-110　Normal 的处理节点

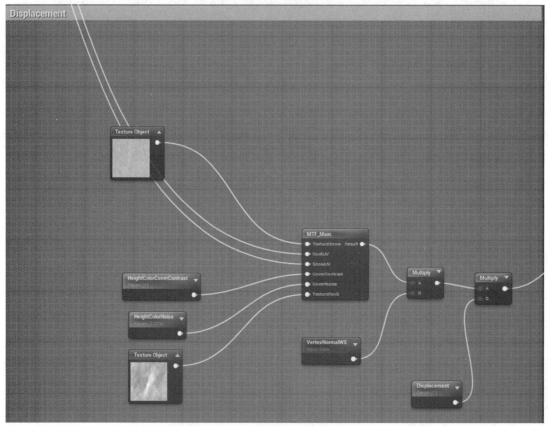

图 4-111　Displacement 的处理节点

在材质建立完成之后，在资源面板中建立好的材质上右击，在弹出的快捷菜单中选择"Create Material Instance"选项，建立材质相应的实例以方便管理，如图 4-112 所示。

图 4-112 材质实例的建立

打开材质实例，勾选需要的参数即可对其进行调整，如图 4-113 所示。可以看到，在右侧的细节面板中有着丰富的参数可以对材质进行细节的调整，可以根据自己的需要进行参数调整。调整完参数后，将材质实例拖动到静态网格体上进行应用，就能得到一块覆盖着雪的石头，如图 4-114 所示。

图 4-113 调整材质实例的参数

图 4-114　最终材质效果

第 5 章
Chapter 5
光　照

UE 中的光照是进行场景构建的重要因素。光照系统提供的各类光源能让场景实现立体、生动和富有层次的视觉效果，正确地使用光照不仅可以让场景高度仿真，还能节省 UE 运行的性能开销。本章将对 UE 中的光照进行详细介绍。

本章主要内容如下。

- 光照概述。
- 光源。
- 光照函数。
- 全局光照。
- 光照案例。

5.1　光照概述

UE 中的光照起着照亮场景和渲染环境的作用，其功能强大，可通过调节众多参数来获得不同的光照效果。我们可以通过各种光源来模拟太阳光、天光和灯光，还可以通过光照遮蔽和距离场调整环境中的光照阴影。另外，还能使用 UE 中的后处理技术来处理场景光照的整体效果，如图 5-1 所示。

图 5-1　UE 光照效果（图源：UE 官网）

5.1.1　光源概念

UE 中的光源分为 5 种：Directional Light（定向光源）、Point Light（点光源）、Spot Light（聚光源）、Rect Light（矩形光源）和 Sky Light（天光）。5 种光源各有其特点及适用范围。以定向光源为例，其主要用于模拟太阳光，在 UE 中可根据太阳光改变天空的颜色。

当天空未引用定向光源时，呈现黄昏时段的天空效果。UE 中的天空由蓝图编辑，若想将场景中的太阳光同天空材质结合起来，则不需要在蓝图中进行操作，只需将定向光源添加到场景中被天空引用即可。天空引用定向光源的效果如图 5-2 所示。

图 5-2　天空引用定向光源的效果

5.1.2　阴影

UE 在处理光照效果时会一同处理光线在场景中产生的阴影。UE 阴影渲染包括预计算阴影渲染和实时计算阴影渲染。UE 的预计算阴影渲染支持不透明物体和半透明物体的阴影渲染。当使用其渲染不透明物体计算阴影时，光源的大小会对阴影的软硬程度造成影响；当使用其渲染半透明物体计算阴影时，光源的大小会影响半透明物体阴影的模糊程度，如图 5-3 所示。

UE 的实时计算阴影渲染主要有两种计算方法，分别为 Shadow Map 方法和 Screen Space Ambient Occlusion（屏幕空间环境光屏蔽，SSAO）方法。Shadow Map 方法支持将远处的物体阴影计算逐步用静态阴影替代，从而减少性能开销，其效果如图 5-4 所示。

图 5-3　阴影模糊程度对比（图源：UE 官网）　　图 5-4　Shadow Map 阴影效果（图源：UE 官网）

SSAO 是一种深度计算阴影的算法，它是实时实现近似环境光遮蔽效果的渲染技术。其通过获取像素的深度缓冲和法线缓冲来近似地表现物体在间接光下产生的阴影。SSAO 阴影效果如图 5-5 所示。

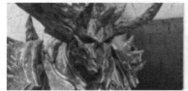

图 5-5　SSAO 阴影效果（图源：UE 官网）

5.1.3　反射

光照反射是 UE 光照处理的又一重要概念。一般来讲，物体光照的反射与物体的材质直接相关。UE 提供了 Metallic 和 Roughness 参数对光照的反射进行控制，还可以通过在场景中需要反射的位置添加 SphereReflectionCapture 来处理场景中的反射效果，如图 5-6 所示。

图 5-6　UE 光照的反射效果（图源：UE 官网）

5.2　光源

5.2.1　光源类型

打开 UE 界面，找到视图操作窗口左侧的 Place Actors 面板。Place Actors 面板左侧为类别列表区，右侧为内容列表区。选择左侧类别列表区中的"Lights"选项即可查看 UE 中的 5 种光源，如图 5-7 所示。

以 Point Light 的使用为例，在光源列表中选中"Point Light"选项后，将其拖动到场景中的相应位置，即可在视图操作窗口中观看光源的使用效果，如图 5-8 所示。

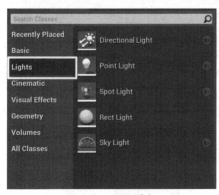

图 5-7　光源列表

图 5-8　Point Light 光照效果

1．Directional Light

定向光源主要用于模拟日光，其特点是无论放在场景中的哪个位置，它都会对整个场景造成影响。即使放在全封闭的室内，室外的环境也会被定向光源照亮。定向光源的光照方向同它的箭头方向一致，可以调节定向光源的光照方向和光照强度，却不能控制它的光照范围。因此，定向光源在场景中的具体位置并不重要，它始终可以影响所有物体。从阴影光亮的交界线可看出光照的方向。定向光源光照效果如图 5-9 所示。

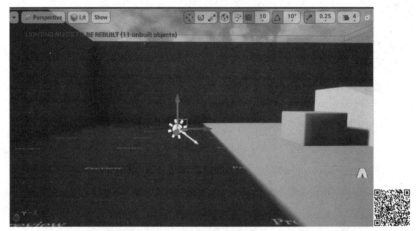

图 5-9　定向光源光照效果

2．Point Light

点光源类似一盏泛光灯，它从单点向四面八方发射射线。在虚拟场景中，点光源常用来模拟现实场景中的灯泡，但是出于性能考虑，在 UE 中被简化为从一点均匀地向各个方向发射光。点光源光照效果如图 5-8 所示。

3．Spot Light

聚光源可用来模拟手电筒或者舞台灯，类似于从圆锥体的单个点发出光照。可通过两个圆锥体来塑造光源的形状，它们分别为内圆锥体和外圆锥体。当分别调节两个圆锥体的属性时，聚光源会产生不同的光照效果。内圆锥体的光照亮度均匀完整，而外圆锥体的光照亮度将在从内半径的范围进入外圆锥体的范围时发生衰减，形成一个半影，或在聚光源照明圆的周围形成柔化效果。光照的半径将定义圆锥体的长度。聚光源光照效果如图 5-10 所示。

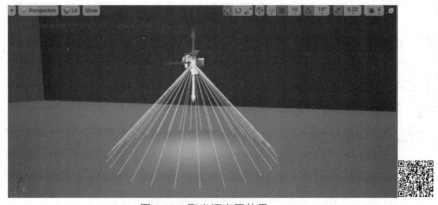

图 5-10　聚光源光照效果

4．Rect Light

矩形光源从一个定义好宽度和高度的矩形平面上向场景中发出光线。可以用它来模拟拥有矩形面积的任意类型的光源，如电视、显示器或屏幕壁灯。矩形光源的两个轴向分别为 Y 轴和 Z 轴，可在两者中设置尺寸，确定矩形的大小。矩形光源的光照方式为在局部 X 轴的正方向的球形衰减范围内发射光线，其衰减效果类似于点光源的球形衰减。矩形光源光照效果如图 5-11 所示。

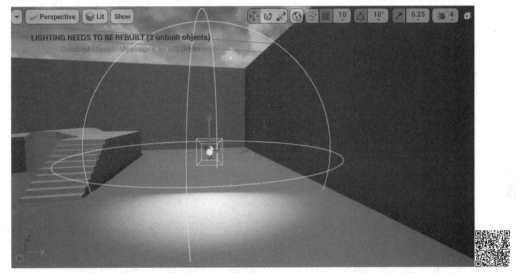

图 5-11　矩形光源光照效果

5．Sky Light

天光本质上是一种环境光，用来模拟来自天空和大气的反射光照。其原理是从天空中或远处采集一幅 360°全景图像作为立方体贴图，而后读取立方体贴图中的颜色信息，根据这些信息设置天空光照颜色并投射回场景中。即使天空光照信息来自大气层、天空盒顶部的云层或者远山，天空的外观及其光照反射也会匹配。还可以手动指定要使用的立方体贴图。天光的特点与定向光源相似，它也会影响场景中的所有物体，不受位置的限制。深蓝色天光的光照效果如图 5-12 所示。

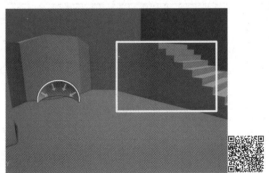

图 5-12　深蓝色天光的光照效果

在图 5-12 中，将天空光照的颜色修改为深蓝色，因此在物体上可反射出深蓝色的光芒，呈现深蓝色的视觉效果。

5.2.2　光源属性

光源属性可在 Details 面板中进行查看和修改。不同的光源拥有不同的属性。本节中的属性设置是基于 Settings 条件下的，后面还会出现基于 World Settings 条件下的属性设置。

1．定向光源的属性

将定向光源拖入场景中，调节好其光照方向后，可在 Details 面板中修改其相应的属性，如图 5-13 所示。

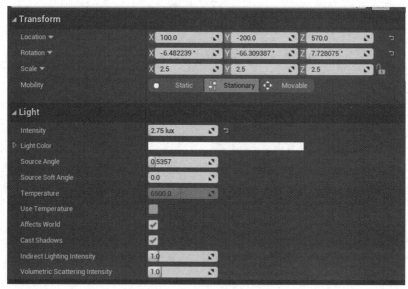

图 5-13　定向光源的 Details 面板

定向光源的属性可分为 Light、Lightmass、Light Shafts 和 Light Function 4 类。Light 类中的属性可分为基础属性和高级属性，其中基础属性包括光源的强度、颜色、衰减和阴影等属性，而高级属性则包括阴影偏差、投射、动态阴影等属性。定向光源 Light 类中的基础属性及其描述如表 5-1 所示。

表 5-1　定向光源Light类中的基础属性及其描述

属　　性	描　　述
Intensity	光源所散发的总能量
Light Color	光源所散发的颜色
Source Angle	光源的角度
Source Soft Angle	光源的柔化角度
Temperature	光源颜色的类温度调节
Use Temperature	是否使用色温调节光源颜色
Affects World	是否完全禁用光源
Casts Shadows	光源是否投射阴影
Indirect Lighting Intensity	控制光源发出的间接光照强度
Volumetric Scattering Intensity	光源在体积雾中光散射的强度

定向光源 Light 类中的高级属性及其描述如表 5-2 所示。

表 5-2　定向光源Light类中的高级属性及其描述

属　　性	描　　述
Shadow Cascade Bias Distribution	控制级联阴影贴图的深度偏差缩放系数
Cast Modulated Shadows	是否投射调制阴影
Modulated Shadows Color	修改调制阴影的颜色
Shadow Amount	光源投射阴影的强度
Specular Scale	反射高光的乘数
Shadow Resolution Scale	投影贴图分辨率的偏移量
Shadow Bias	控制光源所投射阴影的精确度
Shadow Slope Bias	控制光源的整个场景阴影的自投影准确度
Shadow Filter Sharpen	光源投射阴影过滤的锐化程度
Contact Shadow Length	屏幕空间到锐化接触阴影的光线追踪的长度
Contact Shadow Length in world Space Units	是否在世界空间单位里接触阴影长度
Cast Translucent Shadows	是否可从半透明物体处投射动态阴影
Cast Shadows from Cinematic Objects Only	是否仅从电影物体处投射阴影
Dynamic Indirect Lighting	是否开启动态间接照明
Force cached Shadows for Movable Primitives	是否开启强制移动基本体阴影
Light Channels	使动态光源照亮与其光照通道相同
Cast Static Shadows	此光源是否投射静态阴影
Cast Dynamic Shadows	此光源是否投射动态阴影
Affect Translucent Lighting	光源是否影响半透明物体
Transmission	确定该光源投射的光线是否根据次表面散射描述文件透过表面传输
Cast Volumetric Shadow	是否在体积雾中投射动态体积阴影
Cast Deep Shadow	是否投射深度阴影
Cast Ray Tracing Shadows	光线追踪阴影可用来计算光影照明
Affect Ray Tracing Reflections	光线追踪反射启用后，光源是否影响反射中的物体
Affect Ray Tracing Global Illumination	光线追踪全局光明启用后，光源是否影响全局光照
Deep Shadow Layer Distribution	深阴影层分布范围

定向光源的 Lightmass 类中的各种属性可起到对光照进行预计算的作用，以节省动态光照的计算成本。定向光源 Lightmass 类中的属性及其描述如表 5-3 所示。

表 5-3　定向光源Lightmass类中的属性及其描述

属　　性	描　　述
Light Source Angle	定向光源的自发光表面相对于接收物而延展的角度，影响半影尺寸
Indirect Lighting Saturation	当其数值为 0 时，将完全去除此光照的饱和度；当其数值为 1 时则保持不变
Shadow Exponent	控制阴影半影的衰减
Use Area Shadow for Stationary light	是否开启为固定光源使用区域阴影

Light Shafts 类中的属性主要对定向光源所产生的光束进行定义和修改。定向光源 Light Shafts 类中的属性及其描述如表 5-4 所示。

表 5-4　定向光源 Light Shafts 类中的属性及其描述

属　　性	描　　述
Light Shaft Occlusion	是否启动光束遮挡
Occlusion Mask Darkness	控制遮挡遮罩的暗度，当其值为 1 时则无暗度
Occlusion Depth Range	和摄像机之间的距离小于此距离的物体均会对光束构成遮挡
Light Shaft Bloom	确定是否渲染此光源的光束泛光
Bloom Scale	控制叠加的泛光颜色强度
Bloom Threshold	当颜色的值大于此阈值时，在光束中形成泛光
Bloom Tint	泛光效果进行着色时所使用的颜色
Light Shaft Override Direction	可使光束从另一处发出，而非从该光源的实际方向发出

最后，对定向光源 Light Function 类中的属性进行介绍。Light Function 为光照函数，从本质上讲它是一种可以应用到光源上的材质。通过使用 UE 材质编辑器的强大功能，光照函数可以用来塑造光源形状，创建有趣的阴影效果。定向光源 Light Function 类中的属性及其描述如表 5-5 所示。

表 5-5　定向光源 Light Function 类中的属性及其描述

属　　性	描　　述
Light Function Material	应用到该光源上的光照函数材质
Light Function Scale	调节光照函数投影
Fade Distance	在此距离内，光照函数将完全淡化为已禁用亮度中的值
Disabled Brightness	光照函数已指定但被禁用时应用到光源上的亮度因子

2. 点光源的属性

将点光源拖入场景中，调节好相应的位置后，可在 Details 面板中修改其相应的属性，如图 5-14 所示。

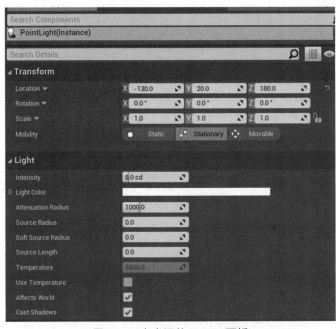

图 5-14　点光源的 Details 面板

点光源的属性可分为 Light、Lightmass、Light Profiles 和 Light Function 4 类。点光源 Light Function 类中的属性与定向光源 Light Function 类中的属性相同。点光源 Light 类中的属性和定向光源 Light 类中的属性相似，也分为基础属性和高级属性。

点光源 Light 类中的基础属性及其描述如表 5-6 所示。

表 5-6　点光源Light类中的基础属性及其描述

属　　性	描　　述
Intensity	光源所散发的总能量
Light Color	光源所散发的颜色
Attenuation Radius	限制光源的可见影响
Source Radius	光源的形状半径
Soft Source Radius	光源的柔化形状半径
Source Length	光源的形状长度
Temperature	光源颜色的类温度调节
Use Temperature	是否使用色温调节光源颜色
Affects World	是否完全禁用光源
Casts Shadows	光源是否投射阴影
Indirect Lighting Intensity	控制光源发出的间接光照强度
Volumetric Scattering Intensity	光源在体积雾中体积光散射的强度

点光源 Light 类中的高级属性及其描述如表 5-7 所示。

表 5-7　点光源Light类中的高级属性及其描述

属　　性	描　　述
Intensity Units	不同的强度单位会有不同的光照量
Use Inverse Squared Falloff	是否使用反平方距离衰减
Light Falloff Exponent	当禁用 Use Inverse Squared Falloff 时，光源的径向衰减
Specular Scale	反射高光的乘数
Shadow Resolution Scale	投影贴图分辨率的偏移量
Shadow Bias	控制此光源所投射阴影的精确度
Shadow Slope Bias	控制此光源的整个场景阴影的自投影准确度
Shadow Filter Sharpen	此光源投射阴影过滤的锐化程度
Contact Shadow Length	屏幕空间到锐化接触阴影的光线追踪的长度
Contact Shadow Length in world Space Units	是否在世界空间单位里接触阴影长度
Cast Translucent Shadows	该光源是否可从半透明物体处投射动态阴影
Cast Shadows from Cinematic Objects Only	是否仅从电影物体处投射阴影
Dynamic Indirect Lighting	是否开启动态间接照明
Force Cached Shadows for Movable Primitives	是否开启强制移动基本体阴影
Light Channels	使动态光源照亮与其光照通道相同
Cast Static Shadows	此光源是否投射静态阴影
Cast Dynamic Shadows	此光源是否投射动态阴影
Affect Translucent Lighting	光源是否影响半透明物体

属　　性	描　　述
Transmission	确定该光源投射的光线是否根据次表面散射描述文件透过表面传输
Cast Volumetric Shadow	是否在体积雾中投射动态体积阴影
Cast Deep Shadow	是否投射深度阴影
Cast Ray Tracing Shadows	光线追踪阴影可用来计算光影照明
Affect Ray Tracing Reflections	光线追踪反射启用后，光源是否影响反射中的物体
Affect Ray Tracing Global Illumination	光线追踪全局光照明启用后，光源是否影响全局光照
Deep Shadow Layer Distribution	深阴影层分布范围

点光源 Lightmass 类中的属性及其描述如表 5-8 所示。

表 5-8　点光源 Lightmass 类中的属性及其描述

属　　性	描　　述
Indirect Lighting Saturation	当其数值为 0 时，将完全去除此光照在 Lightmass 中的饱和度；当其数值为 1 时则保持不变
Shadow Exponent	控制阴影半影的衰减
Use Area Shadow for Stationary light	是否开启为固定光源使用区域阴影

点光源的 Light Profiles 是指光分布属性，可以通过对这类属性进行调整控制场景中点光源光照的分布。点光源 Light Profiles 类中的属性及其描述如表 5-9 所示。

表 5-9　点光源 Light Profiles 类中的属性及其描述

属　　性	描　　述
IES Texture	光分布用到的贴图，为 ASCII 码文件
Use IES Intensity	是否使用 IES 强度
IES Intensity Scale	调节 IES 强度比例

3. 聚光源的属性

将聚光源拖入场景中，调节好相应的位置后，可在 Details 面板中修改其相应的属性，如图 5-15 所示。

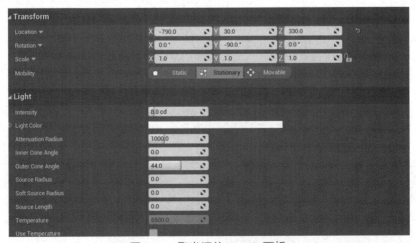

图 5-15　聚光源的 Details 面板

聚光源的属性和点光源的属性相似，也分为 Light、Lightmass、Light Profiles 和 Light Function 4 类。其中 Light Profiles、Lightmass 和 Light Function 这 3 类属性与点光源的这 3 类属性完全相同。与点光源 Light 类中的基础属性相比，聚光源 Light 类中的基础属性多了两个调整角度的属性，如表 5-10 所示。

表 5-10 聚光源 Light 类中的基础属性中的两个调整角度的属性及其描述

属　　性	描　　述
Inter Cone Angle	设置聚光源锥体内部的角度
Outer Cone Angle	设置聚光源锥体外部的角度

聚光源 Light 类中的高级属性与点光源 Light 类中的高级属性完全相同，因此这里不做过多介绍。

4．矩形光源的属性

将矩形光源拖入场景中，可在其 Details 面板中修改其相应的属性，如图 5-16 所示。

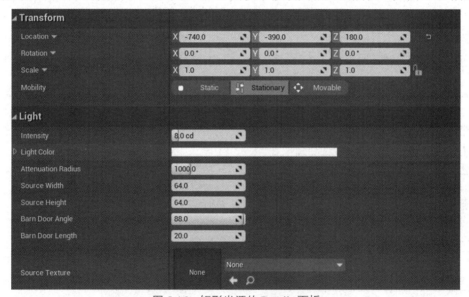

图 5-16 矩形光源的 Details 面板

矩形光源的属性也分为 Light、Lightmass、Light Profiles 和 Light Function 4 类，其中 Light Profiles、Lightmass 和 Light Function 这 3 类属性与点光源和聚光源的这 3 类属性相同。矩形光源 Light 类中的基础属性和高级属性与点光源 Light 类中的基础属性和高级属性类似，在具体使用时可以查询相关指南，本书中不再赘述。

5．天光的属性

将天光拖入场景中，可在其 Details 面板中修改其相应的属性，如图 5-17 所示。

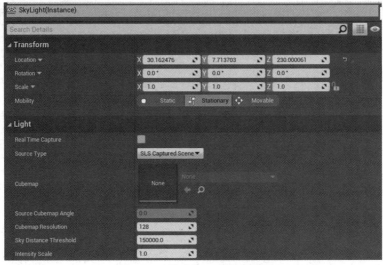

图 5-17　天光的 Details 面板

天光的属性可分为 Light、Distance Field Ambient Occlusion 和 Atmosphere and Cloud 3 类。天光 Light 类中的基础属性及其描述如表 5-11 所示。

表 5-11　天光Light类中的基础属性及其描述

属　　性	描　　述
Real Time Capture	将捕获并卷积天空以便实现动态漫反射和高光度光照
Source Type	是捕获远处场景并将其作为光源还是使用指定的立方体贴图
Cubemap	指定天空光照要使用的立方体贴图
Source Cubemap Angle	调整源立方体贴图的角度
Cubemap Resolution	调整立方体贴图的分辨率
Sky Distance Threshold	与天空光照的距离
Intensity Scale	光源发出的总能量
Light Color	光源所散发的颜色
Affects World	是否完全禁用光源
Casts Shadows	光源是否投射阴影
Indirect Lighting Intensity	控制光源发出的间接光照强度
Volumetric Scattering Intensity	光源在体积雾中体积光散射的强度

天光 Light 类中的高级属性及其描述如表 5-12 所示。

表 5-12　天光Light类中的高级属性及其描述

属　　性	描　　述
Capture Emissive Only	是否开启只捕获自发光物体
Lower Hemisphere Is Soiled Color	是否将下半球设置为纯色
Lower Hemisphere Color	指定天空光照要使用的立方体贴图
Cast Static Shadows	此光源是否投射静态阴影
Cast Dynamic Shadows	此光源是否投射动态阴影
Affect Translucent Lighting	光源是否影响半透明物体

续表

属　　性	描　　述
Transmission	确定该光源投射的光线是否根据次表面散射描述文件透过表面传输
Cast Volumetric Shadow	是否在体积雾中投射动态体积阴影
Cast Deep Shadow	是否投射深度阴影
Cast Ray Tracing Shadows	光线追踪阴影可用来计算光影照明
Affect Ray Tracing Reflections	光线追踪反射启用后，光源是否影响反射中的物体
Affect Ray Tracing Global Illumination	光线追踪全局光照明启用后，光源是否影响全局光照
Deep Shadow Layer Distribution	深阴影层分布范围

天光 Distance Field Ambient Occlusion 类中的属性可以用来设置天光的距离场环境光遮蔽。天光 Distance Field Ambient Occlusion 类中的属性及其描述如表 5-13 所示。

表 5-13　天光Distance Field Ambient Occlusion类中的属性及其描述

属　　性	描　　述
Occlusion Max Distance	可以调整遮挡处阴影的亮度
Occlusion Contrast	接缝处光与影的明暗对比
Occlusion Exponent	遮蔽指数越高，对比越明显
Min Occlusion	其数值越大，遮挡处阴影越亮
Occlusion Tint	调整遮挡处的颜色
Occlusion Combine Mode	调整遮挡结合的模式

天光 Atmosphere and Cloud 类中的属性主要用来对天光的大气和云层相关属性进行调整。天光 Atmosphere and Cloud 类中的属性及其描述如表 5-14 所示。

表 5-14　天光Atmosphere and Cloud类中的属性及其描述

属　　性	描　　述
Cloud Ambient Occlusion	控制大气内云层是否应该遮蔽天空的贡献值
Cloud Ambient Occlusion Strength	环境遮蔽的强度。其值越高，阻挡光线越多
Cloud Ambient Occlusion Extent	摄像机周围的云层环境遮蔽贴图的世界空间半径，单位是千米
Cloud Ambient Occlusion Map Resolution Scale	缩放云层的环境遮蔽贴图分辨率
Cloud Ambient Occlusion Aperture Scale	控制锥体孔径的角度；使用角度来计算由体积云产生的天空遮蔽

5.2.3　光源的移动性

光源的移动状态（Mobility）分为 Static、Stationary 和 Movable。当把光源放置在场景中时，在 Details 面板的 Transform 区域中可对光源的移动性进行修改，如图 5-18 所示。

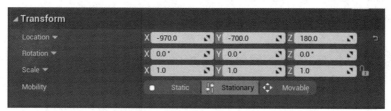

图 5-18　光源的移动性修改

在 Transform 区域中还可对光源的位置（Location）、旋转（Rotation）和缩放（Scale）

进行调整。

1．Static Lights（静态光源）

静态光源是在运行时完全无法更改或移动的光源。静态光源的质量中等、可变性最低、性能成本最低，它是完全静止的光线，在游戏运行中无开销，其主要应用对象是移动平台上的低性能设备。

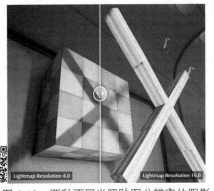

图 5-19　两种不同光照贴图分辨率的阴影效果（图源：UE 官网）

静态光源仅使用光照贴图，需要在游戏运行前进行阴影烘焙。静态光源不能让动态对象产生阴影，但如果光照的对象也是静态的，那么就能够产生面积阴影。可以通过调整 Source Radius 属性实现该效果。为了让阴影呈现较好的效果，需要为阴影的表面设置相应的光照贴图分辨率。下面将展示两种不同光照贴图分辨率的阴影效果，如图 5-19 所示。

2．Stationary Lights（固定光源）

固定光源是保持固定位置不变的光源。它可以在运行时改变颜色和亮度，但是不能移动、旋转或修改影响范围。在 3 种光源的可移动性中，固定光源一般拥有最好的品质、中等的变化程度和性能开销。

固定光源在运行时更改亮度，它仅影响直接光照，间接光照不会改变，因为它是在光照系统中预先计算好的。固定光源的所有间接光照和来自固定光源的阴影都存储在光照贴图中。直接阴影存储在阴影贴图中。这些光源使用距离场阴影，因此对于带有光照的对象来说，即使光照贴图分辨率相当低，它们的阴影也会保持清晰，如图 5-20 所示。

图 5-20　在固定光源下产生的阴影（图源：UE 官网）

3．Movable Lights（可移动光源）

可移动光源是能在运行时修改所有属性的全动态光源，它将投射完全动态的光照和阴影。可移动光源可修改位置、旋转、颜色、亮度、衰减、半径等属性。其投射的光照不会烘焙到光照贴图中，在无全局光照方法时不支持间接光照。

动态阴影：可移动光源设为使用全场景动态阴影来投射阴影，此方式性能开销很高。性能开销主要取决于受该光源影响的网格体数量及这些网格体的三角形数量。

阴影偏差：可移动光源使用倾斜偏差、常量偏差和阴影倾斜偏差属性，可逐光源调整阴影偏差。调整阴影倾斜偏差与阴影偏差成正比，在这两个属性间可减少发生阴影映射瑕疵。

5.3　光照函数

光照函数使用材质作为光源来投射光照，只适用于未应用光照贴图的光源，静态光照无法使用光照函数。此外，无法使用光照函数来修改光照颜色，只能通过光照颜色设置进行修改。

5.3.1　光照函数材质

1. 光照函数材质的创建

新建一个第三人称项目。在 UE 的资源区域中新建一个名为 M_LightFunction 的材质，如图 5-21 所示。

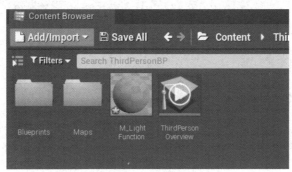

图 5-21　新建材质

双击新建的材质，进入材质编辑器中。在材质编辑器的细节面板中，将材质的 Material Domain 更改为 Light Function，完成光照函数材质的创建，如图 5-22 所示。

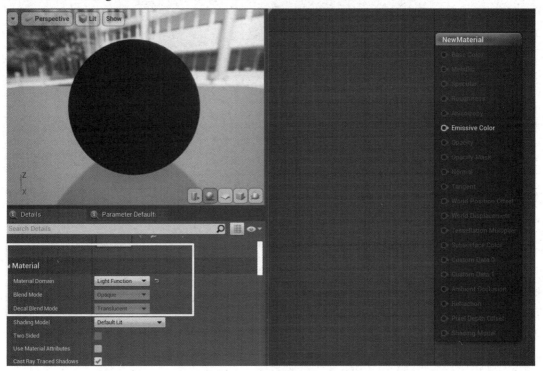

图 5-22　更改 Material Domain

2. 光照函数材质的使用

在 M_LightFunction 材质编辑器中，让主材质节点连接 Texture Sample 节点，并添加 UE 4 自带的 T_UE4Logo_Mask 纹理贴图，如图 5-23 所示。

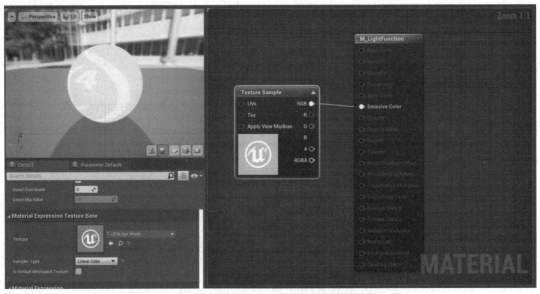

图 5-23　连接节点并添加纹理贴图

完成光照函数材质的编辑后，返回 UE 主编辑器中，在世界大纲面板中输出 Light。隐藏场景中的定向光源和天光，使场景处于无光照状态，如图 5-24 所示。

图 5-24　使场景处于无光照状态

在场景中拖入一个聚光源，将其移动性更改为 Movable，如图 5-25 所示。

在无光照的情况下聚光源清晰可见。接下来将新建的光照函数材质应用到聚光源上，如图 5-26 所示。

这时可见 Logo 的纹理形状清晰地出现在场景中。由于光照函数材质无法更改光照颜色，因此可在聚光源的 Details 面板中更改光照颜色，如图 5-27 所示。

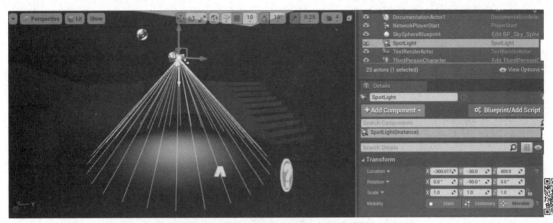

图 5-25　添加聚光源并更改其移动性

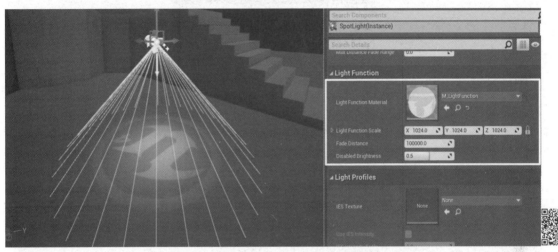

图 5-26　将光照函数材质应用到聚光源上

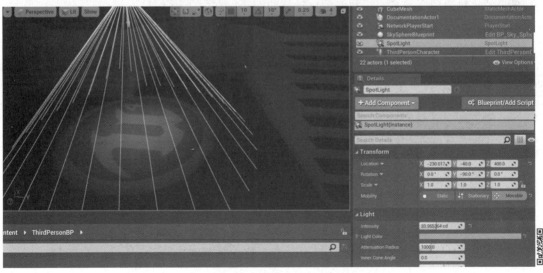

图 5-27　更改光照颜色

5.3.2 贴花材质

贴花是投射到关卡中网格体上的材质，无论网格体是静态的还是可移动的，贴花都可以投射到物体上。可以同时渲染许多贴花到物体表面，但如果屏幕空间较大且着色器指令数较多，则会影响渲染性能。

贴花在场景中的作用区域类似于一个方盒子，覆盖作用区域内的模型表面，且在边缘区域有不错的过渡效果。下面介绍贴花材质的创建、编辑和应用。

1. 贴花材质的创建

打开上文中创建的项目，为其添加定向光源和天光，恢复场景光照。在模式面板左侧的 Place Actors 面板中选择"Visual Effects"→"Decal"命令，如图 5-28 所示。

图 5-28　贴花材质的创建命令

将贴花材质拖入场景中，完成贴花材质的创建，如图 5-29 所示。

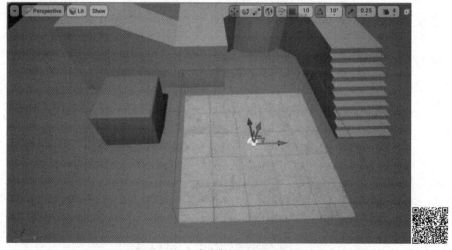

图 5-29　贴花材质的添加

2. 贴花材质的编辑

在 UE 的资源区域中新建名为 M_Decal 的材质，如图 5-30 所示。

图 5-30 M_Decal 材质的创建

双击 M_Decal 材质，进入材质编辑器中，在其 Details 面板中将材质的 Material Domain 更改为 Deferred Decal，并将 Blend Mode 更改为 Translucent，如图 5-31 所示。

图 5-31 更改材质的 Material Domain 及 Blend Mode

接下来编辑材质，赋予材质一张贴图，仍使用项目资源自带的 T_UE4Logo_Mask 纹理贴图，如图 5-32 所示。

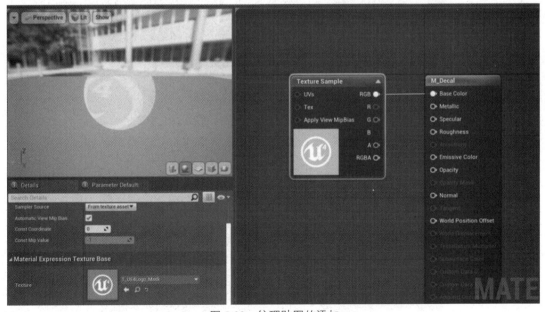

图 5-32 纹理贴图的添加

完成贴花材质的创建后，保存材质。返回 UE 编辑界面，将贴花材质应用于贴花上，如图 5-33 所示。

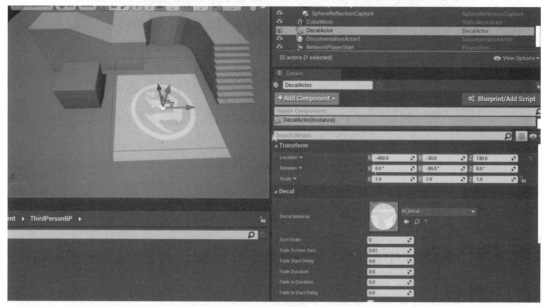

图 5-33　贴花的效果

3. 贴花材质的应用

在当前的关卡中插入贴花后，它将自动在周围的几何体上进行投影。选中静态物体，在 Details 面板的 Rendering 区域中取消勾选"Receives Decals"复选框，如图 5-34 所示，可以取消立方体的贴花投影效果，如图 5-35 所示。

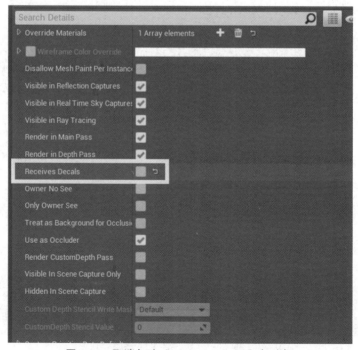

图 5-34　取消勾选"Receives Decals"复选框

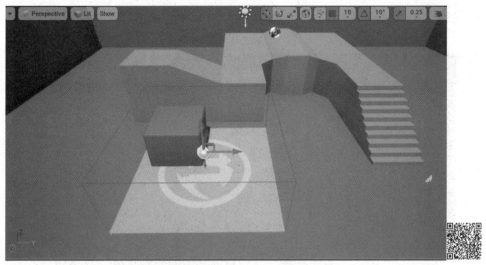

图 5-35　取消立方体的贴花投影效果

5.4　全局光照

全局光照（Global Illumination，GI）是指模拟间接光照的过程。在 UE 中，全局光照是增强渲染真实感的有效方法，也是游戏引擎中不可缺少的一部分。UE 4 通过 Lightmass 来实现全局光照，计算光的反射和表面颜色的扩散，并且基于物体材质的基本颜色控制从对象表面反射的光照量，以此实现全局光照的效果。UE 中的全局光照分为静态物体的全局光照和动态物体的全局光照两种。

5.4.1　Lightmass 全局光照系统

前面介绍的光源的 Lightmass 类属性，是在 Settings 条件下进行设置的。下面将介绍在 World Settings 条件下 Lightmass 全局光照系统的属性设置和构建全局光照的方法。

1．Lightmass 全局光照系统的属性设置

首先新建工程文件，打开 World Settings，如图 5-36 所示。

图 5-36　打开 World Settings

然后回到 UE 的 Details 面板，会发现在其旁边出现了 World Settings 面板，如图 5-37 所示。

图 5-37　World Settings 面板

进入 World Settings 的 Details 面板，即可对 Lightmass 相关属性进行设置。

Static Lighting Level Scale：静态照明等级，用于决定在光照计算中要详细到何种程度。UE 中 1 个虚幻单位为 1 厘米，较小的比例将会大大增加构建时间。因此，其数值越小，影子 AO 越重；其数值越大，物体的影子越浅。

Num Indirect Lighting Bounces：间接照明反弹次数，即允许光源在表面上进行反射的次数。

Num Sky Lighting Bounces：天光反弹次数，即设置天光在表面上进行反射的次数，可用来设置其进行间接漫反射的次数。

Indirect Lighting Quality：间接照明质量，控制间接光照的质量。

Indirect Lighting Smoothness：控制光照贴图中细节的平滑度。

Environment Color：环境颜色，用来更改未到达场景中的光线所使用的颜色。

Environment Intensity：针对 Environment Color 的参数，用来制作 HDR 的环境颜色。其数值越大，漫反射光越亮。

Diffuse Boost：扩散增强，用于缩放场景中所有材质的漫反射分布。

Volume Lighting Method：体积光照方法，有两种，一种是 Volumetric Lightmap，在覆盖整个 Lightmass 重要体积的高级网格中计算光照采样；另一种是 Sparse Volume Lighting Samples，体积光照采样按中等密度放置在静态表面上，在 Lightmass 重要体积中的其他所有位置按低密度放置，重要体积以外的位置则没有间接光照。

Use Ambient Occlusion：启用静态环境遮挡，使用 Lightmass 对其进行计算并把它构建到光照贴图中。

Generate Ambient Material Mask：生成贴图来存储 Lightmass 计算的环境遮挡，可以给 PrecomputedAOMask 材质节点使用，方便混合场景。

Visualize Material Diffuse：是否使用已导出到 Lightmass 中的材质漫反射条件来覆盖正常的直接光照和间接光照。

Visualize Ambient Occlusion：可视化环境遮蔽，仅使用环境遮挡条件覆盖正常的直接光照和间接光照。

Compress Lightmaps：烘焙后自动压缩灯光贴图，可以减少存储空间，提升灯光贴图的细腻度。

Volumetric Lightmap Detail Cell Size：可通过调整体积光照贴图细节单元格大小来调整光照精度。

Volumetric Lightmap Maximum Brick Memory Mb：对内存裁减过多会导致分辨率不一致，因此最好用增大 Volumetric Lightmap Detail Cell Size 来代替。

Volumetric Lightmap Spherical Harmonic Smoothing：调整体积光照贴图球谐光滑度。

Volume Light Sample Placement Scale：体积光采样放置比例，可用于计算可移动物体的阴影。

Direct Illumination Occlusion Fraction：直接照明遮挡率，即应用到直接光照的环境遮挡的量。

Indirect Illumination Occlusion Fraction：间接照明遮挡率，即应用到间接光照的环境遮挡的量。

Occlusion Exponent：遮蔽指数越高，对比越明显。

Fully Occluded Sample Fraction：完全闭塞样本分数，即为了达到完全遮挡，所采样的必须遮挡的样本部分。

Max Occlusion Distance：一个物体对另一个物体产生遮挡的最大距离。

2．使用 Lightmass 构建场景全局光照

使用 Lightmass 构建场景全局光照需要创建 Lightmass Importance Volume。一旦场景中有了 Lightmass Importance Volume，GPU 的计算消耗就只在此特定区域内做集中处理和渲染，从而节省计算性能。

在 Place Actors 面板的 Volumes 列表中找到 Lightmass Importance Volume，如图 5-38 所示。

图 5-38　Lightmass Importance Volume 的添加方法

将 Lightmass Importance Volume 拖入场景中并调整其大小，通常只需让 Lightmass Importance Volume 的范围覆盖场景中的部分区域即可，如图 5-39 所示，场景中包围着默认楼梯的线框就代表 Lightmass Importance Volume 的范围。

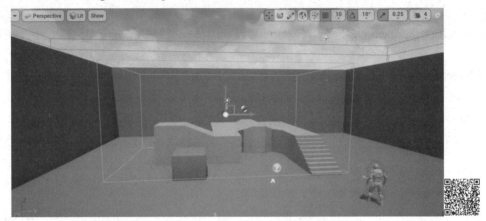

图 5-39　Lightmass Importance Volume 在场景中的效果

完成重要光照体积添加后，执行"Build"→"Build Lighting Only"命令对光照进行构建，如图 5-40 所示。

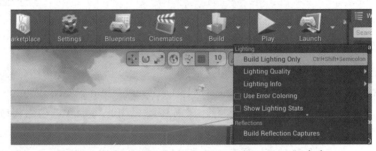

图 5-40　执行"Build"→"Build Lighting Only"命令

执行"Build"→"Lighting Quality"命令，在打开的 Quality Level 菜单中有 4 种光照质量等级，即 Production、High、Medium 和 Preview，如图 5-41 所示。设置好光照质量等级后，即可完成场景全局光照的构建。

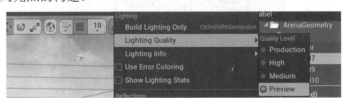

图 5-41　4 种光照质量等级

5.4.2　静态全局光照

静态全局光照是指场景中静态物体的全局光照效果，可简称为烘焙 GI。UE 中实现模拟全局光照需要大量的计算，因此，针对静态全局光照，提出了一种预处理 GI 的方法来烘焙 GI。预处理 GI 提前完成光照和 GI 计算并将光照的计算结果存储在光照贴图中。光照贴图的本质是纹理，光照计算结果会和材质及其他纹理相互融合，实现最终效果。预处理 GI 的方法只针对静态物体对全局光照进行烘焙，节约计算性能开销。在 UE 中实现预处理 GI 分以下几步。

1．设置物体的移动性

由于预处理 GI 只能在静态物体上使用，因此，对于需要烘焙 GI 的网格体来说，需要在 Details 面板中将其移动性设置为 Static，如图 5-42 所示。当然，也可以把无须烘焙的网格体的移动性更改为 Movable，以此告诉 UE 此物体无法接收光照贴图。

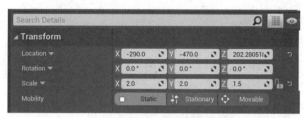

图 5-42　设置物体的移动性

2．设置光源的移动性

对场景中的所有光源的移动性进行设置。可将所有光源都设置为 Movable，这样一来，阴影和明暗效果都是动态的，每一帧都需要计算。也可将定向光源的移动性更改为 Stationary，对定向光源进行实时计算，烘焙非定向光源。还可将所有光源的移动性都设置为 Static，将光源烘焙后使用。

3．设置 UV 通道

由于光照贴图会以纹理的方式进行呈现，因此和其他纹理一样，需要设置 UV 通道才能将纹理映射到网格体上。使用静态网格体编辑器打开场景中的网格体，如图 5-43 所示。

图 5-43　打开场景中的网格体

单击静态网格体编辑器上方工具栏中的 "UV" 下拉按钮，如图 5-44 所示。UE 提供两种 UV 通道，分别为 UV Chanel 0 和 UV Chanel 1。UV Chanel 0 应用于常规纹理，如漫反射贴图和法线贴图等；UV Chanel 1 应用于烘焙光照贴图。

可以让网格体使用两个 UV 通道，也可以使用 UE 自带的功能创建 UV 通道。在静态网格体编辑器的 Details 面板中，找到 LOD 0 属性类别中的 Build Settings，展开其属性列表，勾选 "Generate Lightmap UVs" 复选框并应用，如图 5-45 所示。

图 5-44　设置 UV 通道

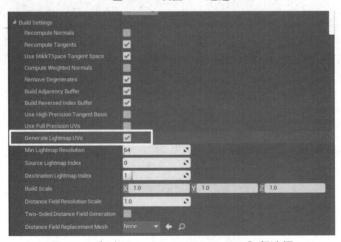

图 5-45　勾选 "Generate Lightmap UVs" 复选框

　　光照 UV 通道生成后，还可以调节一些基本属性，对其进行细节修改，以便实现不同的效果。

5.4.3　动态全局光照

　　动态全局光照是指 UE 中基于动态物体的全局光照效果，可简称为动态 GI。UE 中通过基于光线传播体积技术来实现动态全局光照，基于光线传播体积技术无须任何烘焙或者预处理，一切都是实时计算的。另外，模型无须准备 UV，只要将对象加入场景中即可，UE 会自动对其进行处理。实时全局光照渲染需要消耗大量的计算性能，每一帧都需要实时计算 GI，并且为了保证画面的可交互性，这些计算会采用大量的可交互算法，所产生的光照效果与烘焙 GI 相比，精度降低，细节变少。下面介绍动态全局光照的应用。

1. 编辑控制台变量

找到 UE 的安装位置，打开其根目录，如图 5-46 所示。

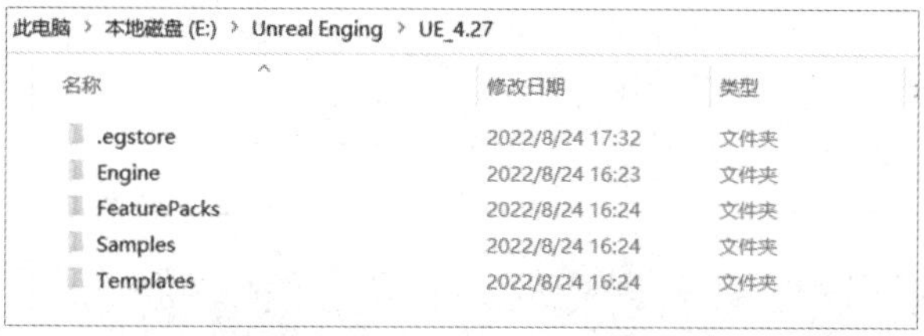

图 5-46 打开 UE 的根目录

打开 Engine 文件夹，在其中找到 Config 文件夹并打开，如图 5-47 所示。

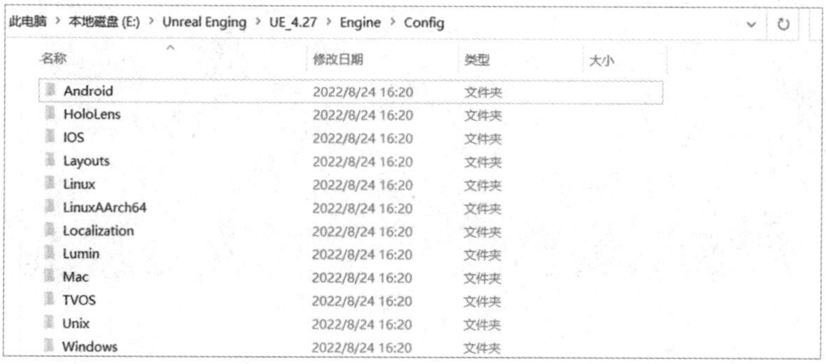

图 5-47 打开 Config 文件夹

在 Config 文件夹下，找到 ConsoleVariables 文件并打开，以对其进行编辑，如图 5-48 所示。

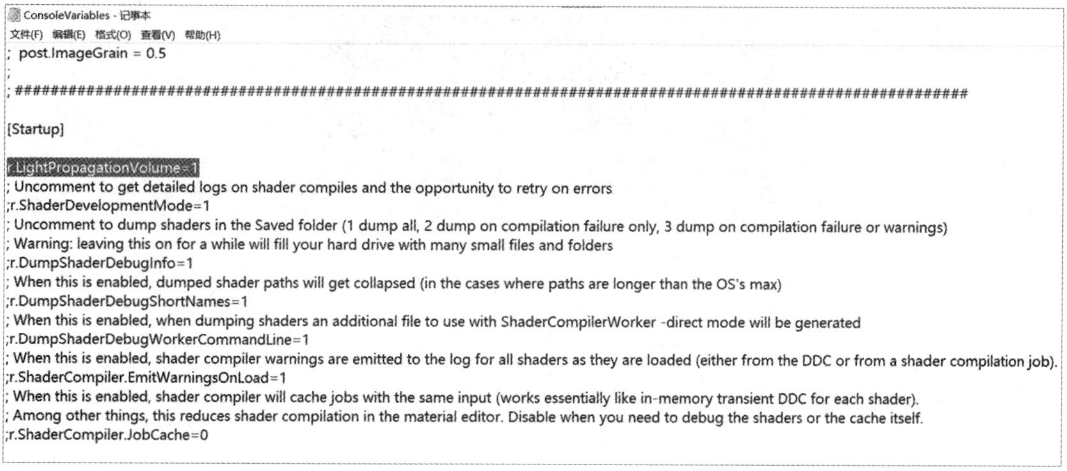


```
; post.ImageGrain = 0.5
;
; ######################################################################################################

[Startup]

r.LightPropagationVolume=1
; Uncomment to get detailed logs on shader compiles and the opportunity to retry on errors
;r.ShaderDevelopmentMode=1
; Uncomment to dump shaders in the Saved folder (1 dump all, 2 dump on compilation failure only, 3 dump on compilation failure or warnings)
; Warning: leaving this on for a while will fill your hard drive with many small files and folders
;r.DumpShaderDebugInfo=1
; When this is enabled, dumped shader paths will get collapsed (in the cases where paths are longer than the OS's max)
;r.DumpShaderDebugShortNames=1
; When this is enabled, when dumping shaders an additional file to use with ShaderCompilerWorker -direct mode will be generated
;r.DumpShaderDebugWorkerCommandLine=1
; When this is enabled, shader compiler warnings are emitted to the log for all shaders as they are loaded (either from the DDC or from a shader compilation job).
;r.ShaderCompiler.EmitWarningsOnLoad=1
; When this is enabled, shader compiler will cache jobs with the same input (works essentially like in-memory transient DDC for each shader).
; Among other things, this reduces shader compilation in the material editor. Disable when you need to debug the shaders or the cache itself.
;r.ShaderCompiler.JobCache=0
```

图 5-48 编辑 ConsoleVariables 文件

在代码的[Startup]区域中添加一行代码“r.LightPropagationVolume=1”，保存文件。

2．删除场景构建文件

在项目文件路径下，打开 Maps 文件夹，删除场景地图 StarterMap_BuildData.uasset 文件，如图 5-49 所示。

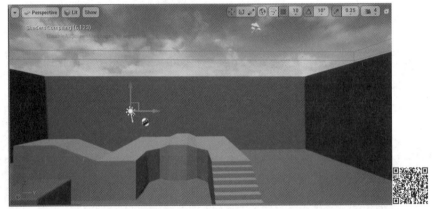

图 5-49　删除场景构建文件

再次进入场景，会发现场景正在重新构建，如图 5-50 所示。

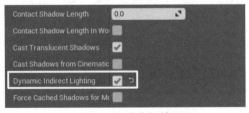

图 5-50　场景重新构建

3．使用动态 GI

首先创建一个可移动的定向光源，然后在 Light 属性类别下勾选"Dynamic Indirect Lighting"（动态间接照明）复选框，如图 5-51 所示。

图 5-51　开启动态间接照明

完成移动性和动态间接照明的修改后，就在场景中启用了动态 GI。接下来对动态 GI 的属性进行修改。

4．动态 GI 属性的修改

在场景的世界大纲面板中查找 PostProcessVolume，查看 Details 面板，在其 Rendering Features 属性栏中，展开 Light Propagation Volume 属性列表，可以看到与动态 GI 相关的属性，如图 5-52 所示。

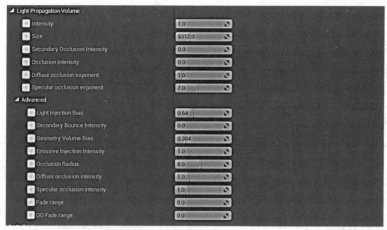

图 5-52　Light Propagation Volume 属性列表

Light Propagation Volume 属性分为基础属性和高级属性。Light Propagation Volume 基础属性及其描述如表 5-15 所示。

表 5-15　Light Propagation Volume基础属性及其描述

属　　性	描　　述
Intensity	动态 GI 强度
Size	光照传播体积大小
Secondary Occlusion Intensity	调整二次遮蔽强度
Occlusion Intensity	调整光照遮蔽强度
Diffuse occlusion exponent	调整漫反射遮蔽指数
Specular occlusion exponent	调整高光反射遮蔽指数

Light Propagation Volume 高级属性及其描述如表 5-16 所示。

表 5-16　Light Propagation Volume高级属性及其描述

属　　性	描　　述
Light Injection Bias	应该注入 LPV 中的光照偏差
Secondary Bounces Intensity	次要反射光照强度
Geometry Volume Bias	应用到几何体体积上的偏差
Emissive Injection Intensity	自发光注入强度
Occlusion Radius	调整遮蔽范围
Diffuse occlusion intensity	调整漫反射遮蔽强度
Specular occlusion intensity	调整高光反射遮蔽强度
Fade range	LPV 淡化范围
DO Fade range	调整漫反射遮蔽淡化范围

5.5　光照案例

完成对 UE 光照基础知识的学习后，接下来需要在实际案例中对所学知识进行应用。本节分别完成"室外场景日光模拟"、"舞台灯光实现"和"室内场景日光模拟"3 个光照案例。

5.5.1 室外场景日光模拟

1. 添加素材包

新建第三人称项目，添加 UE 商城中的免费素材包 Landscape Pro 2.0 Auto-Generated Material，如图 5-53 所示。

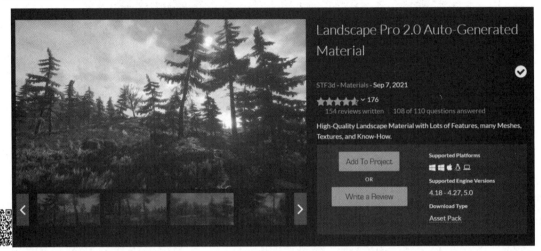

图 5-53　添加 Landscape Pro 2.0 Auto-Generated Material 素材包

将素材包导入场景中后，打开关卡"open_world_LSP_v2"，删除多余的光照和天空，仅保留场景中的基本静态网格体，确保场景中无任何光照。接下来将逐步学习日光场景光源的添加操作。

2. 添加天空

在 Place Actors 面板中搜索 sky，将查找到的 BP_Sky_Sphere 添加到场景中，添加后的效果如图 5-54 所示。

图 5-54　添加天空后的效果

3．添加太阳

完成天空的添加后，为场景添加太阳。这里使用定向光源模拟太阳，将定向光源拖入场景中，其添加效果如图 5-55 所示。

图 5-55　添加定向光源后的效果

定向光源添加完成后，可以看到它仅仅起到了照亮场景的作用，且光照效果达不到预期效果。此时可以单击视口界面上方的"Lit"按钮，在其下拉列表中勾选"Game Settings"复选框，如图 5-56 所示。

图 5-56　开启 Game Settings

可以看到场景在逐渐变亮，最终效果如图 5-57 所示。

图 5-57　场景变亮

虽然场景变亮，但并未照亮天空，不能实现太阳的作用，因此需要单击天空，在其 Details 面板的 Directional Light Actor 属性中，对添加的定向光源进行使用，如图 5-58 所示。

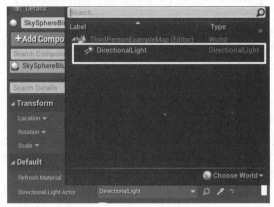

图 5-58　设置天空使用定向光源

完成在天空中使用定向光源后，才实现了定向光源的太阳模拟，最终效果如图 5-59 所示。

图 5-59　使用定向光源模拟太阳的效果

4．添加天光

完成太阳光照的模拟后，场景中的光照效果为太阳光的直射效果，相比自然环境，还缺少来自天空的天光。天光在场景中的主要作用便是照亮场景中的暗部阴影。场景中未添加天光时的阴影效果如图 5-60 所示。

图 5-60 中的阴影效果太暗，不够真实。接下来在 Place Actors 面板中将天光拖入场景中，并适当调节其颜色和强度，如图 5-61 所示。

图 5-60　场景中未添加天光时的阴影效果　　图 5-61　完成天光添加后的阴影效果

可以看到，天光添加完成后，场景中的阴影效果变得更加自然。至此，完成了日光效果模拟最重要的两种灯光的添加。

5．开启距离场

将光源的移动性均更改为 Movable，让引擎实时计算光照效果。为了让光照的场景更加自然，可以使用距离场，具体设置如下。执行"Edit"→"Project Settings"命令，在"Engine"选项卡的"Rendering"设置中找到"Lighting"属性栏，勾选其属性列表中的"Generate Mesh Distance Fields"复选框，开启距离场，如图 5-62 所示。

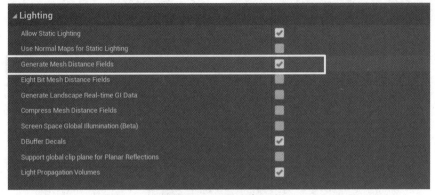

图 5-62　开启距离场

距离场开启后需要重启 UE，重启 UE 后的场景效果如图 5-63 所示。

图 5-63　开启距离场后的阴影效果

6．后期处理体积

完成距离场的开启后，我们发现其光照效果虽然在细节处理上有所优化，但是与现实场景相比光照仍过于死板。应用 PostProcessVolume 对整个场景的光照效果进行进一步的调整。在 Place Actors 面板中搜索 PostProcessVolume，找到后将其拖入场景中，让 PostProcessVolume 包裹整个场景。为了节省调节盒体大小的时间，可在后期处理体积的 Post Process Volume Settings 属性栏中勾选"Infinite Extent(Unbound)"复选框，将其范围设置为无限，如图 5-64 所示。

接下来对 PostProcessVolume 的属性进行修改以实现光照的氛围效果。在 Rendering Features 属性栏中勾选"Ambient Occlusion"下的两个复选框，开启环境光遮蔽，如图 5-65 所示。

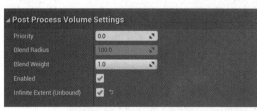

图 5-64 无限范围的设置　　图 5-65 开启环境光遮蔽

在 Lens 属性栏中对 Exposure 进行调节，勾选"Exposure Compensation"复选框，并调节最小光照范围（Min Brightness）和最大光照范围（Max Brightness），具体数值如图 5-66 所示。

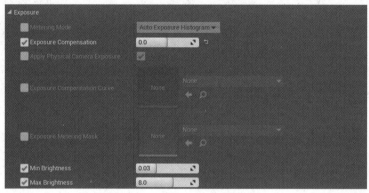

图 5-66 Exposure 光照范围调节

最后，可根据对场景光照的需要，通过 PostProcessVolume 对阴影等细节进行调整，营造光照氛围感。

5.5.2 舞台灯光实现

本案例需要使用 UE 自带的 Content Examples，如图 5-67 所示。

图 5-67 UE 自带的 Content Examples

单击"Create Project"按钮，创建新项目。创建完成后，在项目的 Content Browser 中单击"Add/Import"按钮，在出现的面板中选择"Add Feature or Content Park..."选项，然后选择"Third Person"选项，如图 5-68 所示。

图 5-68　第三人称内容包的导入

完成内容包的导入后，打开第三人称模板自带的地图，删除场景中的楼梯和几何体等物体，如图 5-69 所示。目前已经完成了素材的准备和场景的准备，接下来将正式进行案例制作。

图 5-69　删除场景中的楼梯和几何体等物体

1．聚光灯灯罩的制作

通过 Content Examples 自带的静态网格体制作舞台聚光灯灯罩。在内容浏览器中新建名为 B_SpotLight 的蓝图类，在蓝图的组件面板中新建 3 个层级的静态网格体组件，如图 5-70 所示。

图 5-70　新建静态网格体组件

接下来为这 3 个组件添加聚光灯的静态网格体，完成聚光灯灯罩的制作，如图 5-71 所示。

图 5-71　添加聚光灯的静态网格体

2. 聚光灯灯泡的制作

使用发光材质来模拟聚光灯的灯泡。新建名为 M_SpotLight 的材质，在 Details 面板中将材质的 Shading Model 属性更改为 Unlit，如图 5-72 所示。

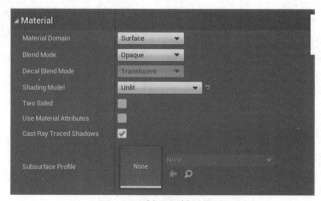

图 5-72　材质属性的更改

接下来为材质添加灯光颜色和灯光亮度，材质节点编辑如图 5-73 所示。

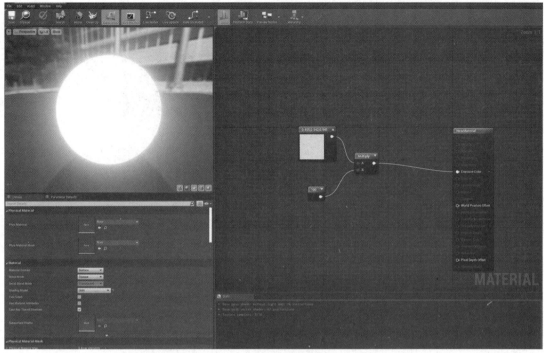

图 5-73　发光材质的制作

将发光材质应用到聚光灯灯泡材质上，进行聚光灯发光模拟，效果如图 5-74 所示。

图 5-74　发光材质的应用效果

3．聚光灯光源的添加

在聚光灯蓝图的组件面板中添加聚光灯光源组件，调节其范围和颜色，效果如图 5-75 所示。

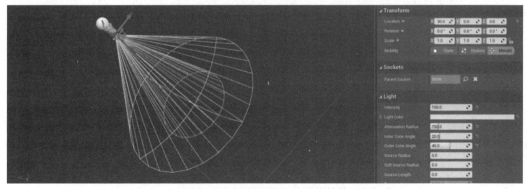

图 5-75　添加聚光灯光源组件并调节其范围和颜色

在蓝图中完成聚光灯光源组件的编辑后，可将其添加到场景中观察效果。其在场景中的效果如图 5-76 所示。

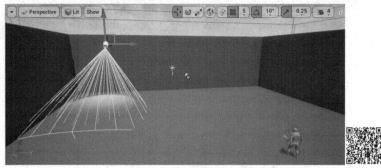

图 5-76　聚光灯光源在场景中的效果

此时可以发现，相比舞台上的聚光灯光源，创建的聚光灯光源只在地面上有投影，而在空气中没有光线，这时便要想办法让空气中的光线显示出来。

4．指数级高度雾的使用

为了显示聚光灯光源在空气中的光线，我们需要在场景中添加 ExponentialHeightFog（指数级高度雾）。在 Place Actors 面板中通过名称搜索 ExponentialHeightFog，而后将其添加到场景中，并在其 Details 面板中勾选 Volumetric Fog 属性栏中的"Volumetric Fog"复选框，如图 5-77 所示。

完成指数级高度雾的使用后，便可以看到空气中的光线了，如图 5-78 所示。但是光线还是太过微弱，这时便要进行最后一步操作——场景黑夜氛围渲染。

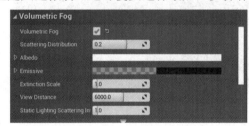

图 5-77　启用 Volumetric Fog

图 5-78　指数级高度雾的使用效果

5．场景黑夜氛围渲染

进行场景黑夜氛围渲染的第一步是更改定向光源的方向，让场景变暗，如图 5-79 所示。

图 5-79　更改定向光源的方向

而后单击天空蓝图，对定向光源进行重新引用，如图 5-80 所示。

舞台灯光最终效果如图 5-81 所示。

图 5-80　重新引用定向光源

图 5-81　舞台灯光最终效果

5.5.3　室内场景日光模拟

针对室内场景日光模拟，我们使用 UE 免费的 Blueprints 案例来进行操作，如图 5-82 所示。

图 5-82　Blueprints 案例

在 UE 中打开创建完成的项目后，在世界大纲面板中对场景中的元素进行整理，只保留场景搭建的静态网格体，其余物体均删除。同时开启"Lit"中的"Game Settings"，让场景亮起来。接下来逐步对此室内场景进行光照模拟。

1．天空和光源的添加

使用与 5.5.1 节相同的方法为场景添加天空，添加完成后的效果如图 5-83 所示。

接下来为场景添加定向光源，添加完成后调节其方向和光照强度，并让其在天空中进行引用。引用完成后关闭"Game Settings"，最终效果如图 5-84 所示。

图 5-83　天空的添加效果

图 5-84　关闭"Game Settings"后的效果

而后为场景添加天光，照亮场景中的阴影，让室内场景渲染得更加自然。天光的添加效果如图 5-85 所示。

图 5-85　天光的添加效果

2. 球体反射捕获的使用

室内场景会应用到许多可反射光的材质，为了增加场景的真实性，可使用 Sphere Reflection Capture（球体反射捕获）来捕获一张 360°的图片，然后将图片混合到模型上以增加真实感。在场景中可能反射光的窗户边和光亮的地板附近添加球体反射捕获。其添加方式为，在 Place Actors 面板中搜索 SphereReflectionCapture，将其添加到场景中，如图 5-86 所示。

添加后的效果如图 5-87 所示，可以明显地看到树周围的金属材质改变了颜色。

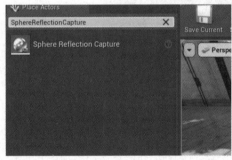

图 5-86　Sphere Reflection Capture 的添加　　　图 5-87　添加 Sphere Reflection Capture 后的效果

3. 光照细节的修改

完成基础光源的添加后，可根据所学的内容和对场景光照的构建需要使用后期处理体积和指数级高度雾等对环境光照进行渲染，室内场景最终渲染效果如图 5-88 所示。

图 5-88　室内场景最终渲染效果

第6章
Chapter 6
视觉效果

　　UE 的渲染系统是其拥有业界领先画质及卓越的交互式实时体验的关键所在。本章将系统介绍视觉和视效系统的各种功能、概念及工具，以此来开发出拥有影视级品质的 3D 内容。

　　本章主要内容如下。

- Niagara 视觉效果。
- 粒子特效。
- 后期特效。
- 视觉效果实例。

6.1　视觉效果概述

　　UE 拥有丰富的视觉和视效系统工具，可以在场景中通过级联粒子系统创建任意数量的粒子发射器。Niagara 视觉效果系统可用于创建和实时预览粒子效果；在完成最终渲染前，对整个场景进行后期特效处理，如图 6-1 所示。

图 6-1　粒子光源特效（图源：UE 官网）

6.2　Niagara 视觉效果

　　UE 的 Niagara 视效系统可用于创建和实时预览粒子效果。Niagara VFX 系统是 UE 4 中创建和调整视觉效果的两个工具之一。在 Niagara 之前，创建和编辑视觉效果的主要方法是使用 Cascade。虽然其拥有许多与 Niagara 相同的粒子操控方法，但其与 Niagara 互动及构建视觉效果的方法却迥然相异。

6.2.1　Niagara 概述

　　Niagara 是 UE 的次世代 VFX 系统。利用 Niagara 使用者能够自行创建额外的功能，而无须程序员协助。系统具有更高的适应性和灵活性。

Niagara VFX 系统有四大核心组件：Systems、Emitters、Modules 和 Parameters。

Systems 包含多个发射器，结合后可产生一种效果。例如，制作烟花效果，可能需要多次爆发。为此需创建多个发射器，并放置在名为 Firework 的 Niagara 系统中。在 Niagara 系统编辑器中，可修改发射器或模块内的任何内容。

Emitters 为发射器模块。Niagara 发射器可使用模块堆栈创建模拟，并在同一发射器中以多种方式进行渲染。以烟花效果为例，可创建一个发射器，既包含用于火花的 Sprite 渲染器，又包含用于火花之后流光效果的条带渲染器。

Modules（模块）是 Niagara VFX 的基础层级。该模块等同于 Cascade 的行为。模块将与一般数据通信、封装行为，与其他模块堆栈写入函数。使用高级着色语言（HLSL）编译模块，但可用节点在图表中进行可视化编译。可创建函数，甚至可使用图表中的 CustomHLSL 节点写入 HLSL 内联代码。

Parameters（参数）是 Niagara 模拟中的数据的抽象表现。将参数类型分配给参数，以定义参数代表的数据。共有 4 类参数，具体如下。

- Primitive（图元）：定义不同精度和通道宽度的数值数据。
- Enum（枚举）：定义一组固定的指定值，并取其中一个指定值。
- Struct（结构体）：定义一组图元和枚举类型的组合。
- Data Interfaces（数据接口）：定义从外部数据源中获取数据的函数。获取的数据可以是 UE 其他模块中的数据，也可以是外部应用程序中的数据。

Niagara VFX 的工作流程包括创建发射器、创建系统、创建模块。

1. 创建发射器

在创建发射器时，需要将模块放入堆栈，以便定义外观效果及要采取的操作等。在 Emitter Spawn 组中，放置的模块用于定义发射器首次生成时的效果；在 Emitter Update 组中，放置的模块用于随时间持续影响发射器；在 Particle Spawn 组中，放置的模块用于定义发射器生成粒子时的效果；在 Particle Update 组中，放置的模块用于随时间持续影响粒子；在 Event Handlers 组中，可以在一个或多个用于定义特定数据的发射器中创建生成事件。然后可以在其他发射器中创建监听事件，这些发射器会根据生成的事件触发特定行为。

2. 创建系统

可以将各个单独的发射器组成一个系统，从而合力表现出使用者想要的整体视觉效果。有些模块是特定于系统的，当编辑系统而非发射器时，编辑器的部分元素会展现出不同的行为。在 Niagara 编辑器中编辑系统时，可以更改或覆盖包含在系统中的发射器的模块，还可利用 Niagara 编辑器的时间轴面板来管理系统中所包含的发射器的计时。

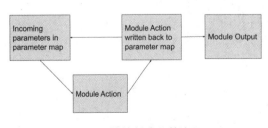

图 6-2 模块创建函数流程

3. 创建模块

模块创建函数流程如图 6-2 所示。

模块会在一个临时命名的空间中累积，然后就能将更多的模块堆栈在一起。只要这些模块对同一属性产生效果，就能正确堆栈和累积。

6.2.2　Niagara 插件的启用与 Sprite 粒子系统的创建

首先需要在插件菜单中启用 Niagara，然后才能使用 Niagara 创建视觉效果。

1. 启用 Niagara 插件

首先，执行 "Edit" → "Plugins" 命令，打开插件界面。

其次，在插件界面中找到 "FX"，然后在 "Niagara" 下面找到 "Niagara Extras"，勾选 "Enabled" 复选框启用插件，如图 6-3 所示。

最后，单击 "Restart Now" 按钮，重新启动 UE 4 编辑器。

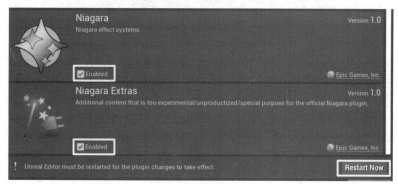

图 6-3　启用插件

2. 创建 Sprite 粒子系统

1）项目设置

在 Content Browser 中新建文件夹，以便保存效果资产。首先确保文件处于根目录中，然后在 Content Browser 中右击，在弹出的快捷菜单中选择 "New Folder" 命令，新建文件夹，并将其命名为 SpriteEffect。

需要创建或找到在发射器中用于 Sprite 的材质，然后才能创建此效果。本案例将使用初学者内容包中的材质。

2）创建系统和发射器

Niagara 系统和发射器是独立的。当前推荐的粒子系统创建工作流程是通过现有的粒子发射器和发射模板创建粒子系统。

在 Content Browser 中右击，在出现的资源列表中选择 "FX" → "Niagara System" 选项，如图 6-4 所示，将显示 Niagara System 创建向导。

在 Niagara System 创建向导中，选择 "New system from selected emitter(s)" 选项，然后单击 "Next" 按钮。

在 Templates 下选择 "Simple Sprite Burst" 选项，单击 "+" 按钮，以将发射器添加到要添加到系统中的发射器列表中。单击 "Finish" 按钮。

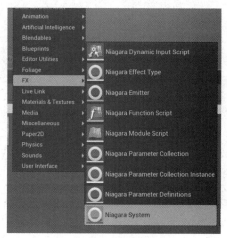

图 6-4　选择 "FX" → "Niagara System" 选项

将新系统命名为 SmokeSystem，双击以在 Niagara 编辑器中将其打开。

在新系统中发射器实例的默认名称为 SimpleSpriteBurst。在 System Overview 中单击发射器实例名称，该字段将转变为可编辑状态，将发射器命名为 FX_Smoke，如图 6-5 所示。

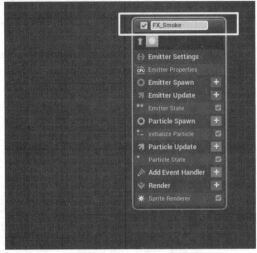

图 6-5　将发射器命名为 FX_Smoke

3）渲染器设置

由于发射器模块组出现在堆栈中，因此在渲染器中设置材质之前，预览视口或关卡中将不会显示任何内容。在 System Overview 中选择 "Sprite Renderer" 选项，并在 Selection 面板中将其打开，如图 6-6 所示。

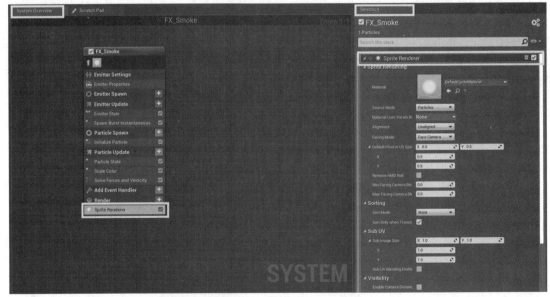

图 6-6　在 Selection 面板中打开 Sprite Renderer

选择用于效果的材质。由于该材质是 SubUV 材质，因此需要向渲染器告知图像网格中的图像数量。SubUV 材质属性设置如图 6-7 所示。将 SmokeSystem 拖到关卡中。

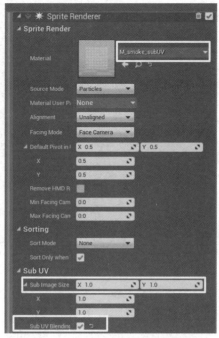

图 6-7 SubUV 材质属性设置

4）设置发射器更新组

在发射器更新组中编辑模块，能够将其应用于发射器并更新每一帧的行为。

在 System Overview 中，单击"Emitter Update"组，以便在 Selection 面板中将其打开，如图 6-8 所示。

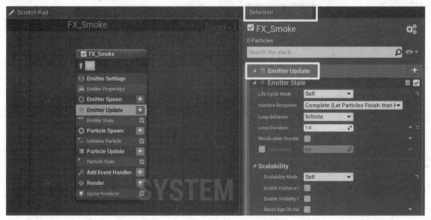

图 6-8 打开"Emitter Update"组

创建持续的烟柱，而非一阵烟雾。单击垃圾桶图标以删除"Spawn Burst Instantaneous"模块，如图 6-9 所示。

单击"+"按钮并选择"Spawn Rate"模块，将其添加到"Emitter Update"组中，如图 6-10 所示。

图 6-9 删除"Spawn Burst Instantaneous"模块

图 6-10 添加 "Spawn Rate" 模块

在 "Spawn Rate" 模块中，将 SpawnRate（生成速率）的值设置为 "50.0"，如图 6-11 所示。这样就得到了一个由烟雾生成的相当大的蓬松形状。

接着，需要将模拟设置为以无限循环方式运行。在 "Emitter State" 模块中，单击 "Life Cycle Mode" 右侧的下拉箭头，在打开的下拉列表中选择 "Self" 选项；单击 "Loop Behavior" 右侧的下拉箭头，在打开的下拉列表中选择 "Infinite" 选项，如图 6-12 所示。

图 6-11 设置生成速率

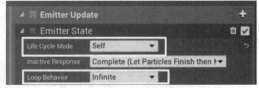

图 6-12 将模拟设置为以无限循环方式运行

5）设置粒子生成组

编辑 "Particle Spawn" 组中的模块，这些是粒子首次生成时将应用于粒子的行为。

在 System Overview 中，单击 "Particle Spawn" 组，以便在 Selection 面板中将其打开，如图 6-13 所示。

图 6-13 打开 "Particle Spawn" 组

展开"Initialize Particle"模块，其将多个相关参数采集到一个模块中，从而最大限度地减少堆栈中的混乱。在"Point Attributes"下找到 Lifetime 参数并对其进行调整，如图 6-14 所示。

Lifetime 参数确定了粒子在消失之前将显示多久。需要使 Lifetime 参数具备些许随机性，以更好地模拟真实烟雾效果。单击 Lifetime 最右侧的下拉箭头，选择"Dynamic Inputs"→"Random Range Float"选项，如图 6-15 所示。此操作将添加最小值和最大值字段。

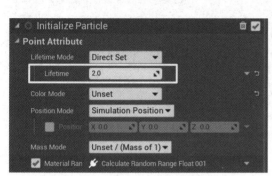
图 6-14 调整 Lifetime 参数

图 6-15 添加最小值和最大值字段

分别将 Lifetime 的 Minimum（最小值）属性和 Maximum（最大值）属性设置为"2.0"和"3.0"，如图 6-16 所示。

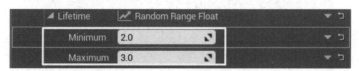
图 6-16 设置最小值和最大值

需要调整 Sprite 粒子的大小，以继续制作更逼真的烟雾效果。由于原始粒子束相当小，因此现在需要增大其尺寸，还要使其尺寸具备随机性。单击 Value 旁边的下拉箭头，然后在搜索栏中输入 random，选择"Random Range Float"选项，在数值中添加 Minimum 和 Maximum。设置 Minimum 属性的值为 75，设置 Maximum 属性的值为 200。

现在已拥有一团更大的烟雾，但还需要添加一些旋转，使粒子形状产生更多变化。此外，还需要为旋转添加随机性，以增加变化。将 Sprite 的"Sprite Rotation Mode"设置为 Direct Normalized Angle (0-1)。

单击 Sprite Rotation Angle 旁的下拉箭头，选择"Dynamic Inputs"→"Normalized Angle to Degrees"选项。此操作将添加 Normalized Angle 属性。这意味着旋转角度会被计算为 0 到 1 之间的小数，而不是角度。

单击 Sprite Rotation Angle 旁的下拉箭头，选择"Dynamic Inputs"→"Random Range Float"选项。当粒子生成时，它们会随机旋转一定的度数。设置 Minimum 属性的值为 1，设置 Maximum 属性的值为 2。

由于在创建粒子时希望烟雾粒子在生成时就开始移动，因此需要添加初始速度。单击"+"按钮，选择"Velocity"→"Add Velocity"选项，以将"Add Velocity"模块添加到"Particle Spawn"组中，如图 6-17 所示。

单击 Velocity 旁的下拉箭头，选择"Dynamic Inputs"→"Random Range Vector"选项，如图 6-18 所示，并设置最大值和最小值。这些随机性可增强效果的多样性和自然性。

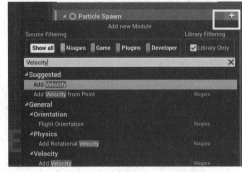 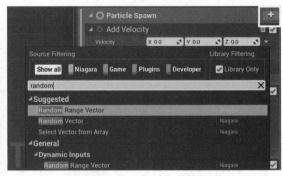

图 6-17 添加"Add Velocity"模块   图 6-18 添加随机范围浮点

Sphere Location（球体位置）控制 Sprite 生成所在位置的形状和原点。通过添加"Sphere Location"模块，可以使 Sprite 以球体形状生成，并可以设置半径以决定其大小。单击"+"按钮，选择"Location"→"Sphere Location"选项，以将"Sphere Location"模块添加到粒子生成部分，如图 6-19 所示。

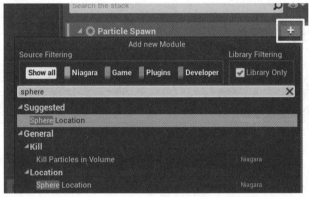

图 6-19 添加"Sphere Location"模块

将 Sphere Radius 设置为"64.0"，并将 Sphere Distribution 设置为 Direct，如图 6-20 所示。

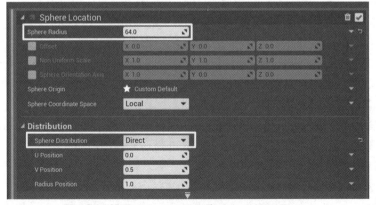

图 6-20 设置 Sphere Radius 和 Sphere Distribution

在这个烟雾效果中，使用的 Sprite 材质会用到一张 Sprite 表，它拥有多张可以按序播放的图片。如果不手动设置，则渲染器只会用到表中的第一张图片。可以通过添加"Sub UVAnimation"模块来解决这个问题。单击"Particle Spawn"右侧的"+"按钮，选择"SubUV"类目下的"Sub UVAnimation"选项，如图 6-21 所示。

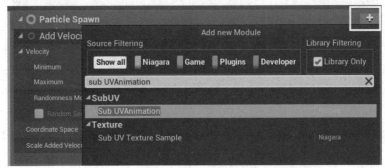

图 6-21 添加"Sub UVAnimation"模块

在"Sub UVAnimation"模块中，将 SubUV Animation Mode 设置为 Linear，将 Number of Frames 设置为 64，如图 6-22 所示。由于 Sprite 表采用 8×8 的图片网格，因此图片总张数是 64。

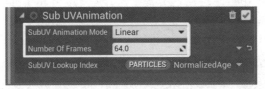

图 6-22 设置 Sub UVAnimation

6）设置粒子更新组

现在需要在粒子更新组中更新模块，这些行为将应用于粒子并更新每一帧。

在 System Overview 中，单击"Particle Update"组，以在 Selection 面板中将其打开，如图 6-23 所示。

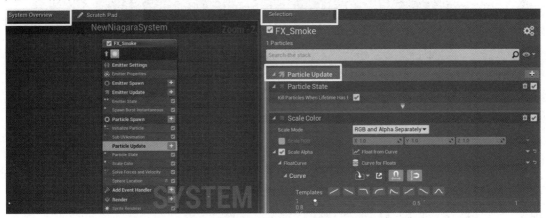

图 6-23 打开"Particle Update"组

在"Particle Spawn"组中添加的速度会使粒子在它们初始生成时产生一些运动。现在，将随着时间推移而添加运动，并使烟雾升腾。单击"Particle Update"右侧的"+"按钮，选择"Forces"类目下的"Acceleration Force"选项，以添加"Acceleration Force"模块，如图 6-24 所示。

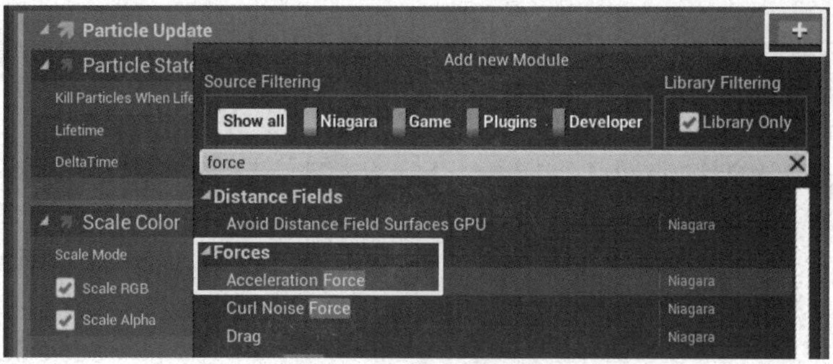

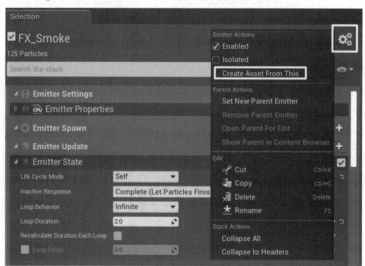

图 6-24　添加 "Acceleration Force" 模块

由于 Niagara 将新模块添加到了组堆栈底部，因此会收到一条显示"The module has unmet dependencies"的错误提示消息。这是因为"Acceleration Force"模块放置在"Solve Forces and Velocity"模块之后。单击"Fix Issue"按钮以移动模块。

将 X 值和 Y 值设置为 0，并将 Z 值设置为 500。此操作将使烟雾随着时间推移而明显向上运动。可以调整此设置，甚至移除此模块，具体取决于希望创建的烟雾效果类型。

如果希望能够在系统中重复使用烟雾发射器，则可以将其另存为单独的资源。单击齿轮图标以打开"Emitter Actions"菜单，选择"Create Asset From This"选项，如图 6-25 所示，将其存储为独立的 Niagara 发射器资源。然后单击"Save"按钮以应用并保存更改。

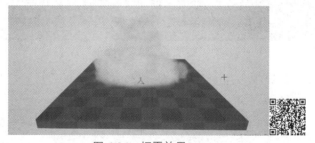

图 6-25　设置烟雾发射器

使用 Sprite 创建的烟雾效果如图 6-26 所示。

图 6-26　烟雾效果

6.3　粒子特效

6.3.1　粒子特效概述

UE 包含一套强大的粒子系统，能够制作出烟雾、火星、火焰等效果。粒子系统和每个粒子上使用的各种材质及贴图紧密相关。粒子系统的主要功能是控制粒子的行为，其最终的视觉效果则通常取决于材质。

6.3.2　粒子系统的创建与编辑

1．创建粒子系统

在 Content Browser 中单击"Add/Import"按钮，选择"Particle System"选项，如图 6-27 所示。

创建完成后，新建粒子系统的名称将被高亮显示，以便进行重命名。粒子系统图表将更新为一个 No Image 缩略图，如图 6-28 所示。可在 UE 4 粒子编辑器级联中生成缩略图。

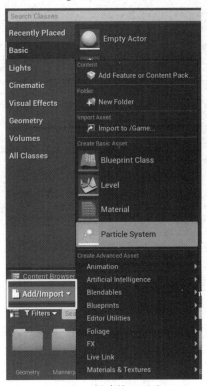

图 6-27　创建粒子系统

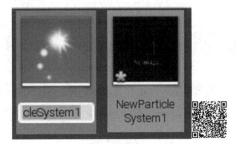

图 6-28　缩略图

2．编辑粒子系统

编辑发射器。单击发射器，其属性将显示在 Details 面板中，如图 6-29 所示。

选择一个发射器，使用左方向键和右方向键在粒子系统中更改发射器的排序，如图 6-30 所示。

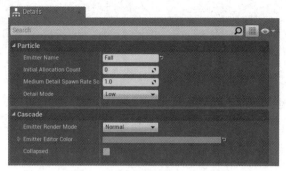

图 6-29　发射器的 Details 面板

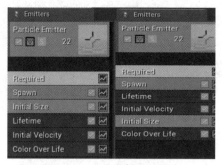

图 6-30　更改发射器的排序

　　添加模块会对粒子的生成位置、运动方式、色彩及其他诸多属性产生影响。在粒子发射器上右击，即可在弹出的快捷菜单中添加这些属性，如图 6-31 所示。

　　Details 面板展示了当前选中的发射器/模块的属性，如图 6-32 所示。

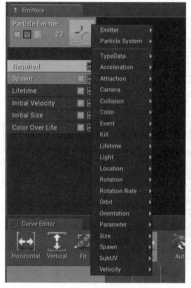

图 6-31　为发射器添加其他属性

图 6-32　发射器/模块的属性

6.4　后期特效

　　UE 提供后期处理效果，允许美术师和设计师调整场景的整体外观和视觉效果，包括明亮对象上的 HDR 泛光效果、环境遮挡和色调映射。

6.4.1　后期特效概述

1. 基于物理的后期处理

　　从 UE 4.15 版本起，在默认情况下启用电影色调映射器，与 ACES 设置的标准相匹配。这使得 UE 4 中的色调映射器可以轻松地面向多种显示类型，包括 HDR 显示。向 ACES 标准的转变确保了在多种格式和显示之间保持一致的颜色。

2．后期处理体积

后期处理体积是可以添加到关卡中的一种特殊类型的体积，由于 UE 4 不使用后期处理链，因此目前这些体积是操作后期处理参数的唯一方法。

在 UE 4 中，每个后期处理体积在本质上只是一种混合层类型。其他混合层可能来自游戏代码（碰撞效果）、UI 代码（暂停菜单）、摄像机（光晕映）或 Matinee（老电影效果）。每一层可以有一个权重，所以它会很容易混合效果。后期处理体积的属性如表 6-1 所示。

表 6-1　后期处理体积的属性

属　　性	说　　明
Settings	体积的后期处理设置
Priority	定义多个体积混合在一起的优先级顺序
Blend Radius	在体积周围发生混合的混合半径
Blend Weight	体积权重设置，0 表示无效果；1 表示全效果
Enabled	体积是否影响后期处理
Unbound	是否考虑体积的边界。如果其为 true，则体积将影响整个场景，而无论其边界如何

6.4.2　抗锯齿

抗锯齿（AA）是指当计算机显示器上显示锯齿状线条时对这些线条进行平滑处理。在 UE 4 中，使用 FXAA（快速近似抗锯齿）在后期处理中执行抗锯齿。该方法解决了造成失真穿帮的大部分问题，但不能完全防止临时失真。

6.4.3　曝光设置

在场景中设置自动曝光时，UE 提供了几种测光模式选项。不同测光模式能够提供可精确模拟实际摄像机的设置，可在后期处理过程中控制场景中的曝光，如图 6-33 所示。

图 6-33　曝光设置

- Auto Exposure Histogram 模式能够通过由 64bin 直方图构成的高级设置更好地控制自动曝光。这是 UE 中默认的曝光测光模式。
- Auto Exposure Basic 模式提供的设置较少，但这是通过下采样曝光计算单个值的更快速的方法。
- Manual 模式支持使用后期处理和摄像机设置控制曝光，而非仅使用曝光类别中的设置。

6.4.4　后期处理材质

后期处理材质使用户能够设置与后期处理效果一起使用的材质。下面介绍如何制作后期处理材质及其使用。

1．UE 后期处理节点图表

UE 4 已经具有基于后期处理节点图表的复杂后期处理功能。后期处理材质可以额外插入某些特定位置。在大多数情况下图表会自动创建中间渲染目标。如果想与前一种颜色混合，则需要在着色器中进行混合。

2．使用 UE 自带的后期处理材质

UE 系统提供了一些后期处理材质，通过后期处理设置（通常用后期处理体积或摄像机设置定义），可以将材质和材质实例进行混合。另外，用户也可以创建自定义后期处理材质。

使用时只需将一个或多个后期处理材质分配到可混合部分的后期处理体积中。首先单击"+"按钮添加材质节点元素，在 Content Browser 中选择一个材质，然后单击向左的箭头进行分配，如图 6-34 所示。

3．制作简单的后期处理材质

在主菜单栏中，执行"File"→"New Level"命令，创建一个新关卡。单击 Content Browser 中的"Add/Import"按钮，选择"Material"选项，创建材质并命名，如图 6-35 所示。

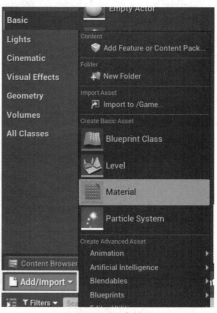

图 6-34　材质分配　　　　　　　　　　　　图 6-35　创建材质

双击新创建的材质，进入材质编辑器。在 Details 面板中，将 Material Domain 属性设置为 Post Process，将 Shading Model 属性设置为 Unlit，如图 6-36 所示。

图 6-36　材质属性设置

在"Post Process Material"分类中，将 Blendable Location 属性设置为 Before Tonemapping。这样可以防止视图运动时出现重影，但会对场景渲染性能产生影响，增加计算负担。

然后创建一个材质实例，定义后期处理的效果。为了测试用例，将创建一个视频扫描线叠加效果，可在材质设置部分查看扫描线后期处理材质。

4．将材质指定给后期处理体积

现在需要将材质和后期处理体积关联起来。在此例中，使用 Global PostProcess。在世界大纲面板中选择"Global PostProcess"选项，如图 6-37 所示。

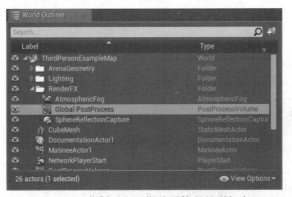

图 6-37　将材质和后期处理体积关联起来

在 Details 面板的"Misc"类目下，单击 Blendables 属性右侧的"+"按钮，添加一个新元素，如图 6-38 所示。

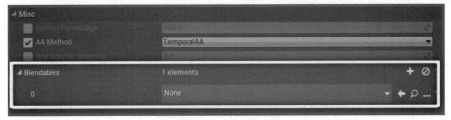

图 6-38　添加新元素

在 Content Browser 中选择新材质，然后单击"←"按钮将材质应用到元素上。应用后期处理材质前后效果如图 6-39 所示。

图 6-39　应用后期处理材质前后效果

为了获得更好的效果，需要对后期处理材质的属性进行如下设置。

- 使 Saturation 的值接近于 0。
- 利用 Tint 在结果上投射出淡绿色。
- 将 Contrast 的值设置为 0.65 左右。
- 调整 Crush Shadows 和 Crush Highlights，进一步增加对比度。
- 将 Vignette Intensity 的值设置为 0.9 左右，形成极强的晕映。
- 将 Bloom 强度设置为 3 左右。

6.5　视觉效果实例

根据所学的粒子系统内容，创建气泡粒子系统。

新建一个 Niagara 粒子系统。在 Content Browser 中右击，在出现的资源列表中选择"FX"→"Niagara System"选项，如图 6-40 所示。在 Niagara System 类型选择中，选择"New system from selected emitter(s)"。

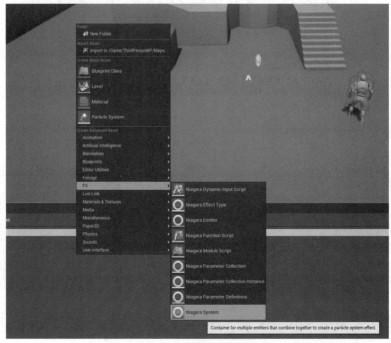

图 6-40　新建 Niagara System

在 UE 提供的各种粒子类型中，选择"Empty"粒子类型。单击 Emitters to Add 右侧的"+"按钮，再单击"Finish"按钮，完成 Niagara 粒子系统的创建。将粒子系统命名为 Bubble_Niagara。

在 UE 中双击 Bubble_Niagara，进入编辑界面，如图 6-41 所示。

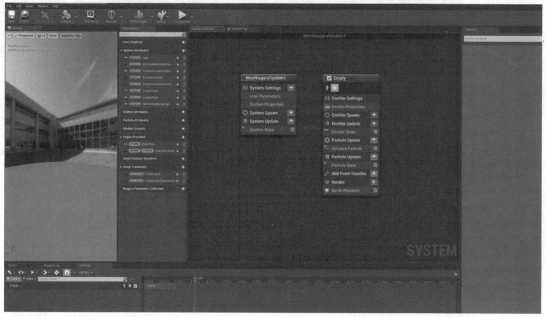

图 6-41　双击 Bubble_Niagara 进入编辑界面

删除粒子编辑器最下方的"Sprite Renderer"，单击"Render"右侧的"+"按钮，选择"Mesh Renderer"选项，如图 6-42 所示。

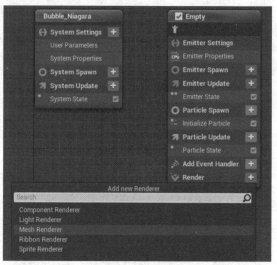

图 6-42　选择"Mesh Renderer"选项

在"Mesh Renderer"的 Details 面板中为其添加球形静态网格体，如图 6-43 所示。

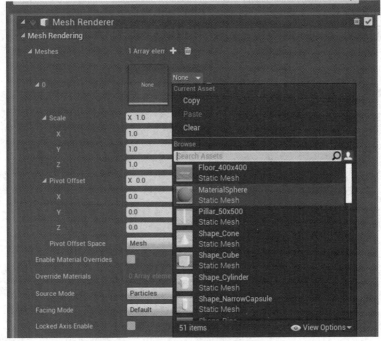

图 6-43　添加球形静态网格体

完成球形静态网格体的添加后，为其添加气泡材质。在"Mesh Renderer"的 Details 面板中勾选"Enable Material Overrides"复选框，允许材质附着。单击 Override Materials 右侧的"Add Element"按钮，为其添加气泡材质，如图 6-44 所示。

图 6-44　添加气泡材质

气泡材质的具体制作步骤如下。

首先，新建材质并命名为 Bubble_material。在材质编辑器中，更改其混合模式（Blend Mode）为半透明（Translucent），如图 6-45 所示。

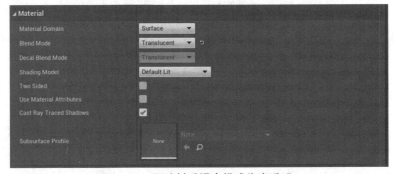

图 6-45　更改材质混合模式为半透明

接下来为材质添加基本颜色和菲涅耳透明度，材质编辑界面如图 6-46 所示。

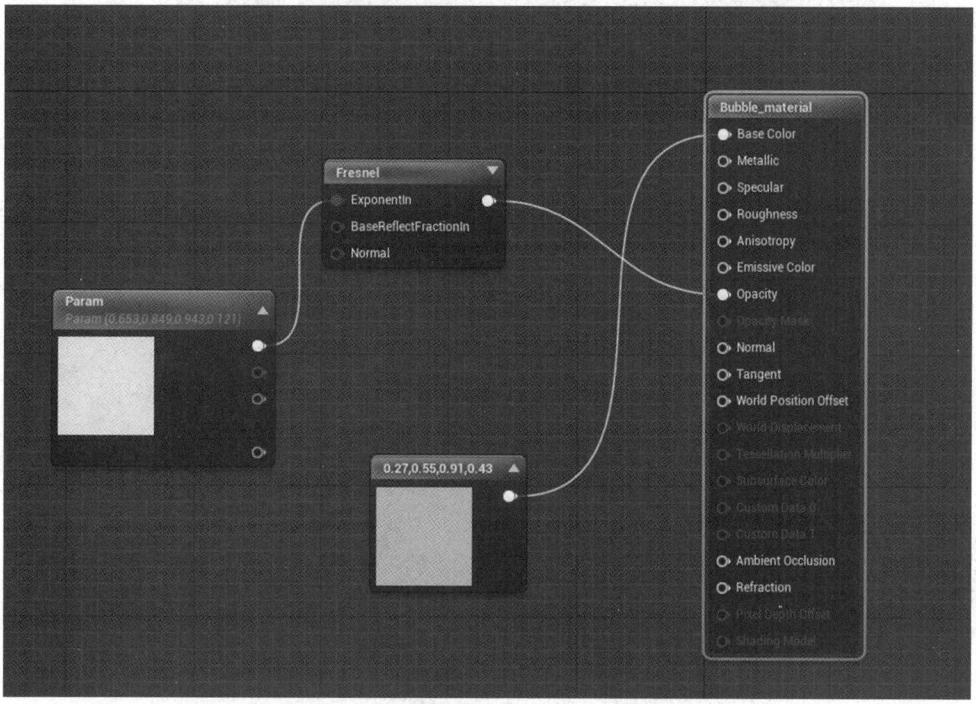

图 6-46　为材质添加基本颜色和菲涅耳透明度

在粒子编辑器的"Emitter Update"组中添加"Spawn Rate"模块，为粒子添加发射速度，如图 6-47 所示。将粒子的发射速度设置为"200.0"，在视口界面中会出现球形的气泡。

图 6-47　为粒子添加发射速度

然后对"Emitter Update"组进行更改，将其 Life Cycle Mode 更改为 Self，设置循环周期（Loop Duration）为 5s，如图 6-48 所示。

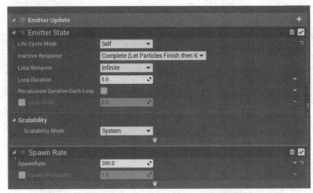

图 6-48　更改 Life Cycle Mode 及设置循环周期

下一步修改其"Intialize Particle"模块中的参数，具体设置如图 6-49 所示。

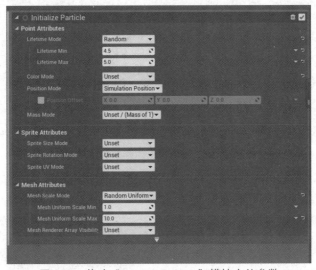

图 6-49　修改"Intialize Particle"模块中的参数

在"Particle Spawn"组中添加"Solve Forces and Velocity"模块和"Vortex Velocity"模块，如图 6-50 所示。在 Details 面板中将 Vortex Velocity 设置为"200.0"。

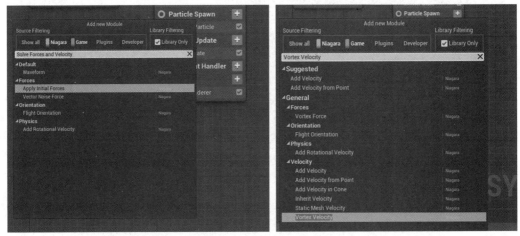

图 6-50　添加"Solve Forces and Velocity"模块和"Vortex Velocity"模块

接下来，在"Particle Spawn"组中为其添加"Cylinder Location"模块，调整其发射范围，其 Details 面板中的具体设置如图 6-51 所示。

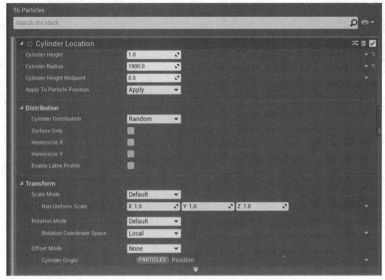

图 6-51　调整发射范围

至此，就完成了气泡粒子特效的制作。其在场景中的效果如图 6-52 所示。

图 6-52　制作完成的气泡粒子特效

第7章

音频系统

游戏引擎中的音频系统主要对音源、音频文件载入、音频编辑及音效进行处理。UE 也提供了一套成熟的音频处理系统，使用这套系统可以将原本简单的音频进行组合处理，增加声音的多样性，从而满足复杂环境、角色、道具和场景对声音的需求。即使是不太懂音乐的人，使用这套系统也能创作出一些不错的音效。

本章主要内容如下。

- 导入音频资源。
- 给场景添加音效。
- Sound Cue。
- 通过蓝图控制音效。

7.1 音频系统概述

UE 的音频系统提供了一系列的音频编辑工具，可以对导入的声音资源进行加工处理，合成不同的音效。

在 Content Browser 中单击"Add/Import"按钮，在音效下拉菜单中可以选择需要添加的音频资源。例如，使用 Sound Cue 可以对音频进行合成，修改音频播放行为，组合音频效果，通过声音节点来改变最终音效输出。又如，使用声音衰减工具可以对 Actor 进行设置，改变播放音频的物理范围，也可以通过创建一个声音衰减资源来对一类 Actor 进行控制。音效类资源是一个属性集合，这些属性将会作为音频资源现有值的乘数，分配给声音类下所有的声音执行资源。虽然音频系统不能从无到有创建一个音频资源，但可以通过强大的功能来对导入引擎的音频资源进行构建，得到更加多样化的音频效果。

7.2 导入音频资源

使用音频系统的第一步就是导入外部的音频资源。UE 4 目前支持 16 位音频文件格式，支持各种采样率（官方推荐的采样率为 44100Hz 或 22050Hz），支持导入 WAV、AIFF、FLAC和 Ogg Vorbis 格式的文件，其中 WAV 格式是引擎中最常用的音频格式。UE 4 还支持环绕声格式，如 5.1 或 Ambisonic 文件。在导入音频文件之前，为了便于资源管理，可以根据使用场景、背景音乐、对话声音、动画音效、角色音效及不同资源音效等进行分类。

在 Content Browser 中选择要导入音频的文件夹，单击"Add/Import"按钮，选择需要导入的 WAV 文件进行导入，如图 7-1 所示。也可以找到需要导入的音频文件，将其拖放到文件夹中，UE 会自动保存导入文件夹内的目录结构。音频文件在 UE 中是 Sound Wave 类型的，并且在左下角会出现一个星号，单击"Save All"按钮后，星号就会消失。

图 7-1　导入音频文件

将 Content Browser 右下角的 View Options 中的 View Type 更改为 Colums，将会显示音频相关属性（如持续时间、采样率、循环、压缩质量和通道数等），可以双击任意一个文件进行修改。

如果想要一次性修改多个音频文件，则可以先同时选中多个音频文件，然后在"Asset Action"中的"Bulk Edit Via Property Matrix"上右击进行修改。在音频属性矩阵界面（见图 7-2），可以单独对一个音频文件进行修改，如修改压缩质量（Compression）和循环（Looping）等，也可以在右侧的属性栏中同时对所有文件的属性进行修改。

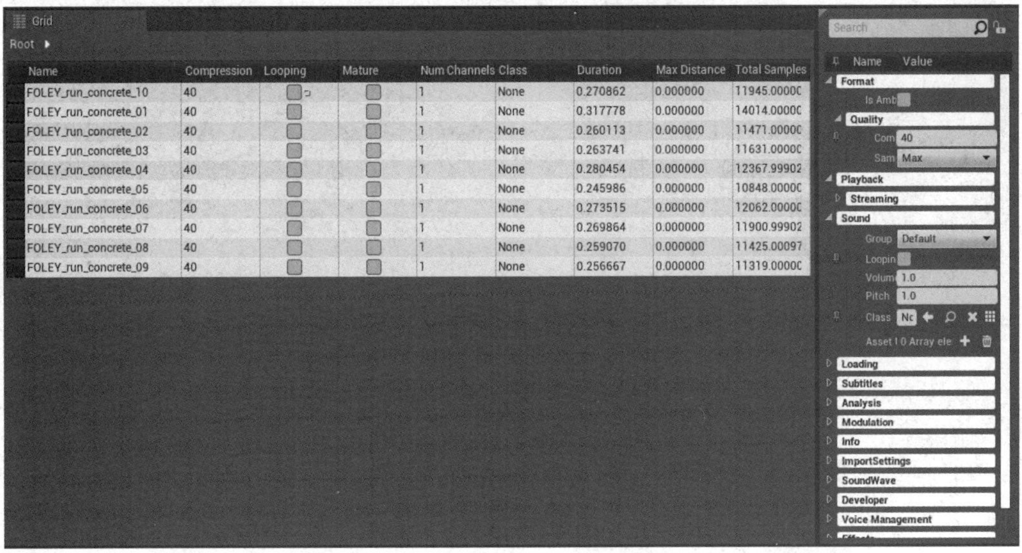

图 7-2　音频属性矩阵界面

7.3　给场景添加音效

在 UE 4 中可以添加背景音乐、环境音乐等各种音效。还有一些音效需要配合用户的交互才能触发。在 UE 商城中下载音效资源"环境音效和程序化音效设计"。在库中找到新创建的项目，在新创建的项目上右击，在打开的菜单中选择"在文件夹中显示"→"环境音效和程序化音效设计.uproject"→"Switch Unreal Engine Version"选项，将项目版本切换到 UE 4.27 版本。

双击打开.uproject 工程并运行场景，在场景中漫游，可以仔细聆听每一段音效，如瀑布的声音、火把的声音、酒馆的声音及人物走在不同地面上的声音等。在 Content Browser 中单击"Filter"按钮，勾选 Levels 旁边的复选框，打开 EPIC_AUDIO_Courses_V001_Blank 场景。该场景和默认场景是一样的，只不过里面没有任何音效。在本章的学习过程中，可以逐步将音效添加到场景中。

7.3.1　添加背景音效

在 Content Browser 中找到需要添加的音频资源，将其拖放到场景中，此时可以看到在场景中有一个类似小喇叭的 Actor，如图 7-3 所示。运行关卡，就可以听到添加进去的音频。如果要将其当作背景音效，则需要将音频设置成循环播放。双击 Content Browser 中的该音频文件进行修改，可以对这段音频的声音及音调进行调整，同时可以在 Sound 属性下勾选"Looping"复选框，完成背景音效的设置。

图 7-3　添加音频资源

7.3.2　音效衰减

音效衰减可以提高用户的沉浸式环境体验。使用音效衰减会将音频限制在一段区域内播放，当玩家走出这个区域时就无法听到声音。UE 充分考虑了用户的使用需求，设置了几种不同的形状来适应场景需求。如果在室内，则可以将衰减形状设置为盒体；如果在开阔的区域，则可以将衰减形状设置为球体；还有胶囊体及锥体，用户可以根据实际需要更改衰减形状及大小，使衰减区域与需要播放音频的区域尽可能重合。

选中添加到场景中的音频文件，在 Details 面板的衰减属性下勾选"Override Attenuation"复选框，会出现音量衰减、空间衰减及混响衰减等属性。在音量衰减属性中，可以设置衰减函数、衰减形状、衰减的内径及衰减距离。以球体为例，在视口中可以看到两个球体，如图 7-4 所示。内部球体的大小由 Inner Radius 决定，当玩家处于内部的小球内时，可以听到音频的最大音量；而在外部球体和内部球体之间的部分则由 Falloff Distance 决定，在这部分区域内，音量会逐渐减小。而当玩家处于衰减的范围之外时，就听不到当前音频的声音。因此，当游戏场景很大时，可以通过音效衰减来划分区域，从而设置不同的背景音效。

图 7-4　视口中的两个球体

当场景中的一类 Actor 可以使用相同的音效衰减时，如果使用上面的方法添加音效衰减，就会十分枯燥且浪费时间。在 Content Browser 中的空白区域右击，在弹出的快捷菜单中依次选择"Sounds"→"Sound Attenuation"选项，创建音效衰减。双击打开该音效衰减资源，里面的属性和在 Details 面板中看到的是一样的。双击打开一个音频资源，在 Attenuation 属性下添加创建好的音效衰减。这个音频资源每次被拖动到场景中时都会有设置好的音效衰减，但是如果修改了这个音效衰减资源，就会对所有场景中的 Actor 进行应用。

7.3.3　立体声

自然界发出的声音都是立体声。UE 中使用立体声会给声音一种空间感，通过模拟类似自然界的声音能带给玩家更好的沉浸感。例如，场景中的瀑布声模拟，在瀑布附近添加一个环境立体声效，并给这个音效加上音效衰减效果。这样当玩家处于这个区域中时，就可以根据当前在瀑布附近的不同位置，在耳机中听到不同位置发出的声音，并根据声音的不同分辨出当前的音源位置。

在场景中使用立体声并不一定会增加沉浸感，这也要看当前的立体声是否类似于瀑布有固定音源的 Actor。如果一段背景音乐是立体声格式的，那么将这段背景音乐添加到场景中就会给玩家造成干扰，声音在左耳和右耳之间频繁切换会影响玩家的专注度。面对这种情况，只需要选中当前关卡中的音频 Actor，在 Details 面板中使 Attenuation 属性下的"Allow Spatialization"保持开启，并将 Attenuation Spatialization 属性下的"Enable Spatialization"关闭即可。

7.3.4　混响

在场景中使用混响会让声音更加具有空间感。比如，在一个洞穴中使用混响会让该场景中的声音变得更长，出现回音的效果，增加场景的真实性。在 UE 4 中，混响资源可以自己创建，也可以将 Content Browser 右下角的 View Options 中的"Show Engine Content"选项开启，使用引擎中自带的混响资源。

　　混响资源只是定义了一些属性，无法直接拖入场景中使用，需要配合声音体积。在 Place Actors 面板的"Volumes"菜单中，将 Audio Volume 拖入场景中，在场景中可以设置不同的声音体积使用不同的混响，如山洞中的混响、礼堂中的混响等。只需要将不同的混响资源赋值给对应的声音体积即可。选中声音体积，在 Details 面板中可以对其大小和形状进行修改。除引擎给出的形状外，用户也可以通过自定义形状来创建满足场景需要的声音体积。在菜单栏中执行"Modes"→"Brush Editing"命令，然后对形状进行自定义，如图 7-5 所示。

图 7-5　自定义声音体积的形状

　　在 Reverb 属性下的"Reverb Effect"下拉列表中选择混响资源，如图 7-6 所示，同时勾选 Reverb 属性下的"Apply Reverb"复选框，此时该区域就有了混响效果。以洞穴为例，设置一个盒体声音体积覆盖住整个洞穴，并设置好混响资源，这时洞穴内的音频资源就能产生混响效果。但是要启用混响，还需要进行一些设置。因为混响是根据声音的反射原理产生的，所以离音源越近，混响效果越弱；反之，离音源越远，声音在场景中传播得越久，混响效果也就越强。因此，要给需要添加混响的声音加上音频衰减。在音频衰减的内径中听不到混响效果，而在音频衰减外径附近混响效果更好。添加好音频衰减后，在 Attenuation Reverb Send 属性下勾选"Enable Reverb Send"复选框，此时该音频在设置的声音体积内就会产生混响效果。

图 7-6　混响效果设置

　　游戏中的音乐可以大致分为两类，即剧情音乐和非剧情音乐。区分这两类音乐类型主要以游戏中的角色是否可以听到为判断标准，前一类是游戏中的角色可以听到的音乐，如洞穴内水滴的声音、脚步的声音及鸟鸣等；而后一类是玩家能听到的音乐，比如进入某一个场景时的背景音乐，这类音乐一般会在场景中持续播放，因此要给它们设置成不应用混响。

7.3.5　音效类

音效类是 UE 音频引擎中的一种资产类型，用户可以使用音效类对多种声音进行分组，比如所有的环境循环音乐、脚步声、对话及功能音效等，然后同时对这些音效的参数进行修改。当工程内拥有大量的音频资源时，使用音效类对音频资源进行管理可以加快工程的开发进度。如果要创建一个音效类，则在 Content Browser 中右击，在弹出的资源列表中依次选择"Sounds"→"Classes"→"Sound Class"选项。如果已经有了一个音效类，则只需要打开现有的音效类，在音效类编辑器中从节点的 Children 引脚处拉出去，创建一个新的子音效类。当回到 Content Browser 中时，就可以看到新创建的子音效类。选中这个子音效类，在 Details 面板中，单击 General 属性下的 Child Classes 右侧的"+"按钮，可以给这个子音效类添加已有的音效类作为子类。音效类编辑界面如图 7-7 所示。

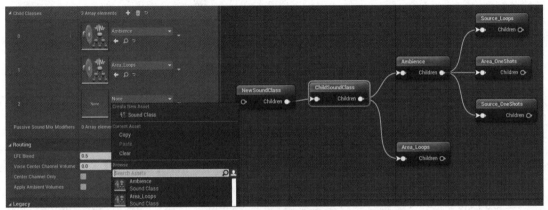

图 7-7　音效类编辑界面

双击打开 Content Browser 中的一个音频文件，在 Details 面板中找到 General 属性下的 Class 子属性，在其下拉列表中找到新创建的音效类，这样就可以成功将这段音频归到音效类下。在音效类资源中的属性值会以当前类下的音频文件的数值的乘数的形式，对音频类下的音频文件值进行分配。

7.3.6　给动画添加声音

除需要给场景中添加环境音效外，还需要给控制的人物或 NPC（非玩家角色）添加音效，比如在第一人称游戏中，人物奔跑、换弹夹或攻击敌人时的音效等。这些音效不能通过将音频资源从内容浏览器中拖入场景中的方式直接使用，而要通过动画通知将音效添加到动画中的某一帧。动画通知为动画程序员提供了一种方式，以便设置事件在动画序列中的特定点上发生。

打开一个动画序列，在下方的通知栏中可以添加通知轨道。通知轨道的作用是将不同类型的通知进行归类，从而方便对通知进行管理。将通知栏边上的动画帧数进度条调到需要添加音效的位置，然后在这一帧位置的通知轨道处右击，在弹出的快捷菜单中选择"Add Notify"→"Play Sound"选项，如图 7-8 所示。

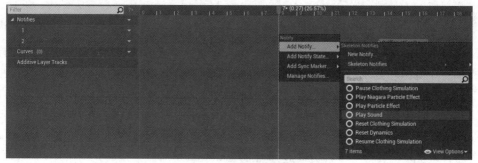

图 7-8　添加动画通知

在 Details 面板中，在 Anim Notify 属性下的 Sound 属性中给该条通知选择一个音效，并且调整音效音量和音调的大小。播放这段动画，当运行到添加动画通知的那一帧时，就会自动播放添加的音效。

7.4　Sound Cue

UE 提供了一套音频系统——Sound Cue 来调整处理声音，实现模拟不同声音的效果。Sound Cue 编辑器是一个用来处理音频的节点式编辑器，通过 Sound Cue 可以对音频音量、音调等进行修改，并可以将不同片段的音效混合在一起。

7.4.1　Sound Cue 编辑界面

在 Content Browser 中的空白位置处右击，在"Sounds"目录中创建 Sound Cue，其编辑界面如图 7-9 所示。在 Details 面板中进行设置会影响整个 Sound Cue 中所有的音频输出。在右侧的控制面板中，可以将音频节点拖动到视口中，也可以在视口中通过右击找到相关的音频节点。

图 7-9　Sound Cue 编辑界面

Sound Cue 可以同时编辑多个音频文件。在 Content Browser 中选择 Sound Wave 资源，将其拖动到编辑器中，如图 7-10 所示；也可以添加一个 Wave Player 节点，然后选中该节点并在 Details 面板中添加 Sound Wave 资源。由于多个 Sound Cue 可能会使用同一个 Sound Wave 资源，因此无法在 Sound Cue 编辑器中对单个音频的音量和音调进行修改，只可以设置其是否循环播放。

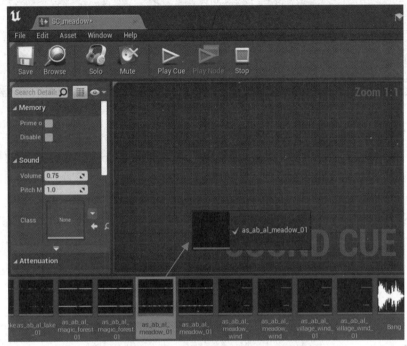

图 7-10　添加 Sound Wave 资源

7.4.2　Sound Cue 节点

Sound Cue 节点可以让音频呈现出更生动、真实的声音播放效果。常用的 Sound Cue 节点及其用途如表 7-1 所示。

表 7-1　常用的 Sound Cue 节点及其用途

节　　点	用　　途
Modulator	随机调节音量和音调，设置最大值和最小值，在 Sound Cue 播放时会随机选择中间值进行播放
Enveloper	利用曲线或者曲线资产控制音效的音量和音调
Delay	声音随机延迟效果
Looping	与单个音频的循环不同，Looping 节点会循环播放整个 Sound Cue 音频系统
Mixer	混合多个音效并设置每个音效的音量大小
Random	可以设置每个音频播放的权重，随机播放音频

7.4.3　Sound Cue 的应用

下面结合节点编辑完成一些音效的制作。例如，模拟风声音效，风声大部分都是此起彼伏，有强有弱的。将已有的风声 Sound Wave 资源添加到 Sound Cue 编辑器中，使用 Random

节点和 Looping 节点将它们组合起来就是一个简单的风声音效，如图 7-11 所示。图 7-11 中的红色线表示当前在播放该条线上的音频。

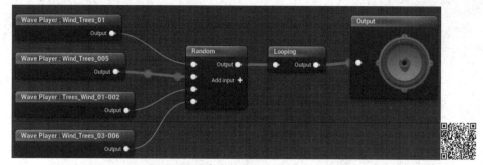

图 7-11　风声音效的节点编辑

图 7-11 中使用了 4 段不同的风声资源，使用 Random 节点每次会随机从中选择一段进行播放。选中 Random 节点后，在 Details 面板中可以设置每个 Sound Wave 资源的权重，序号与连接的节点一一对应，权重越大代表播放该分支的概率越大。当启用 Randomize Without Replacement 属性后（见图 7-12），权重的设置就会被覆盖，连接到 Random 节点上的节点在全部播放一次后，同一个 Sound Wave 才会再次被播放。因此，这里加上 Looping 节点，会让 4 个音效进行完全随机播放，使音效更多样。

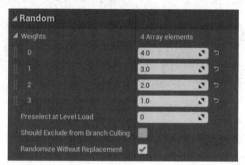

图 7-12　启用 Randomize Without Replacement 属性

音调和音量的变化也会丰富音效，在现有的基础上引入 Enveloper 节点，使音量和音调按照规定好的曲线进行实时变化，如图 7-13 所示。此时加入了 4 种不同曲线的 Enveloper 节点及一个新的 Random 节点，当前 Sound Cue 会每次先随机挑选一个 Sound Wave，再随机挑选一个 Enveloper 节点对这段音频的音量进行修改，通过排列组合 4 段音频衍生出 16 种不同的音效。

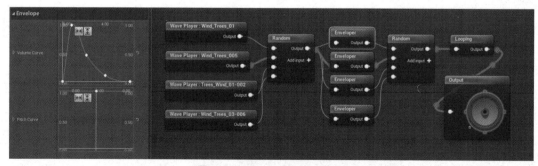

图 7-13　引入 Enveloper 节点

除类似风声这种环境声音外，还有一些动物的声音，如鸟声、蛙声等，也需要让其具有更加丰富的变化才能显得自然。接下来使用 Sound Cue 对蛙声进行处理，如图 7-14 所示。

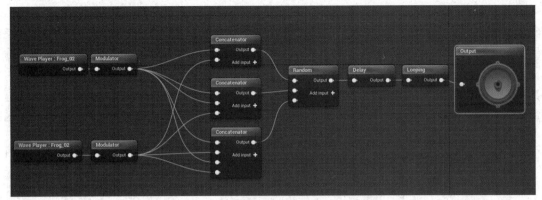

图 7-14　制作蛙声音效

音量和音调的变化会让音效听起来很不一样，使用 Modulator 节点，分别设置参数，然后选中 Modulator 节点，单击菜单栏中的"Play Node"按钮，可以听到当前节点的音效。之后使用 3 个 Concatenator 节点对当前的两个音效进行随机组合，Concatenator 节点会从上到下依次播放输入引脚上的音效，这样一个音效就产生了 3 种不同的组合音效。最后，使用 Random 节点对这 3 种音效进行随机播放，可以启用 Randomize Without Replacement 属性进行完全不重复播放，也可以分别对它们设置权重进行播放。

7.5　通过蓝图控制音效

场景中的背景音乐或环境音效都是静态的，通过蓝图可以在玩家执行特定行为时对这些音效进行动态修改。

7.5.1　触发器的应用

在上面的瀑布场景中，瀑布边上有一个洞穴，由于瀑布水声的衰减范围设置得比较大，因此在洞穴内部依然可以清楚地听到声音，这显然是不对的。接下来尝试使用蓝图对其进行处理。

使用一个触发器，当玩家每次走过时可以减小洞穴外部的声音，增大洞穴内部的声音，从而达到模拟墙壁隔绝声音的效果。在 Place Actors 面板中将 Box Trigger 拖动到场景中，并设置成刚好覆盖住洞口的大小。选中这个触发器，然后进入关卡蓝图，在空白处右击，创建一个该触发器的重叠事件，如图 7-15 所示。

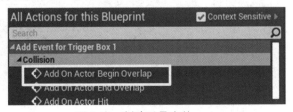

图 7-15　创建重叠事件

接下来要在关卡蓝图中创建一个瀑布声的引用，当玩家第一次穿过触发器时，对瀑布声进行淡出；当玩家再次穿过触发器时，对瀑布声进行淡入。最终的蓝图节点如图 7-16 所示，通过蓝图对音效进行淡入淡出可以模拟遮挡效果。

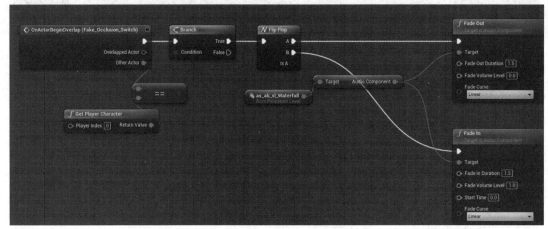

图 7-16　实现声音遮挡效果

7.5.2　通过蓝图实现音效切换

在游戏中经常出现某个 NPC 在玩家完成任务前后所播放的音效不同的情况，比如一个机器在没有电的情况下会发出微小的齿轮转动声，而当玩家收集到电池之后，机器就开始发出正常运转的声音。本节通过实现这一案例来讲解如何通过蓝图来实现不同声音之间的切换。

首先要实现当靠近这个机器时，玩家可以与机器进行互动的功能。准备一个继承自 Actor 类的蓝图，进入蓝图编辑器，添加 Sphere Collision 组件，并设置好其大小，这决定了玩家在距离机器多远时可以与机器进行互动。之后添加进入碰撞体事件和离开碰撞体事件，并使用 Gate 节点进行是否可进行互动的判定，如图 7-17 所示。

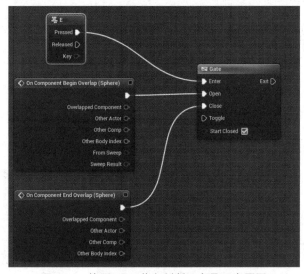

图 7-17　使用 Gate 节点判断玩家是否在周围

　　然后，需要设置一个变量来控制玩家是否收集到了电池，如果没有收集到，则播放 RobotSoundB 音频资源；如果收集到了，则播放 RobotSoundA 音频资源。创建一个 Boolean 类型的变量 Get Battery，用来判断玩家是否收集到了电池，如果其值为 False，则使用 Spawn Sound at Location 节点播放 RobotSoundB 音频资源；如果其值为 True，则播放 RobotSoundA 音频资源，如图 7-18 所示。

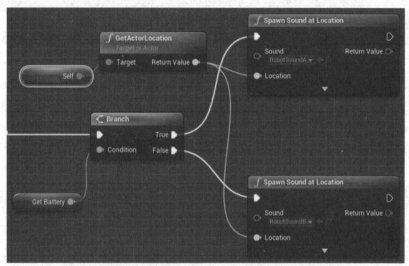

图 7-18　使用 Get Battery 变量判断玩家是否收集到了电池

　　接下来要制作一个电池的蓝图，在蓝图中同样创建一个 Sphere Collision 组件。当玩家碰到电池时，修改机器蓝图中的 Get Battery 属性，并将电池 Actor 销毁。这里使用直接引用的方式来进行两个蓝图之间的通信。先获取 Robot 类型的引用的变量，再获取 Set getBattery 方法。编译后返回场景编辑器中，在 Details 面板中将 Robot 蓝图类赋值给这个引用，节点如图 7-19 所示。

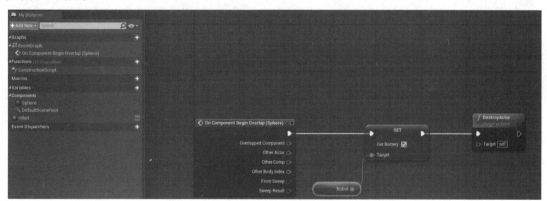

图 7-19　蓝图通信节点

　　现在已经基本实现了通过拾取电池让机器的音效进行切换的功能，也可以使用 Sound Cue 来实现。创建一个新的 Sound Cue 资源，打开后将两段音频文件拖入编辑器中，并创建一个 Branch 节点。选中 Branch 节点，在 Details 面板的 Bool Parameter Name 属性中输入一个变量名称 Battery。如果 Battery 的值为 False，则会播放 robotaB 音效；如果 Battery 的值为 True，则会播放 robotaA 音效，如图 7-20 所示。

图 7-20　使用 Sound Cue 实现音效切换

回到 Robot 蓝图中，将断开 Gate 节点与之后节点的连接。使用 Spawn Sound at Location 节点播放新创建的 Sound Cue 资源，并使用 Set Boolean Parameter 节点对创建的 Sound Cue 资源中的 Battery 变量的值进行设置。需要注意的是，在 In Name 中输入的变量名称必须和在 Branch 节点中输入的变量名称一致，如图 7-21 所示。此时再运行场景，会得到和使用上面的方法一样的效果。

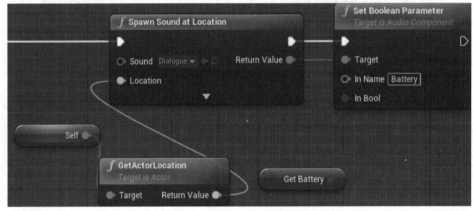

图 7-21　修改后的蓝图节点

Play Sound at Location 节点也可以在指定的位置播放音频，但是在播放完音频后会立马摧毁；而 Spawn Sound at Location 节点会获取音频组件，对音量大小及一些属性进行修改，在使用这两个节点时需要加以区分。

第 8 章

Sequencer 过场动画系统

UE 拥有强大的过场动画工具，可以帮助使用者创建动画及过场动画序列。利用 Sequencer 可以引导摄像机在关卡中穿梭飞行，也可以为光源添加动画，为角色添加动画和渲染输出动画序列等。在 UE 中创建过场动画内容时，Sequencer 是最主要的工具。随着 UE 在影视、建筑等行业的普及和运用，越来越多的工作要利用 UE 进行虚拟制片或者渲染影视级视频，这些工作流的核心便是 Sequencer 过场动画系统。

本章主要内容如下。

- Sequencer 概述。
- Sequencer 轨道。
- 电影渲染设置。

8.1 Sequencer 概述

本节先利用一个 UE 官方示例介绍 UE 中 Sequencer 编辑器所能完成的任务，之后再介绍 Sequencer 编辑器的界面等，以及在使用 Sequencer 时最常用到的操作。

8.1.1 电影级别序列

Sequencer 最主要的作用就是整合场景并利用现有资源来组合动画，得到一段视频电影序列。下面以 UE 官方示例为例介绍 Sequencer。从 Epic Games Launcher 中选择 UE 官方示例 Subway Sequencer，如图 8-1 所示。

根据该示例创建一个工程并打开。单击工具栏中的"Play"按钮，则可以在场景中运行一个完整的短片，如图 8-2 所示。

图 8-1　Sequencer 项目示例

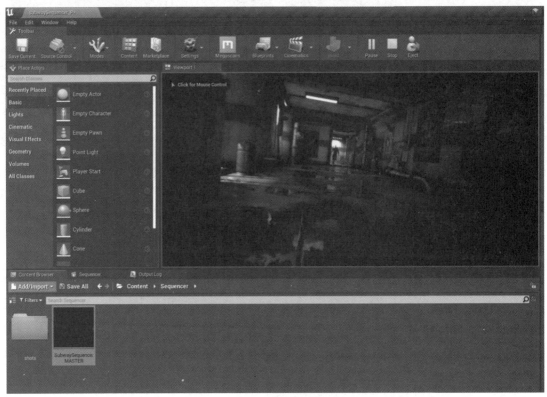

图 8-2　播放示例

从角色动画到视觉效果，示例工程展现了 Sequencer 可以实现的效果，其不仅可以在影视制片中发挥作用，还可以配合优秀的资源和编辑器功能做出更完整的影片。在 Sequencer 编辑器中可以查看每个影片片段的细节制作。通过一个关卡序列整合并配合各个轨道达到想要的效果。

8.1.2　创建关卡序列

以第三人称工程模板为例创建项目，打开第三人称模板默认关卡，在 Content Browser 中新建资产文件夹并命名为 Sequence。在主工具栏中，执行"Cinematics"→"Add Level Sequence"命令，添加关卡序列，如图 8-3 所示。

图 8-3　添加关卡序列

接着会提示新建一个关卡序列资产，命名后将其保存在 Sequence 资产文件夹中。创建完关卡序列后，在场景中会实例化刚刚创建的序列，同时 Sequencer 编辑器会打开并显示新建的关卡序列，如图 8-4 所示。

图 8-4　关卡序列编辑器

在编辑关卡序列时，往往可以增加视口，让其中一个视口专门显示 Cinematics 中的内容，从而方便开发。单击视口左上角的下拉按钮，在打开的"Viewport Options"视口选项中选择"Layouts"→"Two Panes"中横向排列两个视口的视口布局，如图 8-5 所示。

接着单击第二个视口左上角的"Perspective"按钮，在打开的菜单中选择 Viewport Type 为过场动画视口（Cinematic Viewport），如图 8-6 所示。

此时在第二个视口下方便同样显示刚刚创建的 Sequence 的时间轴等信息，如图 8-7 所示。

有了双视口，则方便同时编辑场景和查看编辑 Sequence 的效果。在右侧的视口中可以随时拖动时间轴查看不同关键帧下的场景。在后续序列的使用中会逐渐体现出双视口操作的优势。下一节将对 Sequencer 编辑器界面进行简单介绍。

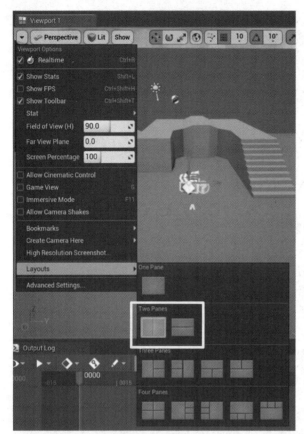

图 8-5　调整视口布局　　　　　　　　　图 8-6　切换视口类型

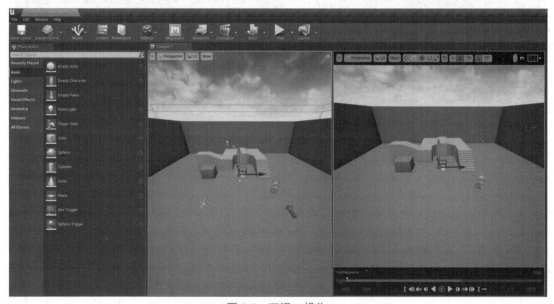

图 8-7　双视口操作

8.1.3　Sequencer 编辑器

Sequencer 编辑器界面如图 8-8 所示。

图 8-8　Sequencer 编辑器界面

Sequencer 编辑器的主要区域之一是时间轴操作区，图 8-8 中的右侧区域为时间轴窗口。时间轴显示了 Sequence 序列的时间长度，且编辑器默认以帧为单位显示。如果需要修改当前序列每秒的帧数，则在 Sequencer 编辑器中执行"30fps"→"Sequence Display Rate"命令修改动画播放帧速率；同时，若修改时间轴的单位，则在 Sequencer 编辑器中执行"30fps"→"Show Time as"命令进行修改。

时间轴操作区下方显示的数字分别代表工作区和编辑器可见的起始帧、结束帧。Sequencer 编辑器可见的起始帧和结束帧代表的是当前 Sequencer 编辑器在当前窗口中显示的左右界限，拖动编辑器下方的滑动条会实时改变编辑器可见的起始帧和结束帧。

Sequencer 编辑器左侧为各个动画轨道的管理面板，管理当前序列不同轨道的序列内容，例如，为当前序列添加摄像机轨道、音频轨道等组合以满足需求。Sequencer 编辑器左下方的按钮用来控制动画的播放。

8.1.4　Sequencer 动画案例

本节将结合 Sequencer 编辑器的常用操作和动画轨道，介绍一个立方体的位移动画序列制作案例。

首先，在场景中添加一个立方体 Cube。现在将该立方体加入创建的序列中。选中 Cube，执行"+Track"→"Actor To Sequencer"→"Add 'Cube'"命令，如图 8-9 所示。也可以直接从世界大纲面板中选中创建的 Cube 对象，将其拖动到 Sequencer 编辑器左侧的区域中，即将 Cube 加入动画序列中。

在默认情况下会将 Actor 的 Transform 添加到序列中，作为可以设置动画的初始组件，然后为 Cube 设置位移动画。选择 Cube 的 Transform Track，并将播放指针指向第 0 帧，按 Enter 键，即可将 Cube 的初始变换设置为关键帧；如果需要设置多个关键帧，比如将第 120 帧也设置为关键帧，则将播放指针指向第 120 帧，修改 Cube 的位置和旋转角度，按 Enter 键，将其设置为关键帧，如图 8-10 所示。单击 Sequencer 编辑器左下角的播放按钮，可以在编辑器视口中浏览动画制作效果。可以通过向序列中添加更多的关键帧来进一步优化 Cube 的动画。

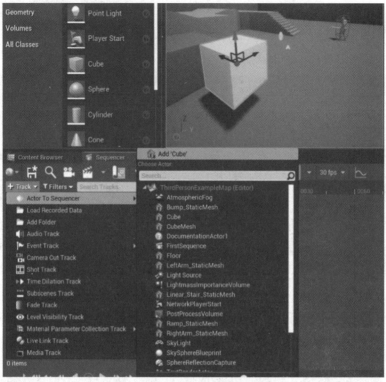

图 8-9　添加 Cube 到动画序列中

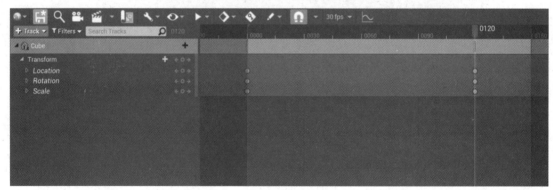

图 8-10　设置 Cube 的关键帧

8.2 Sequencer 轨道

Sequencer 是一个多轨道编辑器，与常见的剪辑和后期处理软件的操作方式类似，不同的轨道有不同的作用，将不同功能的轨道组合或者拼接起来便可以实现视频的合成输出。

8.2.1 镜头切换轨道

摄像机是制作过场动画的关键组件，Camera Cut Track 可以实现多个摄像机镜头切换，在时间轴上管理不同的摄像机，将各个摄像机输出的画面线性地拼接到一起。

打开上节中的案例，先在场景中添加一个 Cine Camera Actor（电影摄像机），将其命名为 SequenceCamera，如图 8-11 所示。电影摄像机相较于普通的摄像机功能更加强大，但参数也更为复杂，贴近真实拍摄情况。本节仅对其中用到的参数加以介绍。将刚创建的电影摄像机 SequenceCamera 拖入序列中，此时序列中多了两个轨道。其中一个为"Camera Cut Track"轨道，另一个为控制摄像机 Actor 的对象绑定轨道。此时可以看到镜头切换轨道中已经存在一段摄像机拍摄的画面。

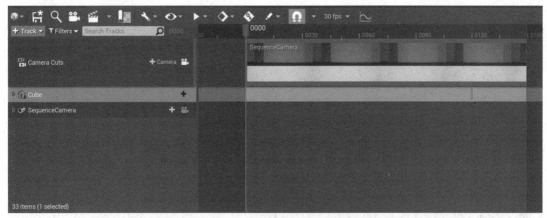

图 8-11　向序列中添加电影摄像机

接下来设置摄像机动画，在从世界大纲面板中拖动摄像机进入序列中时，默认已经将左侧的默认视口的视角更新为添加的摄像机 Actor 的视角，如图 8-12 所示，视口左上角显示导航已激活。

图 8-12　摄像机导航模式

单击导航模式左边的按钮即可退出摄像机导航模式，如图 8-13 所示。如果想再次进入导航模式，则需要在世界大纲面板中选中摄像机并右击，在弹出的菜单中选择导航模式。

图 8-13　单击导航模式左边的按钮退出摄像机导航模式

进入摄像机视角，方便直接调整摄像机的位置，从视口中可以直接了解当前摄像机的拍摄情况；进入导航模式后，调整摄像机的视角到合适位置，看到 Cube，将播放头标识拖动到序列的第 0 帧，选中摄像机，按 Enter 键添加关键帧。接着将播放头标识拖动到序列的第 120 帧，再调整摄像机视角，添加关键帧。此时摄像机和 Cube 的动画都已制作完毕，将镜头切换轨道中的视频片段拖满整个序列范围，并单击"Lock Viewport to Camera Cuts"按钮锁定镜头视角，如图 8-14 所示。

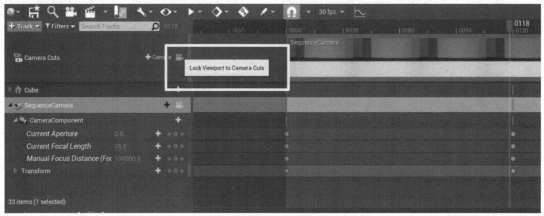

图 8-14　锁定镜头视角

这时拖动播放指针，不仅有 Cube 的位置旋转变换，还有摄像机镜头变换，单击播放按钮即可预览效果。如果一个序列中需要多个摄像机镜头组合，则涉及摄像机之间的切换，而镜头切换轨道可以帮助完成镜头之间的自动切换。在 SequenceCamera 的基础上，再在场景中添加一个电影摄像机。除了可以直接放置摄像机在场景中，还可以通过单击 Sequencer 编辑器左上方的摄像机图标来创建一个新的摄像机，并将其加入当前序列的镜头切换轨道中，如图 8-15 所示。

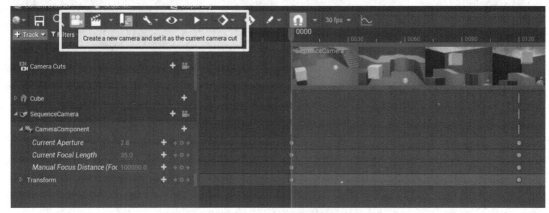

图 8-15　创建新摄像机

为当前序列又添加了一个电影摄像机，左侧的视口也进入导航模式。按照之前的步骤给序列中的新摄像机添加两个关键帧，如图 8-16 所示。

图 8-16　给新摄像机添加关键帧

目前镜头切换轨道中只有 SequenceCamera 拍摄的画面，需要将新摄像机拍摄的画面加入镜头切换轨道中，将 SequenceCamera 片段占比缩短至第 0～90 帧。接着单击镜头切换轨道的"+Camera"按钮，并选择新创建的电影摄像机，如图 8-17 所示。这样新摄像机拍摄的画面便被添加到镜头切换轨道中。

图 8-17　添加新片段

新的镜头片段被添加到镜头切换轨道中后，调整片段范围，与前一个片段相衔接，单击"Lock Viewport to Camera Cuts"按钮。单击播放按钮可以浏览镜头视角的切换画面。配合其他轨道还可以做出渐隐渐显的效果。可以注意到，通过在 Sequencer 编辑器中单击摄像机图标生成的电影摄像机与直接拖动到场景中生成的电影摄像机不同，且标志也有些区别，如图 8-18 所示。

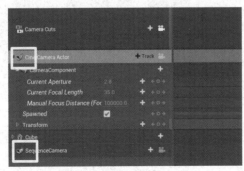

图 8-18　电影摄像机图标

通过在 Sequencer 编辑器中单击摄像机图标生成的电影摄像机可以临时在场景中生成，即使把场景中对应的摄像机删除掉，在播放序列时也会自动再生成并将其添加到场景中。

8.2.2 音频轨道

音频轨道（Audio Track）在虚拟制片或制作过场动画时用于添加音频或音效。本节将介绍 Sequencer 编辑器中的"Audio Track"。继续使用之前的案例，首先为工程导入初学者内容包，单击 Sequencer 编辑器中的"+Track"按钮，选择"Audio Track"选项，为序列添加一个音频轨道，如图 8-19 所示。

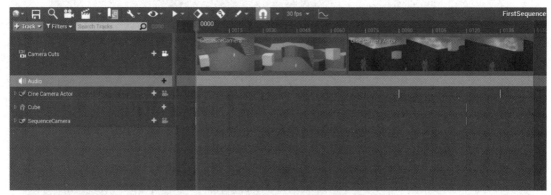

图 8-19 添加音频轨道

下面为音频轨道添加一段音频。单击音频轨道的"+Audio"按钮，选择 Starter_Wind05 作为背景声音，并将音频片段覆盖到整个序列中，如图 8-20 所示。单击播放按钮，可发现动画序列除摄像机及运动物体外，还有了声音。对于音频轨道，默认可以对音频资源的音调（Pitch）和音量（Volume）进行调节，如图 8-21 所示。

图 8-20 添加音频

图 8-21 默认可修改属性

此外，还可以将音频附加到 Actor、骨骼网格体及其骨骼上，以便创建音源和空间音效。

8.2.3　渐变轨道

有时需要在过场动画内实现淡入淡出效果，这可以通过在 Sequencer 编辑器中使用 Fade Track（渐变轨道）来完成。本节将继续完善之前的案例，在镜头切换时淡出当前镜头，再淡入下一个镜头。单击 Sequencer 编辑器中的"+Track"按钮，选择"Fade Track"选项，为序列添加一个渐变轨道。

将播放指针指向第 0 帧，选择加入的渐变轨道，将其值改为 1，按 Enter 键添加关键帧。将渐变轨道的值改为 1 后，关卡视口将显示为黑色，如图 8-22 所示。

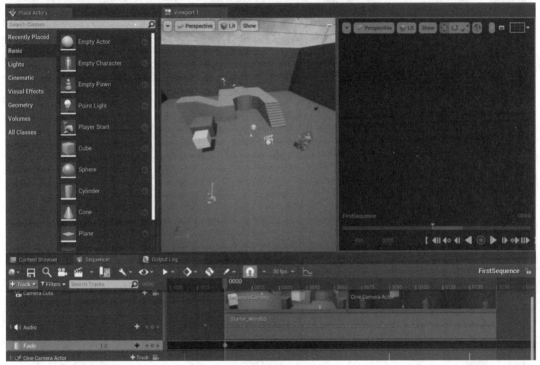

图 8-22　修改渐变轨道的值为 1

将播放头标识拖动到第 15 帧处，将渐变轨道的值改为 0 并添加一个关键帧。将渐变轨道的值改为 0，意味着不染色，关卡视口将正常显示。此时从第 0 帧开始，在关卡视口中单击播放按钮，则可以看到场景从黑到明亮的变化。同理，可以在两个摄像机镜头切换时分别添加一个淡出和一个淡入的关键帧，以缓和因为镜头突然切换而导致的视角突然变化。

8.2.4　播放速率轨道

通过播放速率轨道（Play Rate Track），可以使关卡序列中的片段加速或者减速播放。可以在场景中任何希望改变播放速率的时间点添加关键帧。更改序列的播放速率不仅会影响序列中的内容，还会影响引擎的全局时间膨胀。本节将调整播放速率，延缓场景中的播放速率。

在 Sequencer 编辑器中单击"+Track"按钮，选择"Play Rate Track"选项，为序列添加一个播放速率轨道，如图 8-23 所示（在 UE 4.27 版本中，播放速率轨道改名为 Time Dilation）。

选择创建的播放速率轨道，在第 0 帧处将其值改为 0.1 并设为关键帧；在第 30 帧处将其值改为 1 并添加关键帧。一般而言，播放速率都是恒定的，不会每帧都改变，而会在某个时间段内改变帧速率。选中播放速率轨道第 0 帧的关键帧并右击，在弹出的快捷菜单中选择 "Key Interpolation" 为 "Constant"，如图 8-24 所示。

图 8-23　添加播放速率轨道

图 8-24　修改关键帧插值方式

将起始关键帧的插值模式选择为恒定后，则第一个关键帧和第二个关键帧之间属性的数值不会自动过渡变化，这意味着从第 0 帧到第 30 帧的播放速率都恒定为 0.1。

将播放指针指向第 0 帧，单击播放按钮预览序列，可以观察到从第 0 帧到第 30 帧时间变得很慢，而且其他效果也会受到影响而变慢。在第 30 帧之后，播放速率恢复正常。

8.2.5　动画轨道

动画（Animation）轨道是 Sequencer 过场动画系统中较为重要的轨道。借助 Sequencer 中的动画序列资产，动画轨道可以将动画用于骨骼网格体 Actor，从而在序列片段中加入角色或运动动画来丰富序列。

在默认情况下，当骨骼网格体 Actor 类添加到 Sequencer 中时，动画轨道会在 Actor 的轨道下自动创建。也可以单击 Actor 轨道，在左侧单击"+Track"按钮，选择"Animation"选项，在弹出的 Animation Sequence 中选择一个动画序列，手动添加动画轨道，如图 8-25 所示。

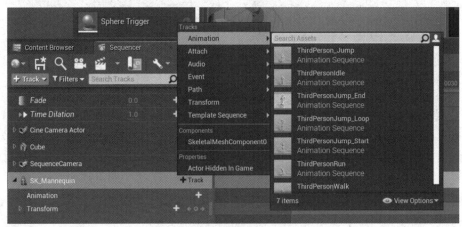

图 8-25　手动添加动画轨道

在当前播放头标识处创建带有动画序列分段的动画轨道。在 Content Browser 中选择文件夹"Content"→"Mannquuin"→"Character"→"Mesh"中的第三人称骨骼网格体 SK_Mannequin 并拖入场景中，将其添加到序列中作为动画轨道，选择动画序列 ThirdPersonIdle（注意，此处所列出的动画序列都经过了筛选，仅显示骨骼网格体兼容的动画），如图 8-26 所示。

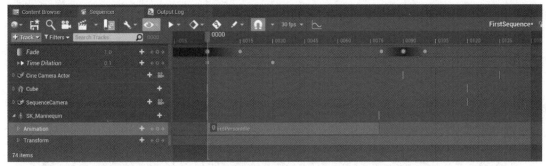

图 8-26　添加动画序列

拖动动画播放指针，可以看到骨骼网格体 Actor 的动作变化。如果播放头标识在动画序列外，则骨骼网格体 Actor 为默认 T 形造型；如果播放头标识在动画序列内，则骨骼网格体 Actor 为 Idle 动画造型，如图 8-27 和图 8-28 所示。

一个完整的动画序列较为复杂，且往往由多个动画片段序列拼接而成。动画轨道也支持多个轨道层、多个动画片段以各种方式进行混合。单击 Animation 旁的"+"按钮可以为骨骼网格体再添加一个动画序列 ThirdPersonRun，如图 8-29 所示。如果此时播放头标识在动画上，那么会为动画创建一个新的动画轨道层。

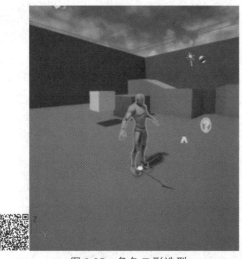

图 8-27　角色 T 形造型

图 8-28　角色 Idle 动画造型

图 8-29　添加新的动画序列

如果动画分别在两个动画轨道上，则可以展开动画轨道，显示图层的"Weight"属性，权重范围为 0～1，允许对动画层进行动态加权处理。此外，可以通过控制动画分段结束和开始时的混合曲线来调整动画片段间的过渡，混合曲线控制点位于动画分段的边缘上部，如图 8-30 所示，可以在选中控制点后调整开始和结束混合曲线。

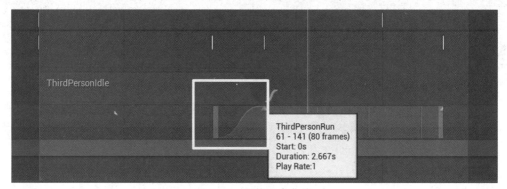

图 8-30　调整混合曲线

同时可以在不同的动画轨道之间拖动动画，将动画在不同轨道间移动。如果两个动画分段相交，则它们之间会形成一条自动混合曲线，如图 8-31 所示，并且在相交的时间内混合动画，让不同动画之间的过渡更加顺畅。

图 8-31　形成自动混合曲线

8.2.6　事件轨道

在 Sequencer 中，可以在要执行蓝图脚本功能的序列中定义帧事件，这通过事件轨道（Event Track）实现。在动画序列中可能会涉及场景中 Actor 的交互和状态改变，通过事件轨道可以实现相关功能。在 Sequencer 编辑器中单击"+Track"按钮，选择"Event Track"选项，然后选择"Trigger"（触发器）或"Repeater"（重复器）事件类型，添加事件轨道。二者的区别是，触发器事件会导致事件在关键帧相同的帧上求值，而重复器事件将在事件分段的时长内为每帧求值。除了可以直接创建事件轨道，还可以在对象绑定轨道下创建事件轨道，这会将事件绑定到该对象上，如图 8-32 所示。

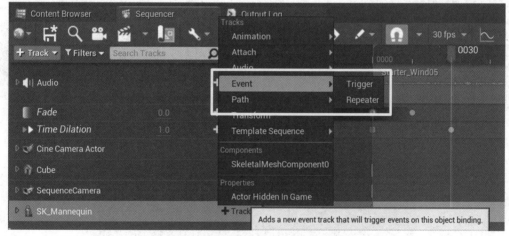

图 8-32　在对象绑定轨道下创建事件轨道

在 Sequencer 编辑器中单击"+Track"按钮，选择"Event Track"→"Trigger"选项，创建一个触发器事件，在第 30 帧处创建一个关键帧，如图 8-33 所示。但默认创建的事件关键帧是没有绑定任何事件的，运行场景也不会有相应的事件在第 30 帧处触发。下面先介绍导演蓝图和事件端点。

导演蓝图是事件轨道的逻辑中心，其将从事件端点开始执行蓝图可视化脚本。还可以在蓝图中指定参数和对象绑定，以便在整个脚本中传递变量和对象信息。每个关卡序列都有自己的导演蓝图，其中包含该序列中事件的所有逻辑。

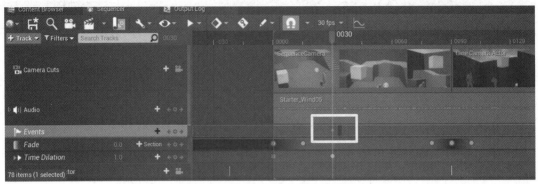

图 8-33   在第 30 帧处创建关键帧

在 Sequencer 编辑器中，可以使用多种方式打开导演蓝图。可以通过双击事件的关键帧或者片段打开导演蓝图，如果当前双击的事件未绑定，则双击后还会将事件绑定到新的事件端点上，如图 8-34 所示。

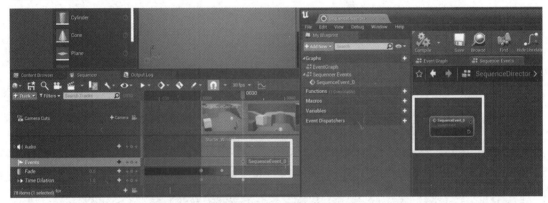

图 8-34   打开导演蓝图

也可以通过单击工具栏中的导演蓝图图标打开导演蓝图，如图 8-35 所示。

图 8-35   导演蓝图图标

无论是创建触发器事件还是创建重复器事件，都需要将其绑定到事件端点上，以便向其中添加逻辑。右击关键帧（使用触发器时）或者分段（使用重复器时），在弹出的快捷菜单中选择"Properties" → "Unbound" → "Create New Endpoint"选项，创建新的事件端点，如图 8-36 所示。这样就会将事件关键帧或片段绑定到新的端点节点上并打开导演蓝图。

图 8-36　创建新的事件端点

事件端点可以通过蓝图 Details 面板中的 Name 属性进行重命名，如图 8-37 所示。

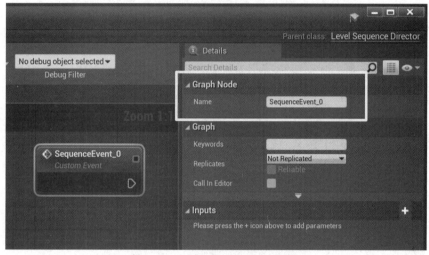

图 8-37　事件端点的 Name 属性

通过使用以上两种方式，第 30 帧的事件关键帧已经成功绑定了一个事件端点，这意味着当序列进行到第 30 帧时会调用导演蓝图中的事件 SequenceEvent_0。此外，一个事件端点可以被多个事件关键帧或分段共享，使用快速绑定菜单来共享事件端点，如图 8-38 所示。

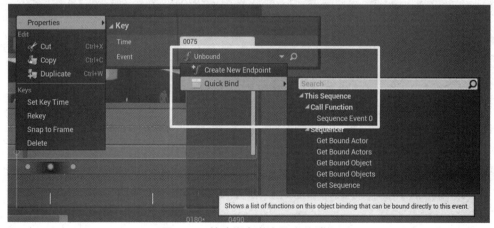

图 8-38　快速绑定存在的事件端点

以第 30 帧事件关键帧绑定的事件端点 SequenceEvent_0 为例，与蓝图自定义事件相似，事件轨道可以有与之关联的输入参数；也可以使用时间参数和有效负载在事件触发时将属性值发送给目标。要将参数添加到事件中，需先选择事件端点，然后单击 Details 面板中的"+New Parameter"按钮，如图 8-39 所示，在 Details 面板中和脚本的节点上创建新参数。

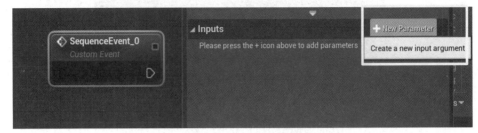

图 8-39　为事件端点添加参数

为 SequenceEvent_0 添加一个 String 类型的形式参数，将其命名为 Input String，并且在触发事件时将其打印出来，如图 8-40 所示。

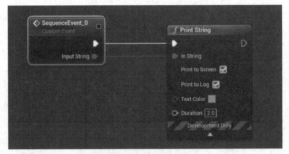

图 8-40　执行打印事件

然后在事件轨道第 30 帧的时间关键帧上右击，参数的额外属性显示在有效负载类别下，在此定义的参数值如图 8-41 所示，事件在执行时将发送这些值，为 SequenceEvent_0 的参数 Input String 赋予"第 30 帧"。

图 8-41　填写事件端点参数值

但在预览序列时并不会调用并触发事件。在世界大纲面板中选中序列，勾选"Auto Play"复选框，则在运行场景时该序列就会自动播放。

以上便是触发一个事件轨道的触发器事件的例子。除此之外，事件轨道还可以创建在对象绑定轨道下，如图 8-42 所示，其事件节点的目标对象将绑定到事件轨道添加的对象上，如图 8-43 所示，这样就更容易对序列中的特定 Actor 编写脚本函数，可以直接对对象调用函数。

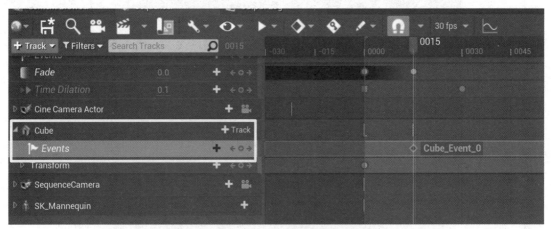

图 8-42　在对象绑定轨道下添加触发器事件

图 8-43　事件节点将绑定对象作为参数

关键帧或分段上下文菜单还会公开一个额外的属性，将绑定的对象传递给此事件要绑定的对象参数，如图 8-44 所示。如果已经将额外的对象或蓝图接口添加到端点节点上，则它们在这里是可以选择的。

图 8-44　额外属性

如果没有为对象绑定事件指定一个端点节点，则可以使用快速绑定命令添加与绑定的对象直接相关的脚本函数，如图 8-45 所示，类似于从蓝图中的对象引用调用函数。

在序列中事件轨道还有很多功能和属性没有介绍，结合项目开发和 UE 的官方文档，大家可以继续深化事件、蓝图相关知识的理解和运用。

图 8-45 快速绑定

8.2.7 主序列

在 Sequencer 中，可以利用主序列和镜头整理过场动画内容。主序列是包含多个其他序列的序列。这些序列布局为镜头剪辑片段，类似在 Premiere 等其他非线性编辑软件中的情形。可以为镜头添加内容，如摄像机、角色和其他 Actor。镜头可以修剪并移动到主序列中的任意位置，实现完整的非线性编辑体验。

主序列和关卡序列之间并没有什么本质区别，关卡序列在包含镜头切换轨道和镜头时被称为主序列。当序列中存在镜头时，将启用额外的行为和功能，以支持基于镜头的工作流程。

如果要创建主序列，则可以直接创建镜头切换轨道。单击 Sequencer 编辑器中的"+Track"按钮，选择"Shot Track"选项，创建镜头切换轨道。

同时，还可以在 UE 编辑器的主工具栏中执行"Cinematics"→"Add Master Sequence"命令添加主序列。之后界面中将显示对话窗口，可以为主序列及其镜头的创建和管理设置属性，如图 8-46 所示。单击"Create Master Sequence"按钮。

图 8-46 主序列属性设置

8.3　电影渲染设置

借助 Sequencer，可以以视频或者图像格式渲染过场动画，可以将场景渲染为 AVI 视频格式，或者以 BMP、EXR、JPG 等图像文件格式进行渲染，也可以自定义渲染通道来渲染场景深度、次表面颜色等。

访问渲染电影设置并渲染过场动画，单击 Sequencer 编辑器中的"Render Movie"按钮，可以在弹出的对话框中定义过场动画的渲染方式。电影渲染设置如图 8-47 所示。

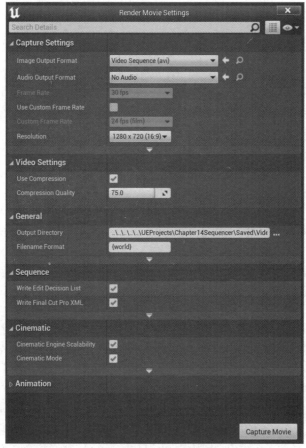

图 8-47　电影渲染设置

单击"Capture Movie"按钮，就可以以期望的图像输出格式开启渲染过程，将会在编辑器的右下角看到正在采集状态消息，渲染完成后会在编辑器的右下角看到采集完成状态消息。

第 9 章

物理系统

图形引擎的真实感不仅来自画面和各种视觉效果，在场景中增加物体间的碰撞效果，模拟物体的动力学和运动学也有助于提升物体运动的真实感和沉浸感。物理系统是图形引擎的核心组成部分。UE 使用由 NVIDIA 提供的 PhysX 物理引擎来驱动引擎的物理模拟计算并执行所有的碰撞计算。物理引擎子系统提供了执行准确的碰撞检测及模拟对象之间的物理互动功能。

本章主要内容如下。

- 物理引擎简介。
- 物理约束。
- 物理材质。
- Chaos 系统。

9.1 物理引擎简介

随着计算机 CPU 和 GPU 的不断更迭，图形化的计算性能得到了飞跃式的提升，各类引擎也尝试将真实的物理规律引入图形化的计算中。从最开始简单的质点模型、粒子模型，到现在复杂的布料、流体、烟雾等物理计算模拟，越来越多复杂的效果能供开发人员选择和应用。现在主流的 3D 物理引擎有 PhysX、Bullet 等，这些引擎也广泛用于游戏和影视行业中。

UE 使用 PhysX 作为物理引擎。相比 Bullet，PhysX 拥有更完整的开发团队，并且 PhysX 包含对布料、破碎、车辆及角色模拟等的完整支持，可以帮助 UE 提升物理效果的质量和真实感。但是，物理模拟是一个复杂的课题，所以建立一个物理模拟框架和对引擎物理系统的了解是这一章的重点。下面通过几个主要的应用场景来了解 UE 的物理引擎。

9.1.1 碰撞

在 UE 中，物理系统的功能广泛应用于碰撞及碰撞响应，通过碰撞和不同的响应方式可以组合出不同的交互功能，从而实现多种效果。碰撞响应和追踪响应构成了 UE 在运行时处理碰撞和光线投射的基础。能够碰撞的每个对象都有对象类型和一系列的响应类型，用来定义它与其他对象交互的方式。当碰撞或者重叠事件发生时，涉及的两个对象都会起到或受到阻挡、重叠或忽略的作用。追踪响应的原理基本相同，唯一的区别是光线追踪本身可以定义为一种追踪响应类型，因此 Actor 可以根据其追踪响应设置为阻挡或忽略。

9.1.2 碰撞预设

首先介绍碰撞属性类别中的碰撞预设值及其子类别中的属性。UE 碰撞预设值覆盖了开发过程中一系列常见的碰撞需求，并且根据不同的碰撞预设值分别为子类别属性赋予不同的初值。作为 UE 的初学者，可以简单地将碰撞预设视作该对象自身的碰撞类型的设置，为该对象赋予一个"物理身份"，从而根据不同的预设对其他不同类型的对象做出不同的反应。

以下是一个骨骼模型的碰撞属性面板，如图 9-1 所示。

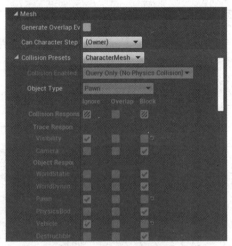

图 9-1　碰撞属性面板

Collision Presets 可以视作承载物体整体的一个类别，例如，该碰撞设置隶属于一个骨骼模型，而骨骼模型多用于人物角色，所以 Collision Presets 可以设置为人物模型 CharacterMesh，碰撞预设及其子类别中的属性值都被设置。假设将要对场景中的石头 Actor 设置属性，则可以将该 Actor 的网格体的碰撞预设设置为 BlockAll，代表该 Actor 是一个静态对象，会阻挡其他所有对象类型的 Actor。

在 UE 中，提供了几个常用的碰撞预设，如表 9-1 所示，不同类别的预设代表 Actor 在场景中的不同作用。

表 9-1　常用的碰撞预设

碰撞预设	说　　明
NoCollision	无碰撞
BlockAll	默认情况下阻挡所有 Actor 的 WorldStatic 对象
OverlapAll	默认情况下与所有 Actor 重叠的 WorldStatic 对象
BlockAllDynamic	默认情况下阻挡所有 Actor 的 WorldDynamic 对象
OverlapAllDynamic	默认情况下与所有 Actor 重叠的 WorldDynamic 对象
Pawn	Pawn 对象可用于任意可操作角色或 AI 的胶囊体
CharacterMesh	用于角色网格体的 Pawn 对象
Custom	为此实例设置所有自定义碰撞设置

以上便是经常被使用的碰撞预设，还有其他预设没有列出，大家可以根据 UE 官方文档和说明去理解其他预设所代表的含义。

Collision Enabled（启用碰撞）类似于一个总开关，设置了物体的物理碰撞类型。Collision

Enabled 有 4 种状态，如表 9-2 所示。

表 9-2　Collision Enabled 的 4 种状态

状　　态	说　　明
No Collision	不可用于空间查询（光线投射、重叠）或物理模拟（刚体、约束），也不会产生任何碰撞事件
Query Only	仅可用于空间查询（光线投射、重叠），不可用于物理模拟（刚体、约束），可以产生碰撞事件
Physics Only	仅可用于物理模拟（刚体、约束），不可用于空间查询（光线投射、重叠），且不产生碰撞事件
Collision Enabled	可用于空间查询（光线投射、重叠）和物理模拟（刚体、约束）

接下来使用一个蓝图案例来演示 Collision Enabled 的不同状态的作用。

首先，定义一个蓝图类 BP_EnableCollisionTest，在默认根组件下添加一个静态网格体模型组件，将其命名为 Box，蓝图类的组件层级如图 9-2 所示。为 Box 选择一个模型，将 Box 的碰撞属性下的 Collision Presets 设置为 Custom，如图 9-3 所示。默认不勾选 Box 的"Simulate Physics"复选框，生成 Box 的 OnComponentHit 事件，将与其发生碰撞的 Actor 的名称输出。

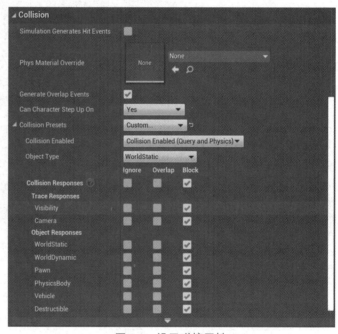

<table>
<tr><td>图 9-2　蓝图类的组件层级</td><td>图 9-3　设置碰撞属性</td></tr>
</table>

以第三人称人物蓝图模板为基础，为第三人称人物添加新的功能。按 Tab 键可以向着视角前方发射一条射线与沿途的 Actor 求交，如果射线检测到了 Actor，则打印第一个检测到的 Actor 的名称。按 Tab 键触发事件的主要蓝图节点如图 9-4 所示。

注意，此处设置射线的通道为 Visibility，如果射线检测到了 Actor，则将穿过 Actor 的射线颜色变成绿色。

将第三人称人物和蓝图类 BP_EnableCollisionTest 拖入场景中。每次将场景中蓝图类实例下的 Box 组件的启用碰撞设置为表 9-3 中的一种，控制第三人称人物与 Box 的蓝图类发生碰撞，对着 Box 按 Tab 键进行射线检测。

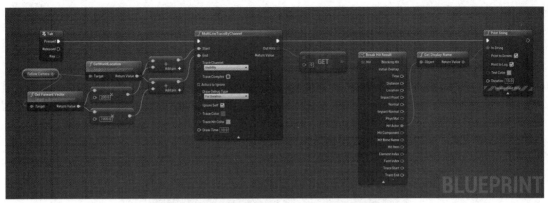

图 9-4　按 Tab 键触发事件的主要蓝图节点

表 9-3　启用碰撞设置

Collision Enabled	OnComponentHit 事件	射线检测
No Collision	不产生碰撞，人物可以穿过 Box	不会检测到该蓝图类，而是会穿过直接检测到地面 Floor
Query Only	产生碰撞，人物被 Box 阻挡并触发 Box 的 OnComponentHit 事件，打印场景中第三人称人物实例的名称，如图 9-5 所示	射线可以检测到该蓝图类，检测到后打印承载 Box 的蓝图类实例名称
Physics Only	不产生碰撞，人物可以穿过 Box，如图 9-6 所示	不会检测到该蓝图类，而是会穿过直接检测到地面 Floor
Collision Enabled	产生碰撞，人物被 Box 阻挡并触发 Box 的 OnComponentHit 事件，打印场景中第三人称人物实例的名称	射线可以检测到该蓝图类，检测到后打印承载 Box 的蓝图类实例名称

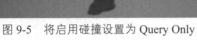

图 9-5　将启用碰撞设置为 Query Only　　　图 9-6　将启用碰撞设置为 Physics Only

　　如果按以上测试，则将启用碰撞设置为仅物理（Physics Only）和无碰撞（No Collision）时并没有差别，但是将 Box 蓝图的蓝图类向上移动一些距离，并且启用 Box 的 Simulate Physics 属性，再将启用碰撞设置为仅物理后再次测试，Box 会模拟物理效果掉下，并且可以与人物产生碰撞效果，但是不会触发碰撞事件和射线检测。若在相同情况下将启用碰撞设置为无碰撞或仅查询（Query Only），就不会产生正确的物理效果，结束运行后还会发出警告，指明模拟物理和启用碰撞的设置并不兼容。

　　以上案例可以加深对碰撞预设下的启用碰撞设置的理解，每一种启用碰撞状态都有对应的应用场景，应该针对不同的应用情况和需求进行设置。

在碰撞预设下还有两个重要的属性，分别是对象类型（Object Type）及碰撞响应（Collision Responses），这两个属性往往相结合产生作用。以场景中 Cube 的碰撞属性为例，如图 9-7 所示。

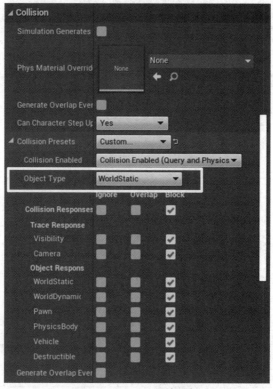

图 9-7　Cube 的碰撞属性

该静态网格体的对象类型是 WorldStatic，可以理解为放在世界场景中的不移动的 Actor。对象类型代表了该 Actor 在世界场景中的物理状态，不同的属性值赋予了 Actor 不同的意义。例如，放置在场景中的石头，对象类型应该设置为 WorldStatic；而场景中可移动的电梯，对象类型应该设置为 WorldDynamic，表示该 Actor 并不是固定不动的。UE 基础对象类型及其说明如表 9-4 所示。

表 9-4　UE基础对象类型及其说明

Object Type	说　　明
WorldStatic	应用于不移动的任意 Actor
WorldDynamic	应用于受到动画或代码的影响而移动的 Actor
Pawn	任何由玩家控制的实体的类型都应为 Pawn
PhysicsBody	由于物理模拟而移动的任意 Actor
Vehicle	载具的默认类型
Destructible	可破坏物网格体的默认类型

Collision Responses 定义了此物理体与所有其他类型的 Actor 和对象类型交互的方式，如图 9-8 所示。后续操作是由两个物理体之间的交互定义的，因此两个物理体的 Object Type 和 Collision Responses 属性都很重要。

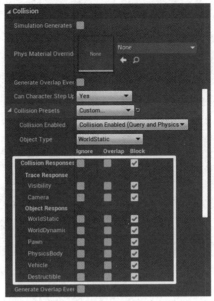

图 9-8 Collision Responses 属性

以场景中蓝图实例下的 Cube 的碰撞响应为例，该 Cube 将阻挡其他所有类型的信道和所有对象类型的 Actor。

具体碰撞响应的 3 个选项及其说明如表 9-5 所示。

表 9-5 碰撞响应的 3 个选项及其说明

Object Type	说　明
Ignore	无论另一个物理体碰撞响应为何，此物理体都将忽略交互
Overlap	如果已将另一个物理体设置为 Overlap 或 Block，则此物理体的对象类型将发生重叠事件
Block	如果已将另一个物理体设置为 Block，则此物理体的对象类型将发生碰撞事件

以上便是 UE 中物理碰撞的介绍，也是物理系统在引擎中最广泛的应用。通过以上对碰撞属性的介绍，我们对物理碰撞有了进一步的了解。下面通过示例介绍常见的碰撞交互（所有的交互对象的启用碰撞都设置为启用），这些常见的碰撞交互示例可以加深对碰撞中的各种子属性含义的理解。

9.1.3 碰撞交互

首先添加两个蓝图类 BP_Ball 和 BP_Wall 作为相互交互的对象，同时开启 BP_Ball 球体和 BP_Wall 立方体的模拟物理属性。在 BP_Ball 的 Tick 事件中，为球体施加 Y 轴负方向上 10000 千克的力以模拟球体受力移动。运行场景后，小球便会向着墙壁做加速运动，如图 9-9 所示。

球体和墙壁碰撞设置如图 9-10 和图 9-11 所示。

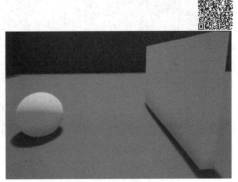

图 9-9 场景摆放

图 9-10　球体碰撞设置

图 9-11 墙壁碰撞设置

默认将球体的对象类型设置为 PhysicsBody，模拟物理上的受力加速；将墙壁的对象类型设置为 WorldDynamic。

设置碰撞响应的对象类型为 Block，运行场景，两个 Actor 将会发生碰撞，而且由于都开启了模拟物理属性，因此小球还会加速运动，将墙壁撞倒，如图 9-12 所示。如果关闭墙壁的模拟物理属性，则小球会被阻挡在墙壁前面，不会把墙壁撞倒。

碰撞属于物理交互中的基本功能，一般来说场景中运动的物体都需要进行碰撞检测，以便触发交互事件。在碰撞属性面板中勾选"Simulation Generates Hit Events"（模拟生成命中事件）复选框，如图 9-13 所示，即可触发蓝图事件，如 Receive Hit 和 On Component Hit 事件。

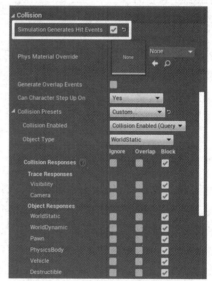

图 9-12　小球加速运动将墙壁撞倒

图 9-13　勾选"Simulation Generates Hit Events"复选框

为了排除可能存在的干扰，将球体与 Pawn 等类型的物体碰撞响应设置为 Ignore，墙壁也同理。此外，设置球体的模拟生成命中事件，这样每当发生碰撞时，其就会针对自己触发事件。生成球体的 On Component Hit 事件，如图 9-14 所示，添加部分蓝图节点实现功能。

如果碰到的 Actor 是 BP_Wall 类，则输出 Hit With Wall 提示信息。

图 9-14 生成球体的 On Component Hit 事件

在球体撞到墙壁的瞬间，输出 Hit With Wall 提示信息，成功触发了蓝图事件。球体通过设置模拟生成命中事件可以知道自己发生了碰撞，从而触发蓝图事件；此时也设置墙壁的模拟生成命中事件，并实现 Event Hit 事件输出与自己发生碰撞的 Actor 在场景中的名称，如图 9-15 所示。

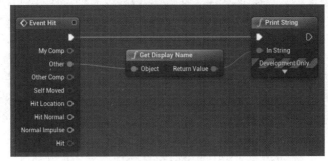

图 9-15 设置墙壁的模拟生成命中事件

运行场景，当球体碰到墙壁时，会打印输出两次，分别输出球体和墙壁的碰撞通知，如图 9-16 所示。

除了碰撞交互，重叠和忽略也是开发时经常用到的功能。为了实现球体和墙壁碰撞时的重叠响应处理，将球体的 WorldDynamic 设置为 Overlap，并且不启用球体和墙壁的 Generate Overlap Events。对于墙壁而言，还是 Block 物理体，但是只有两个 Actor 都设置为阻挡，彼此相应的对象类型才会发生碰撞。因为禁用了 Generate Overlap Events，所以重叠和忽略的效果是完全相同的。此时运行场景，球体会与墙壁重叠，如图 9-17 所示。如果此时将球体碰撞设置为 WorldDynamic，则效果也是一样的。

图 9-16 碰撞通知

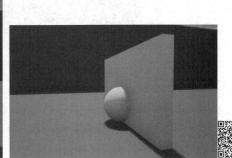

图 9-17 球体与墙壁重叠

重叠与忽略的不同之处是，重叠可以触发对应的重叠事件，例如 On Component Begin

Overlap 事件和 On Component End Overlap 事件会产生不同的作用或效果。但是要注意，为了使重叠发生，两个 Actor 都要在碰撞设置中启用 Generate Overlap Events，并且生成球体的 On Component Begin Overlap 和 On Component End Overlap 事件，在发生重叠和结束重叠时进行打印输出，如图 9-18 所示。

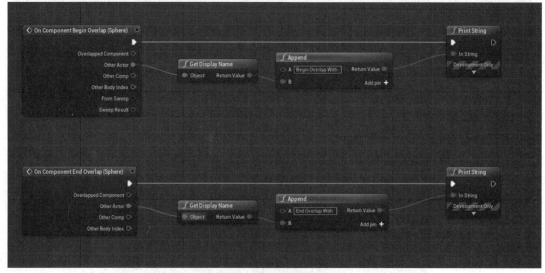

图 9-18　重叠事件处理蓝图

此时运行场景，在球体和墙壁开始重叠时及球体与墙壁完全分离时，两个事件分别被触发，进行打印输出，如图 9-19 所示。

图 9-19　输出效果

通过以上 4 种情况分别对碰撞、碰撞事件、重叠和忽略、重叠事件进行了讲述，可以覆盖不同开发需求和功能实现。

9.2　物理约束

UE 中的物理约束可以用来改变物体的受力情况，并且根据设定值及约束力的大小来改变物体的运动轨迹。物理约束可以用来模拟许多物理现象。

9.2.1　物理约束 Actor

物理约束 Actor 是一种链接点。在 Place Actors 面板中找到 Physics Constraint Actor，将其拖入场景中。选中 Actor 后，在 Details 面板中可以看到它的属性。在 Constraint 属性栏下，分别给 Constraint Actor 1 和 Constraint Actor 2 指定场景中的 Actor 对象。在场景中利用 Place Actors 面板创建两个 Sphere 对象，并将它们分别赋值给 Constraint Actor 1 和 Constraint Actor 2，如图 9-20 所示。

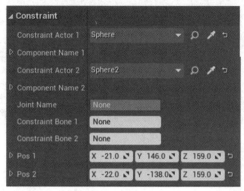

图 9-20　约束属性设置

此时两个 Sphere 都是静止的，运行场景并不会有任何效果。选择两个 Sphere 中的任意一个，在 Details 面板的 Pyhscies 属性列表中，选中 Simulate Physics，并单击"Play"按钮旁边的下拉箭头，选中 Simulate 模式运行。此时设置为模拟物理的球体开始绕着物理约束 Actor 摆动起来，如图 9-21 所示。如果两个约束球体都选择了模拟物理，则各自会做自由落体运动，不受物理约束限制。

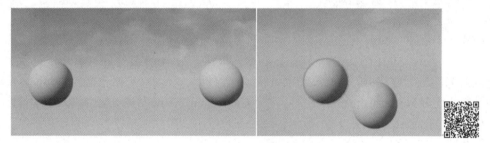

图 9-21　球体的初始状态和摇摆状态

重新选中物理约束球体，在 Details 面板中分别在线性限制（Linear Limits）和角度限制（Angular Limits）栏中对刚度和阻尼进行限制约束，如图 9-22 所示。约束限制分为 Free、Locked 和 Limited 3 种。Free 表示不对该轴向和角度进行限制；Locked 表示对该轴向或者角度进行完全限制，无法进行位移或者旋转；Limited 表示可以自由设置某一轴向或者角度的限制。当选择 Limited 时，下方的限制属性值可以进行编辑。以角度约束为例，将设置为模拟物理的 Sphere 设置为 Locked，并将 Twist Motion 设置为 Locked。此时 Sphere 因为受到了角度的约束无法绕物理约束 Actor 做运动，具体各方向的约束如表 9-6 所示。

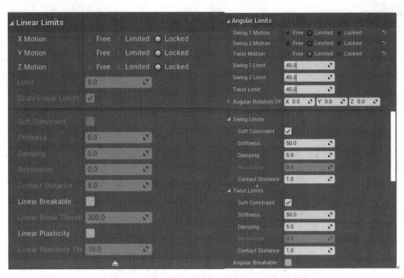

图 9-22　球体的线性限制和角度限制设置

表 9-6　角度约束限制

限　　　制	描　　　述
Swing1 Limit	沿 XY 平面移动的角度
Swing2 Limit	沿 XZ 平面移动的角度
Twist　Limit	沿 X 轴的 Roll 对称角度

9.2.2　物理约束组件

　　物理约束组件的使用方法和物理约束 Actor 一样，不同之处在于物理约束组件可以配合蓝图和 C++ 更加灵活地使用。

　　创建一个蓝图 Actor，在蓝图编辑界面创建两个静态网格体组件及一个物理约束组件，如图 9-23 所示，并且在其中一个需要被当作被限制物体的组件的 Details 面板中勾选 "Simulate Physics" 复选框。与物理约束 Actor 不同的是，物理约束组件需要手动输入限制的组件名称。选中 PhysicsConstraint 组件，在 "Component Name" 文本框中输入创建的两个静态网格体组件的名称，如图 9-24 所示。最后在角度限制中修改摇摆限制和转角限制，编译并保存蓝图。

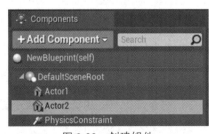

图 9-23　创建组件

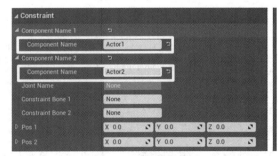

图 9-24　设置组件名称

　　将创建好的蓝图 Actor 放在场景中，运行场景，效果如图 9-25 所示。

图 9-25 场景效果

9.3 物理材质

物理材质用来定义物理对象与场景动态交互时的响应，它并不像材质球一样可以被直观地看见，而是提供了一组与物理模拟相关的默认值，比如物体表面的摩擦力和弹力等。

9.3.1 物理材质的创建

在 Content Browser 中执行"Add/Import"→"Physics"→"Physical Material Mask"命令，创建物理材质，如图 9-26 所示。

图 9-26 创建物理材质

双击打开新创建的物理材质，具体材质属性及其描述如表 9-7 所示。

表 9-7　物理材质属性及其描述

属性名称	描　述
Friction	表面摩擦力值，控制物体在表面上滑动的容易程度
Friction Combine Mode	调整物理材质摩擦力的组合方式，调整两个相接触物体的摩擦力，默认值为平均，在合并模式开启的情况下可以修改
Restitution	物体表面弹力，其值越小表示碰撞后自身保留的能量越少，其值越大表示碰撞后自身保留的能量越多
Restitution Combine Mode	调整物理材质恢复力的组合方式，调整两个相碰撞物体的恢复力，默认值为平均，在合并模式开启的情况下可以修改
Density	物体的密度，其值越大，物体的质量越大

9.3.2　物理材质的使用

运用前面所学的物理约束知识创建添加物理材质后的小球的弹力碰撞模拟。新建一个 Actor 蓝图，命名为 Bp_FrictionExperience，添加物理约束组件及两个静态网格体组件。将 Shape_Sphere 复制给两个静态网格体组件，并且将第一个小球的位置设置为(0,-200,-158)，将第二个小球的位置设置为(0,200,-158)。启用第二个小球的模拟物理选项，在 Details 面板的 Collision 选项卡中，将新创建的物理材质赋予小球。选中物理约束组件，在 Details 面板中将两个小球的名称输入 Component Name 文本框中。最后在第一个小球下面再添加一个球形碰撞组件，如图 9-27 所示。

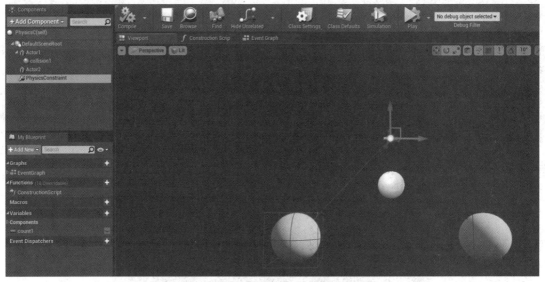

图 9-27　小球碰撞物理材质的使用

在蓝图编辑界面创建一个整型变量 count1，用来记录两个小球的碰撞次数。每碰撞 1 次，count1 自动加 1，并且输出到屏幕上，蓝图节点如图 9-28 所示。通过设置两个不同恢复力 （Restitution）的值，如图 9-29 所示，根据碰撞次数不同观察物理材质的效果。

通过对比将物理材质的恢复力的值设置为 1 及设置为 0.5 时，两个小球相撞的次数分别为 8 次和 4 次，可以观察到物理材质对运动物体的影响。

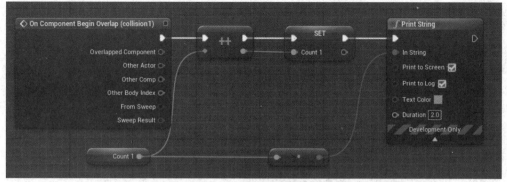

图 9-28　小球碰撞次数统计蓝图脚本编辑

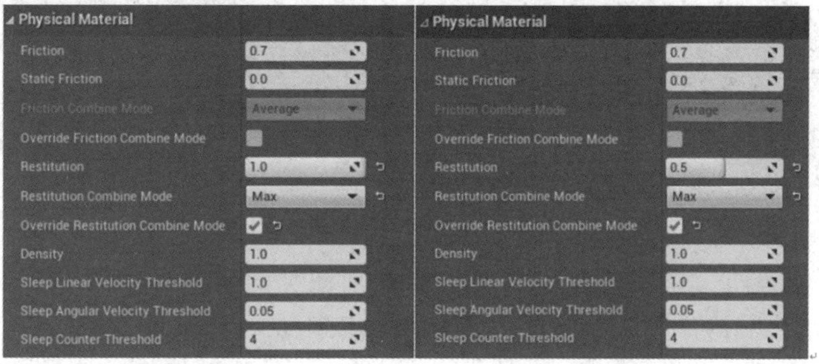

图 9-29　将恢复力的值设置为 1（左）和将恢复力的值设置为 0.5（右）

9.3.3　物理材质的应用

本节介绍材质表面属性的使用。例如，走在草地上和走在木板上的感觉是不一样的，走在草地上能感受到松软的泥土，而走在木板上能感受到材质表面的坚硬。将材质球赋予一个平面只能实现视觉上的模拟，而想要实现更加逼真的效果，就需要模拟真实世界中的物理反馈。比如，在游戏中模拟角色在不同材质的地面上奔跑时会出现不同的声音反馈及烟尘反馈，这些都可以通过物理材质中的材质表面属性来实现。

创建一个第三人称模板工程，并且带初学者内容包。打开项目后，执行"Edit"→"Project Settings"→"Physics"命令，在 Physical Surface 中添加需要的材质。这里添加了两个材质表面，分别为 Wood（木头）和 Grass（草地），如图 9-30 所示。

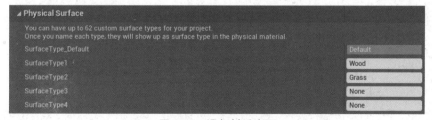

图 9-30　添加材质表面

创建一个继承自 PhysicalMaterial 的蓝图类，并将其命名为 Bp_PhysicalMaterialN。打开新创建的蓝图类，添加一个变量类型为 Sound Cue 的变量，如图 9-31 所示。

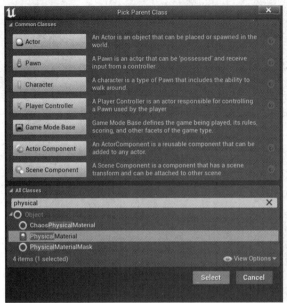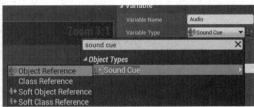

图 9-31　添加变量

接下来创建两个以 Bp_PhysicalMaterialN 蓝图类为父类的物理材质 PM_Wood 和 PM_Grass。打开这两个物理材质后，会发现在最上方有一个 Audio 属性，即前面在蓝图中添加的属性。创建好物理材质后，选择初学者内容包中的木头材质和草地材质，在材质编辑界面分别将 PM_Wood 和 PM_Grass 添加到物理材质栏中。

在 Content Browser 中，执行"Mannequin"→"Animations"命令，在这个文件夹中包含第三人称人物的动画。双击 ThirdPersonRun，打开跑步动画序列。只有角色在脚落地时才会触发声响，因此找到跑步时左脚接触地面和右脚接触地面的瞬间创建一个通知。当人物在跑步过程中脚接触地面时就会调用这个通知，从而完成事件设定，如图 9-32 所示。

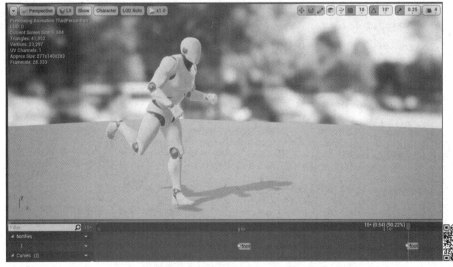

图 9-32　为跑步动画序列创建通知

创建好通知后，需要对通知的具体内容进行实现。在脚踩到地面的瞬间，会从人物腰的位置向下 200 个单位进行射线检测，并根据检测到的物理材质的类型做出不同的响应。具体实现如下。

打开第三人称人物动画蓝图，在事件图表中创建通知事件 AnimNotify_foot，并使用射线检测节点 LineTraceForObjects，将起始位置设置为角色的位置，将终点位置设置为角色的位置在 Z 轴方向上减去 200 个单位的位置，将射线检测的物体设置为 WorldStatic。这样，当射线碰到静态物体时就会自动获取该物体的物理材质信息，并输出物理材质名称。动画蓝图节点连接如图 9-33 所示。

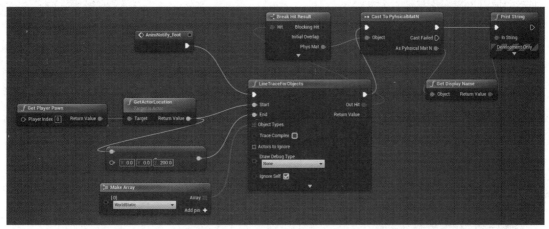

图 9-33　动画蓝图节点连接

编译并保存后，回到默认场景编辑器中，放置两个平面对象到场景中，并且将设置好的两个材质球赋予这两个平面。最后将第三人称人物拖到场景中，并在 Details 面板中将 AutoPossessPlayer 设置为 Player0。运行场景，可以看到在视口的左上角会打印出不同材质地板的名称，如图 9-34 所示。

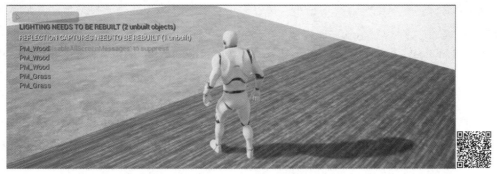

图 9-34　打印出不同材质地板的名称

在实际的应用过程中，也可以根据自定义的物理材质蓝图来得到想要实现的效果，比如踩到不同材质的地面上实现不同声音的反馈、实现不同地面脚印的不同及实现不同的烟尘效果等。

9.4　Chaos 系统

Chaos Physics 是一款轻量级的物理解算器，目标是取代 PhysX 作为 UE 4 的独立物理引擎。要完全替代 PhysX 工作量是巨大的，到目前为止，官方仅推出了物理引擎破坏功能。本节介绍如何在 UE 4 中使用 Chaos 及破坏系统。

9.4.1 Chaos 的使用

由于 Chaos 还处于测试阶段，因此若要使用 Chaos，则只能对 UE 4 源码版进行修改或者使用官方自带的 UE 4.27 Chaos 版本。针对 UE 4.23 到 UE 4.27 版本，都可以使用 UE 官方提供的源码版启用 Chaos，具体步骤如下。

（1）下载 UE 源码版，登录 Epic 官网，在个人设置的链接中绑定 GitHub 账号，之后在邮箱中加入 UE 开发者。

（2）进入 UE GitHub 仓库下载源码。

（3）解压文件，在 Engine/Source 文件夹下，打开 UE4Editor.Target.cs，添加一行代码"BuildEnvironment = TargetBuildEnvironment.Unique; bCompileChaos = true; bUseChaos = true"。

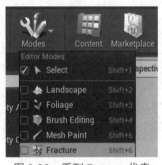

图 9-35　看到 Fracture 代表 Chaos 启用成功

（4）依次运行引擎根目录下的 Setup.bat 和 GenerateProjectFiles.bat。

（5）使用 Visual Studio 打开 UE4.sln，将解决方案配置设置为 Development Editor，将解决方案平台设置为 64 位版本的 Windows，右击 UE 目标并选择 Build。

（6）将启动项目设置为 UE，在 UE 项目上右击，在打开的快捷菜单中选择"Debug"→"Startnewinstance"选项。

（7）打开 UE 后，进入插件页面，将 Chaos 插件打开。

在"Modes"下拉列表中看到 Fracture 代表 Chaos 启用成功，如图 9-35 所示。

9.4.2 破坏系统

Chaos 破坏系统是 UE 中的工具集，可以用于实时破坏效果。该系统依赖于几何体集、碎碎和簇。还有一些其他工具可用于控制破坏几何体集。

单击"Modes"下拉按钮，在下拉列表中选择"Fracture"功能，打开破碎编辑器界面，如图 9-36 所示。借助破碎编辑器及模式工具菜单可以创建自定义的破碎对象及该对象的破碎方式。接下来对 Chaos 破坏系统的使用流程进行介绍。

1．创建几何体集

创建几何体集是使用 Chaos 的前提，从放置 Actor 中将一个立方体拖到场景中。选中这个立方体，单击模式工具栏中的新建按钮，选择一个保存路径后，会自动创建一个几何体集。可以仅仅对一个简单的 Actor 创建几何体集，比如创建一个柱子或者一面墙等。对于比较复杂的模型，也可以通过一次选中多个物体创建一个几何体集。

2．破碎功能的实现

UE 提供了几种破碎方式，选择不同的破碎方式可以直接在视口中看到不同的破碎效果。选中创建好的几何体集，在模式工具栏中选择"Uniform"（统一）破碎方式，将 Uniform Voronoi 下的 Minimum Voronoi Sites 和 Maximum Voronoi Sites 均设置为"20"，单击"FRACTURE"按钮，可以在视口中看到几何体集上面的裂痕，如图 9-37 所示。通过调节其他的属性，可以改变破碎的切割方式及每一个破碎块的形态。

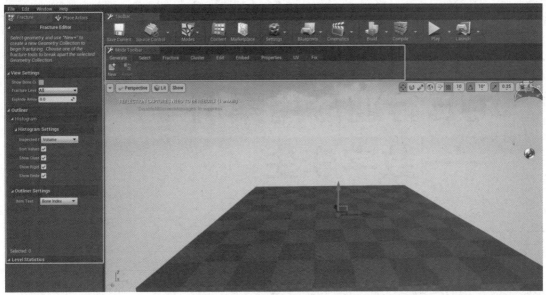

图 9-36 破碎编辑器界面

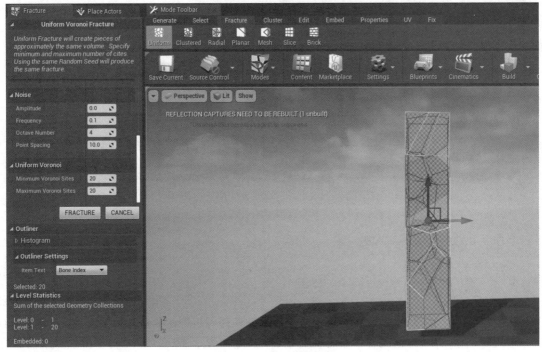

图 9-37 统一破碎方式

在左侧的 Level Statistics 下可以看到，此时 level 0 是 1 块，level 1 是 20 块，这代表切割后当前几何体集的不同层级被分成的块数。

本章介绍了 UE 物理系统中的碰撞设置、物理约束、物理材质及 Chaos 系统，了解了这些后就可以让搭建的场景更加接近物理世界。

第 10 章

UE 行业应用案例
——数字孪生

UE 是一款强大的实时 3D 数字内容创作平台,许多优秀的数字孪生项目都是基于 UE 开发的。本章重点介绍 UE 在数字孪生中的应用案例,介绍数字孪生的内涵与发展、数字孪生的特征、UE 与数字孪生;以北京文化产业园数字交互平台孪生项目为例,使学习者可以了解如何使用 UE 来开发数字孪生项目,了解完整的数字孪生项目的开发过程,通过多平台协作更好地实施项目。

本章主要内容如下。

- 数字孪生概述。
- 孪生系统前期策划。
- 开发平台介绍。
- 城市模型获取和优化。
- 园区场景构建和完善。
- 交互设计和实现。
- 孪生系统附件模块和案例演示。

10.1 数字孪生概述

10.1.1 数字孪生的内涵与发展

数字孪生是一种数字化理念和技术手段,它以数据和模型的集成融合为基础与核心,通过在数字化空间实时构建物理对象的精准数字化映射,基于数据、整合与分析预测来模拟、验证、预测和控制物理实体全生命周期过程,最终形成智能决策的优化闭环。其中,面向的物理对象包括实物、行为、过程,构建孪生体涉及的数据包括实时传感数据和历史运行数据,集成的模型涵盖物理模型、机理模型和流程模型等。

数字孪生的概念始于航天军工领域,经历了技术探索、概念提出、应用萌芽、行业渗透 4 个发展阶段。数字孪生技术最早在 1969 年被 NASA 应用于阿波罗计划,用于构建航天飞行器的孪生体,反映航天器在轨工作状态,辅助紧急事件的处置。2003 年,"数字孪生"概念正式被密歇根大学的 Grieves 教授提出,并强调全生命周期交互映射的特征。经历了几年的概念演进发展后，自 2010 年开始，数字孪生技术在各行业中的应用价值凸显，美国军方基于数字孪生实现 F35 战机的数字伴飞，降低战机维护成本和使用风险；通用电气为民航客机航空发动机建立孪生模型，实现实时监控和预测性维护；西门子、达索、ABB 在工业装备领域中推广数字孪生技术，进一步促进了技术向工业领域的推广。近年来，数字孪生技术在工业、城市管理领域持续渗透，并向交通、健康医疗等垂直行业拓展，实现机理描述、异常诊断、风险预测、决策辅助等应用价值，有望在未来成为经济社会产业数字化转型的通用技术。

10.1.2　数字孪生的特征

数字孪生具有高度复杂性，具有精准映射、深度洞察、虚实交互、智能干预 4 个特征。同时，未来开发数字孪生应用更离不开人工智能、5G、互联网、虚拟现实、区块链和元宇宙等信息技术和数字可视化技术的支撑。

1．精准映射

物理城市与数字城市的精准映射。通过利用物联网技术（IoT）、地理信息系统技术（GIS）、智能建筑模型技术（BIM）等，数字孪生城市可以分层次、分尺度地呈现出物理城市运行的全貌，包括城市建筑物、交通道路、植被、水系、城市部件、管线等全要素静态地理实体，以及人、车辆、终端、各类组织等城市动态变化的各类主体。

2．深度洞察

数字城市的深度洞察。通过物理城市数据的整合汇聚，呈现出真实的数字化场景，在智能交通、建筑节能、城市出行、城市规划等领域辅助智慧城市建设和决策，提高城市运行效率。

3．虚实交互

数字城市与物理城市的虚实交互。物理城市可以在数字空间中得到丰富和扩展。城市管理者可以基于数字平台与物理城市进行交互，搜索实体并选择统计分析，改变城市布局，模拟拥堵、生态等城市指标的变化。借助 VR 技术实现远程教学、远程医疗和智慧文旅等数字化服务。

4．智能干预

数字城市对物理城市的智能干预。在数字化空间，数字孪生城市平台可以实时呈现城市的运行状况。一旦实体城市发生事故、灾害等警报，城市管理者可以迅速做出决策，部署相应的应对措施。此外，深度学习和模拟也可以用来预测城市。

10.1.3　UE 与数字孪生

UE 是全球最开放、先进的实时 3D 数字内容创作平台，可以实现高度真实感的模型构建、数字化场景复原、实体空间的物理系统仿真，构建一个跟物理世界平行的数字孪生体，实现物理世界和虚拟世界的数据通信。UE 蓝图是一个可视化脚本系统，可以让用户不必编写复杂代码就能快速进行 3D 场景的仿真。利用 UE 的内置插件，能够处理实时数据，实现用户交互。

10.2 孪生系统前期策划

10.2.1 孪生场景的选择

本案例综合数字孪生在智能科技园区的应用，结合中关村软件园的具体特征，构建北京文化产业园可视化交互平台，更好地服务园区企业，加强企业管理，掌握园区经济运行情况，提高政府业务部门工作的实效性、数字化、智能化。

10.2.2 功能需求分析

对本案例的功能需求进行分析，主要包括系统功能和用户界面，如图 10-1 所示。系统功能主要包括中关村文化产业园三维展示、人流模拟、车流模拟、用电模拟、雨雪天气模拟、昼夜模拟、音效模拟。用户界面包括控制漫游方式、可视化数据图表展示、综合态势、产业中心、产业枢纽、场景漫游。

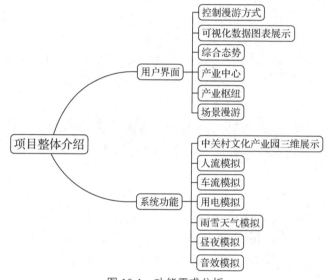

图 10-1 功能需求分析

10.2.3 架构设计

本案例采用三层架构设计：表示层、逻辑层和数据层，便于交互和系统扩展，同时考虑了各个模块之间的复用性，如图 10-2 所示。

数据层包含空间数据和展示数据，其中空间数据包括产业园区的建筑模型、地理信息、尺寸、分布等。空间数据主要使用可视化模型、图表来展示，导入 Twinmotion 中添加植被、人、车辆等，同时将数据层的相关数据转化为三维空间模型。逻辑层通过使用 Datasmith 实现模型与 UE 的通信，以 UE 作为主要开发平台，实现场景构建、环境模拟、交互功能及其他系统开发功能。表示层主要用来显示虚拟园区，通过建立相关的显示界面，提供相关的信息。

场景漫游	导航功能	数据展示	表示层
第一人称漫游 自动导航漫游	综合态势 产业中心 产业枢纽 场景漫游	人员进出 入住企业 车辆管理 引领企业 ……	
3ds Max、 Twinmotion		UE 4	逻辑层
素材 资源		模型 组件 …	
空间数据		展示数据	数据层
模型的大小、高 度、位置、距离、 尺寸、纹理		视频、音频、图 片、文字、可视 化图表	

图 10-2　架构设计

10.3　开发平台介绍

本案例涉及的开发平台及各个平台的功能如图 10-3 所示。

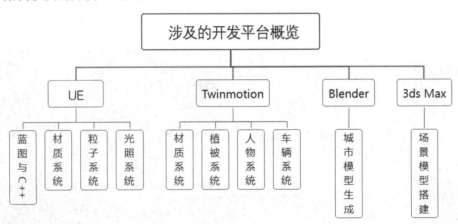

图 10-3　本案例涉及的开发平台

10.3.1　Twinmotion

Twinmotion 是一款可视化的三维实时渲染软件，致力于建筑、城市规划和景观可视化，是简单、快速、直观的实时渲染和 3D 交互软件。Twinmotion 具有与 ArchiCAD、BricsCAD、Revit、SketchUp Pro、Rhino（包括 Grasshopper）、RIKCAD 和 Vectorworks 直接一键同步功能，并且能够以.udatasmith 格式从 3ds Max、Form-Z、Navisworks 和 SolidWorks 中导入整个场景。此外，还可以将 Twinmotion 项目导出到 UE 中。

1. Twinmotion 的安装与使用

打开 Epic Games Launcher，登录 Epic Games 账户访问 Twinmotion。登录后，导航到"Twinmotion"选项卡，单击"安装"按钮以下载 Twinmotion 最新版本，如图 10-4 所示。

图 10-4　下载并安装 Twinmotion

2. Twinmotion 的用户界面

Twinmotion 的用户界面包含五大板块：①视口；②库（Library）；③场景图；④工具栏；⑤停靠区，如图 10-5 所示。

图 10-5　Twinmotion 的用户界面

视口是 3D 场景在导入或打开后出现的区域。

Library 包含可以添加到场景中的所有 Twinmotion 资产、工具、用户库、Quixel Megascans 扫描资产（包括 3D 模型、植被、光源、贴图和材质等）。

场景图是场景中所有元素的视觉效果层级。根据用户选择的查看选项和筛选器，可以查看或隐藏视觉显示元素。若要访问某个元素，则可以单击元素右侧显示的省略号（...）。

工具栏显示可操作的工具，可用于访问导览列菜单、路径追踪器、材质选取器、移动工具、旋转工具、缩放工具及空间切换和编辑枢轴点工具。

停靠区用于访问处理场景的大部分主要工具。单击"Dock"菜单中的某个图标，可以执行 Import、Context、Settings、Export 等命令操作。

3．资产创建与导出

可以通过导入 Geometry（几何体）、Landscape（地形）和 Point Cloud（点云）类型的文件，将外部内容和资产导入 Twinmotion 中。此外，还可以使用具有 Direct Link 功能的 Datasmith Exporter 插件，从最常见的设计应用程序中导入和同步 3D 模型。

可以导入 Twinmotion 中的文件格式类型，以及能用 Datasmith Exporter 插件将 3D 模型导入 Twinmotion 中的设计软件如表 10-1 所示。

表 10-1　可导入Twinmotion中的文件格式类型及设计软件

导入类型	文件格式类型及设计软件
Geometry	.udatasmith、.fbx、.skp、.obj、.c4d、.3ds、.dae、.dxf、.iv、.lw、.lwb、.lwm、.lwo、.lws、.lxo、.ply、.stl、.wrl、.wrl97、.vrml、.x
Landscape	高度图：.r16、.png 点：.txt、.xyz 网格体：.skp、.fbx、.obj、.c4d
Datasmith Exporter	Autodesk 3ds Max、Autodesk Navisworks、Autodesk Revit、BricsCAD、Dassault Systèmes SolidWorks、form-Z、Rhino（包括 Grasshopper）、Trimble SketchUp Pro、Vectorworks
Point Cloud	.txt、.xyz、.pts、.e57、.las、.laz

Twinmotion 导入器让你能够在 Twinmotion 中开始一个项目，然后将它导入 UE 中。导入工作流程基于 Datasmith，与导入*.udatasmith 或 CAD 文件的过程完全一致。可以在 Datasmith 支持的文件列表中找到新增的*.TM 格式。需要安装 Datasmith Twinmotion 导入器插件（通过现有的 Datasimth 和 Dataprep 工作流程处理文件导入）和面向 UE 的 Twinmotion 内容插件（反映 Twinmotion 自带内容的内容库，包括主材质、资产等），如图 10-6 所示。

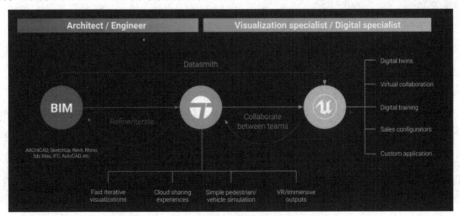

图 10-6　从 Twinmotion 导出到 UE 导入器

打开 Epic Games Launcher，在 Unreal Engine marketplace 中输入 Twinmotion，可以搜索到两个插件，对其进行下载。

启动 Unreal Engine，在管理插件界面中输入 twin，所有与 Twinmotion 相关的插件都勾选其下方的"Enabled"复选框，如图 10-7 所示，并重新启动引擎。重启后，选择 Datasmith 即可导入 Twinmotion 场景。

图 10-7　勾选"Enabled"复选框

10.3.2　Blender

Blender 是一款免费的开源的跨平台应用工具，可以在 Linux、macOS 及 Windows 系统下运行。与其他 3D 建模工具相比，Blender 对内存和驱动的需求更低。其界面使用 OpenGL，在所有支持的硬件与平台中都能提供一致的用户体验。

Blender 支持整个 3D 创作流程：建模、雕刻、骨骼装配、动画、模拟、实时渲染、合成和运动跟踪，甚至可用于视频编辑及游戏创建。

1．Blender 的下载

在 Blender 官方网站中选择所需方式下载 Blender 软件。

2．Blender 界面

Blender 界面由顶部标题栏、工作区、状态栏三部分组成。

图 10-8　Blender 顶部标题栏

顶部标题栏包括常规的文件（File）菜单、编辑（Edit）菜单、渲染（Render）菜单、窗口（Window）菜单和帮助（Help）菜单，如图 10-8 所示。

工作区包括布局（Layout）、建模（Modeling）、雕刻（Sculpting）、UV 编辑（UV Editing）、纹理绘制（Texture Paint）、着色（Shading）、动画（Animation）、渲染（Rendering）、合并（Compositing）和脚本（Scripting）等，如图 10-9 所示。

图 10-9　Blender 工作区

Layout 工作区包括 3D 视图（黄色）、大纲视图（绿色）、属性编辑器（蓝色）和时间线（红色），如图 10-10 所示。

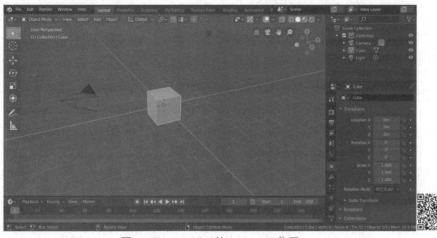

图 10-10　Blender 的 Layout 工作区

Blender 还默认添加了其他几个工作区，如表 10-2 所示。

表 10-2　Blender默认添加的其他工作区

名称（英文）	功　　能
Modeling	使用建模工具修改几何体
Sculpting	使用雕刻工具修改网格
UV Editing	将图像纹理坐标映射至三维表面
Texture Paint	用于在 3D 视图中为图像纹理上色
Shading	用于为渲染指定材质属性
Animation	使物体属性随时间发生变化
Rendering	用于查看及分析渲染结果
Compositing	图像和渲染信息的合并及后期处理
Scripting	用于与 Blender 的 Python API 交互和编写脚本

3. 资产创建与导出

每个.blend 文件都包含一个数据库。数据库包含文件中的场景、物体、网格和纹理等。通常使用文件浏览器来完成.blend 文件的保存和打开操作，如图 10-11 所示。

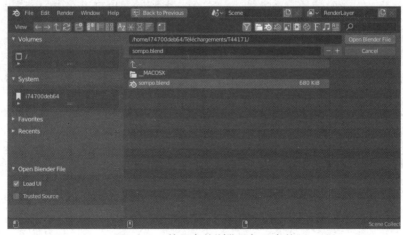

图 10-11　使用文件浏览器打开文件

FBX 文件格式主要用于在不同应用程序之间交换角色动画，支持的应用软件有 Cinema 4D、Maya、3ds Max 和 Wings 3D，支持的引擎有 Unity 3D 和 UE。导出器可将网格修改器及动画烘焙到 FBX 文件中，最终效果与使用 Blender 相同。

10.3.3　3ds Max

3ds Max 是由 Autodesk 公司提供的三维建模、动画制作和渲染软件。具体的软件安装将不再介绍，这里主要介绍模型如何导出并导入到 UE 中。

从 3ds Max 中导出为 FBX 格式的模型文件。在 3ds Max 中，从主菜单栏中选择"文件"→"导出"命令，将显示文件浏览器。

在"保存类型"字段中选择"Autodesk (.FBX)"，命名文件并浏览到想要保存该文件的位置，单击"保存"按钮，将打开 FBX 导出器界面，如图 10-12 所示。

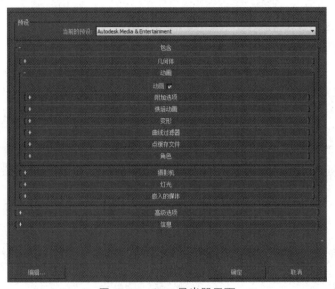

图 10-12　FBX 导出器界面

在"当前的预设"下拉列表中选择预设值。"Autodesk Media & Entertainment"预设包含适用于一般动画工作流的最佳平衡选项，如图 10-12 所示。也可以在 FBX 导出器中根据项目需要自定义导出选项。

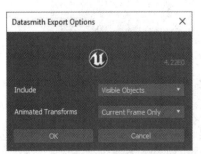

图 10-13　"Datasmith Export Options"对话框

将 FBX 模型导入 UE 4 中，确保勾选了合并网格体、将顶点变换为绝对选项，否则所有的模型都会合并到(0,0,0)。以 Datasmith 方式导入模型场景，需要给 3ds Max 安装 Datasmith 导出插件。在"Datasmith Export Options"对话框中，可以过滤想要包括在导出文件中并且被携带到 UE 中的信息，如图 10-13 所示。

在 UE 编辑器中，打开 Datasmith 内容要导入到的项目，在关卡编辑器的工具栏中单击"Datasmith"按钮，如图 10-14 所示。在"Import"窗口中，浏览并选择要导入的文件。

图 10-14 单击 "Datasmith" 按钮

在项目内容中为 Datasmith 新建文件夹放置新导入的资源，如图 10-15 所示。

图 10-15 新建文件夹放置新导入的资源

10.4 城市模型获取和优化

10.4.1 使用 Blender 获取城市模型

想要构建城市模型，较为重要的就是获取城市建筑数据，包括建筑物高度数据和建筑物平面数据。

建筑物的轮廓数据就是建筑物平面数据，常见的获取建筑物平面数据的方法有从高分辨率的卫星影像中自动提取建筑物信息；从固有的二维 GIS 中提取三维建筑物模型的平面信息。对比了高德开放平台、谷歌地图、OpenStreetMap 等获取地图数据的平台后，最终选取 OpenStreetMap 从二维 GIS 中提取三维建筑物模型的平面信息。

常用的提取建筑物高度数据的方法有从影像资料中获取建筑物高度数据信息；使用激光雷达等信息技术根据空中的影像数据获取建筑数字表面模型；使用二维 GIS 中的数据形成建筑信息数据库。本案例采用 GIS 库中的建筑物高度信息。具体操作步骤如下。

1. 获取 OSM 数据

（1）打开浏览器搜索 OpenStreetMap 网站，在其搜索栏中搜索中关村软件园街景地图。

（2）单击"导出"按钮，选择"手动选择不同的区域"，手动调整选框区域，并单击"导出"按钮，导出 OSM 格式的中关村软件园街景地图数据。注意导出时的框选范围，范围过大则不支持。

2．转换三维模型

根据收集的北京城市的 OSM 数据，使用 Blender 软件生成三维模型。具体操作步骤如下。

（1）打开 Blender 软件，执行"Edit"→"Preferences"→"Add-ons"→"3DView：BlenderGIS"命令，安装插件，如图 10-16 所示。

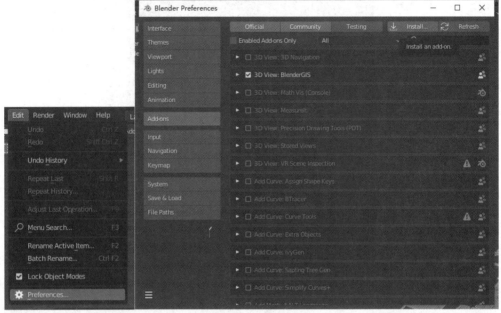

图 10-16　安装插件

（2）执行"GIS"→"Import"→"Open Street Map xml(.osm)"命令，导入前面获取的 OSM 数据，如图 10-17 所示。

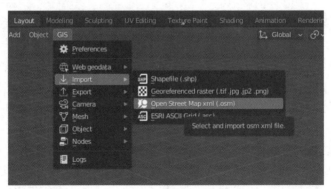

图 10-17　导入 OSM 数据的操作步骤

（3）导入后会显示建筑数据 Areas 和道路数据 Ways，如图 10-18 所示，

3．道路模型的生成

在 Blender 软件中，给道路矢量线设置道路宽度。先将导入的矢量线转换为曲线，再添加一个路径曲线，具体操作步骤如下。

（1）选中 Ways，执行"Obejct"→"Convert"→"Curve"命令，然后执行"Add"→"Curve"→"Path"命令，如图 10-19 所示。

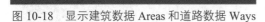

图 10-18　显示建筑数据 Areas 和道路数据 Ways　　　　图 10-19　添加路径曲线的操作步骤

（2）选中 Ways，执行"Object Data"→"Geometry"→"Taper Radius"→"Override"命令，选择刚刚创建的线段 NURBS 路径。针对 NURBS 路径，根据道路的真实情况调整合适的 X 值，将 X 值设置为 1.5，如图 10-20 所示，此时视口中的道路就有了相适应的宽度。

（3）导出 FBX 格式的模型文件。执行"File"→"Export"→"FBX"命令。

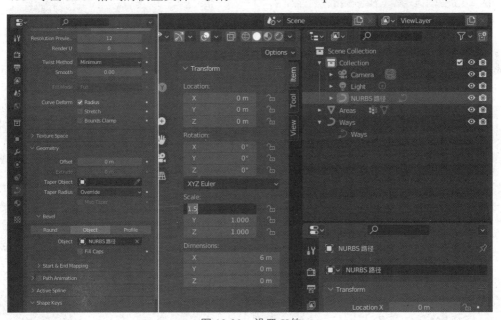

图 10-20　设置 X 值

10.4.2　使用 3ds Max 给城市模型贴图

将导出的 FBX 格式的城市模型导入 3ds Max 中，赋予简单材质，目的是检查 UV，保证导入 UE 的模型贴图没有问题。具体操作步骤如下。

（1）通过 Photoshop 软件制作纹理贴图，如图 10-21 所示。

（2）新建材质球，并命名为 Material Areas，将制作好的纹理贴图赋予材质球，如图 10-22 所示。

图 10-21　纹理贴图

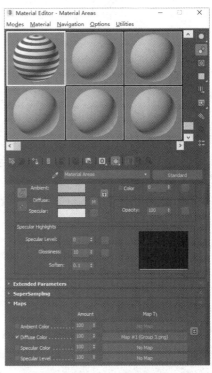

图 10-22　制作材质

（3）调整贴图方式，呈现横向渐变效果。选择修改器列表中的 UVW 贴图（UVW Map），将贴图参数修改为柱形（Cylindrical），并调整高度（Height），如图 10-23 所示。

图 10-23　调整贴图方式

（4）参考上述制作材质的方法，给道路制作纯色材质并贴图。将制作好的城市模型导入UE 中，可以通过导入 FBX 格式的模型进行导入，或者借助 Datasmith 插件，具体导入过程前面章节已经介绍过，这里不再赘述。

10.5　园区场景构建和完善

10.5.1　使用 3ds Max 制作园区具体建筑模型

本案例根据需要，选取中关村软件园中的"中国银联"建筑进行模型制作，并进行三维展示，如图 10-24 所示。使用 3ds Max 制作建筑模型，先导入 CAD 图，用画线工具画出墙的轮廓，再对线添加"挤出"修改器；添加"编辑多边形"修改器，制作门窗等。在模型制作过程中要控制建筑面数，防止后期导入 UE 中消耗过多。最后导出 FBX 格式的模型。

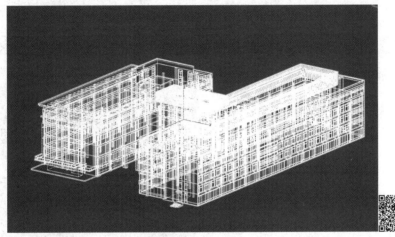

图 10-24　模型制作

10.5.2　使用 Twinmotion 完善模型

在本案例中，使用 Twinmotion 软件对 3ds Max 中的模型进行优化，添加材质、植被、人物、车辆等，最后将 Twinmotion 项目导出到 UE 中。

启动 Twinmotion，将制作好的园区具体建筑模型导入 Twinmotion 中。执行"File"→"Import"命令，导入 3ds Max 中的建筑模型，如图 10-25 所示。

1. 添加材质

（1）首先给建筑物的玻璃添加材质，选择"Materials"→"Glass"选项，里面有各种各样的玻璃材质，通过单击可以查看效果，如图 10-26 所示。将选好的玻璃材质拖动到模型上，并根据实际需求调整玻璃的 Color、Opacity、Weather 等属性，这里将 Opacity 调整为 20%，如图 10-27 所示。

（2）给地面添加草地材质，并调节其颜色、反射率，设置 Scale 为 1，如图 10-28 所示。

（3）使用同样的方法，为墙面、地面添加材质，并适当调整相应值。

图 10-25　导入 3ds Max 中的建筑模型

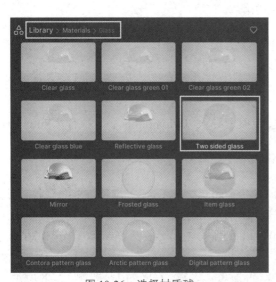

图 10-26　选择材质球

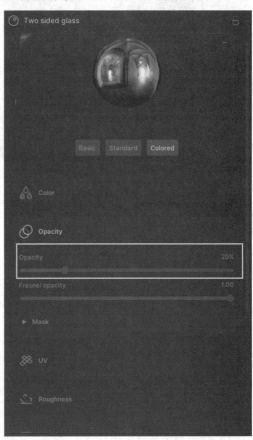

图 10-27　将 Opacity 调整为 20%

图 10-28　添加草地材质

2. 添加植被

添加植被的方法有两种：单棵植物拖动添加；大面积植被用植被粉刷。单棵植物可以直接拖动到场景中。选择 Banyan 树，将其拖动到场景中，并对树木的 Age、Height、Growth 等属性进行调整，如图 10-29 所示。

图 10-29　添加 Banyan 树

若要在场景中绘制大面积的植被，则选择植被粉刷，具体操作为执行"Content"→"Vegetion paint"命令。选择需要的树木、草地和植被资产，将资产模型拖动到绘制面板中，如图 10-30 所示。

图 10-30　将资产模型拖动到绘制面板中

选择 Vegetion pant，并调整半径，在场景中单击，根据场景需要适量粉刷。植被粉刷前后效果对比如图 10-31 所示。

3. 添加人物

在内容面板中添加人物路径，具体操作为执行"Content"→"Path"→"Character path"命令。

选择钢笔工具，在场景中的合适位置单击，场景中会出现黄色锚点，如图 10-32 所示，画出人物走动路径，右击完成。在路径上自动添加人物，根据需要调整 Type、Clothing、Width、Density 等属性。

图 10-31　植被粉刷前后效果对比

图 10-32　添加锚点

4．添加车辆

在内容面板中添加车辆路径，具体操作为执行"Content"→"Path"→"Vehicle path"命令。

选择钢笔工具，在场景中需要添加车辆的位置单击，场景中会出现黄色锚点，画出车辆行驶路径。在转弯处等对锚点进行调整，保证车辆行驶更加顺畅。

根据需要可以调整 Lane count、Two lares、Lane offest、Density、Speed 等属性。这里将 Density 调整为 38%，将 Speed 设置为 12km/h，如图 10-33 所示。

图 10-33　调整 Density 和 Speed 属性

10.5.3　使用 UE 4 整合与完善模型

启动 UE 4，新建项目文件并命名为 UE4_DigitalTwins。

1．场景导入

将 Twinmotion 的园区模型导入 UE 中，并进行整合。

启动 Unreal Engine，在管理插件界面中输入 twin，所有与 Twinmotion 相关的插件都勾选其下方的"Enabled"复选框，并重新启动引擎。重启后，选择 Datasmith 即可导入 Twinmotion 场景。

2．天空场景制作

在场景环境中采用了天空盒，天空盒实际上就是一个展开的立方体，在六个面上贴上相应的贴图。在实际的渲染中，立方体一直罩在摄像机的周围，让摄像机一直保持在这个立方体的正中央位置，并通过视线和立方体的交汇情况来判断究竟要从哪一方面进行纹理采样。具体步骤如下。

（1）从 UE 官方商城中下载动态天空球资源 UltraDynamicSky。把 UltraDynamicSky 直接复制到项目文件夹 Content 中。

（2）执行"Content"→"UltraDynamicSky"→"Blueprints"→"Ultra_Dynamic_SkyBP"命令，将资源拖入场景中，效果如图 10-34 所示。

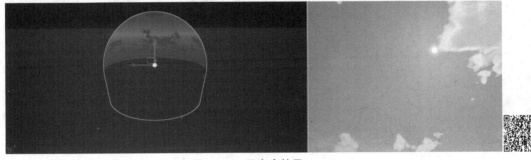

图 10-34　天空盒效果

3．材质优化

为了更好地模拟园区的夜晚效果，这里特意制作了渐变发光材质，模拟夜晚建筑、道路情景，使效果更真实。同时利用做好的材质创建材质实例，从而方便修改。制作道路发光材质的步骤如下。

（1）新建材质 M_Highway，设置自发光颜色，并乘以强度 10，将颜色转化为参数并保存。

（2）将该材质创建为材质实例，拖动到道路上，并在材质实例中对颜色与强度进行调整。

（3）给道路材质添加动效；添加遮罩，让道路材质一部分发光，一部分不发光；设置材质速度，赋予二维向量，并转化为参数，从而方便修改，如图 10-35 所示。

参考上述制作材质的方法，制作白天材质，材质蓝图如图 10-36 所示。

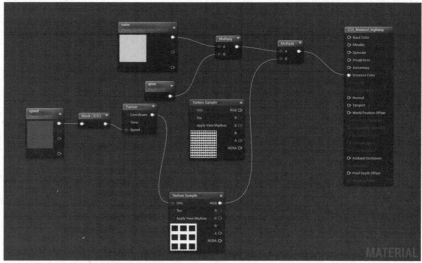

图 10-35　制作道路发光材质

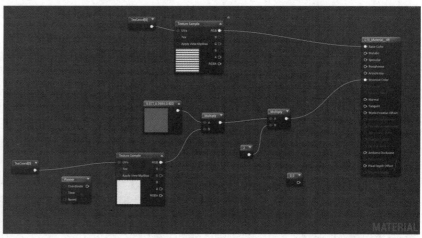

图 10-36　制作白天材质

10.6　交互设计和实现

10.6.1　漫游实现

为了让用户更加方便、多方位地对数字孪生平台进行操作，这里特意设置了第一人称漫游，使用键盘上的 W、A、S、D 键分别控制视角的前、后、左、右移动，鼠标 X 轴的偏移量和 Y 轴的偏移量分别控制绕场景中视角的 Z 轴和 Y 轴旋转，用鼠标滚轮实现视角缩放。

1．视角移动

新建 Pawn 蓝图类，在蓝图中调用 MoveFoward、MoveRight，通过添加移动输入节点 AddMoveInput 来实现。具体操作步骤如下。

（1）新建 Pawn 蓝图类，将其添加到场景中。给 Pawn 添加 Camera，即可获得当前的视角。调整摄像机视角，获得摄像机的最佳位置。在 Pawn 中添加 FloatingPawnMovement 组件，保证 Pawn 能够移动，如图 10-37 所示。

图 10-37　添加 FloatingPawnMovement 组件

（2）执行"Edit"→"Project Settings"→"Input"→"Axis Mapping"→"Adds Axis Mapping"命令，添加轴映射，W、S 键控制前后移动，A、D 键控制左右移动，如图 10-38 所示。对于 MoveRight，当按下 A 键时，表示我们输入的是-1；当按下 D 键时，表示我们输入的是 1。

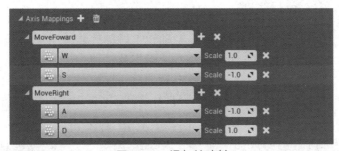

图 10-38　添加轴映射

（3）在蓝图中调用 MoveFoward、MoveRight，通过获取控制体的旋转，分离出绕 Y 轴的旋转，并获得向前的方向及向右的方向，如图 10-39 所示。

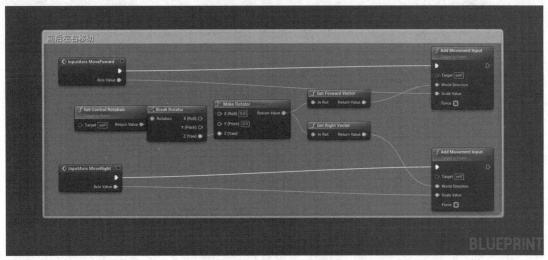

图 10-39　通过键盘移动蓝图

图 10-40　调整移动速度

（4）在 FloatingPawnMovement 组件中调整最大、最小移动速度，使摄像机的运动更符合场景的比例，如图 10-40 所示。

2．用鼠标控制旋转

按下鼠标左键进行移动，实现绕 Z 轴旋转，X 轴和 Y 轴的旋转值保持不变，Z 轴的旋转值是当前的值加上鼠标左键 X 轴移动的值。按下鼠标右键进行移动，实现绕 Y 轴旋转，X 轴和 Z 轴的旋转值保持不变，Y 轴的旋转值是当前的值加上鼠标左键 X 轴移动的值。具体操作步骤如下。

（1）获取鼠标 X 事件、Y 事件，在相应方向上移动触发该事件。

获取"Mouse X"节点和"Set Control Rotation"节点。先获取控制旋转 Get Player Controller，进行分割，X 轴和 Y 轴的旋转值不变，Z 轴的旋转值等于当前值加上鼠标移动值。

获取"Mouse Y"节点和"Set Control Rotation"节点。先获取控制旋转 Get Player Controller，进行分割，X 轴和 Z 轴的旋转值不变，Y 轴的旋转值等于当前值加上鼠标移动值，如图 10-41 所示。

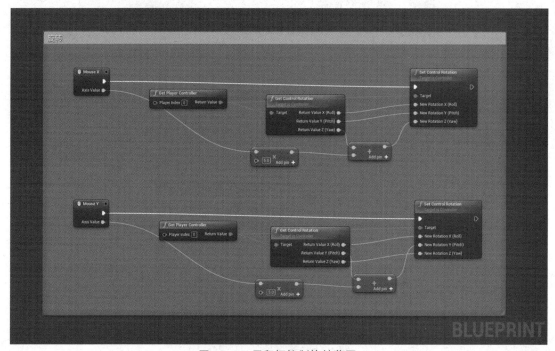

图 10-41　用鼠标控制旋转蓝图

（2）在 Pawn 的 Details 面板中，勾选"Use Controller Rotation Pitch"和"Use Controller Rotation Yaw"复选框，如图 10-42 所示。

图 10-42　Pawn 的 Details 面板

3．用鼠标滚轮实现视角缩放

使用 UE 4 的鼠标滚轮操作映射，每次滑动鼠标滚轮时输出一个值，这个值包括正值、负值及零。具体操作步骤如下。

（1）在 Camera 中添加 SpringArm 组件，把摄像机 Camera 附加到弹簧臂 SpringArm 上，通过修改弹簧臂的长度控制视角缩放，如图 10-43 所示。

（2）将 Camrea 的 SpringArm 组件拖动到蓝图中，得到其中的 Target Arm Length 变量，在该变量上加上一个值，再次设定该变量可以改变摄像机与玩家的距离，达到镜头拉近拉远的效果。视角缩放蓝图如图 10-44 所示。

图 10-43　添加 SpringArm 组件

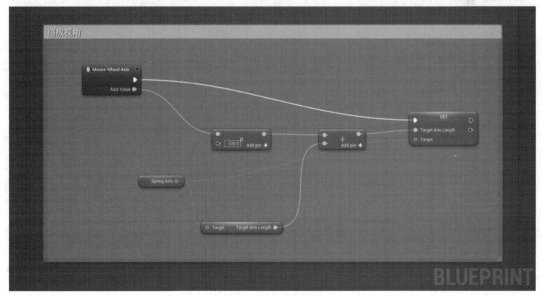

图 10-44　视角缩放蓝图

10.6.2　射线检测

射线检测就是指定某一起点 a 和某一终点 b，UE 会发射一条由 a 到 b 的射线，射线会与 a、b 之间的对象发生碰撞，并把位置、法线等信息返回给用户。实现单击建筑物发射射线，并显示 UI，具体操作步骤如下。

（1）获取"Left Mouse Button"节点和"LineTraceByChannel"节点，并将这两个节点连接起来。

（2）获取玩家控制器 Get Player Controller，将当前玩家鼠标二维起点位置转化为三维的空间向量。

（3）获取"ConvertMouseLocationToWorldSpace"节点，并将其连接到"LineTraceByChannel"节点上。

（4）使用 Hit Actor 获取显示命令，若其等于 Building，则射线命中园区，显示 UI。

（5）添加到视口（Add to Viewport），设置在视口中的位置（Set Position in Viewport），如图 10-45 所示。

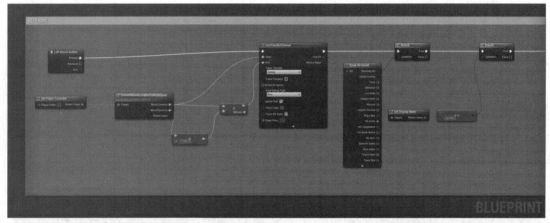

（a）

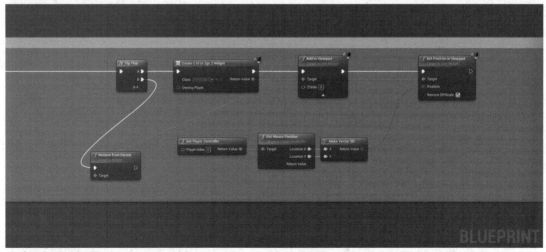

（b）

图 10-45　射线检测蓝图（a、b 分别为整个蓝图的左半部分和右半部分）

10.6.3　昼夜切换

UE 同场景不同状态切换技术，用于三维场景中昼夜状态的切换等。在场景物体的标签及材质参数中设置不同的状态属性，进行状态切换时触发物体属性及材质属性变化，通过对同物体的多套材质及参数控制实现切换效果。下面通过蓝图实现按 Q 键变白天，按 A 键变黑夜的效果。具体操作步骤如下。

（1）在蓝图中新建空的 Actor，命名为 BP_DandN。把蓝图拖入场景中，在该蓝图中实现昼夜切换。

（2）创建自定义事件，命名为 DAY。按 Q 键，获取 DAY 函数。为所需要改变颜色的物体添加变量，分别为 BUILDING、HIGHWAY、SKY，如图 10-46 所示。将 BUILDING、HIGHWAY 的类型设置为静态网格体，具体操作为选中 BUILDING（以 BUILDING 为例），将其 Variable Type 设置为 Static Mesh Actor，如图 10-47 所示。将 SKY 设置为 Ultra_Dynamic_Sky_BP，如图 10-48 所示。

图 10-46　添加变量

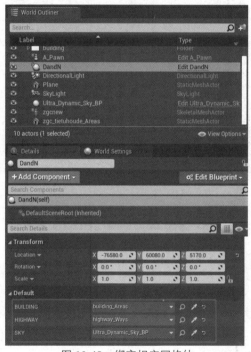

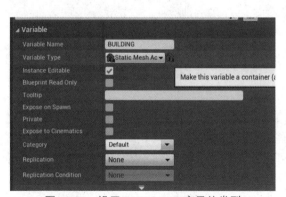

图 10-47　设置 BUILDING 变量的类型　　　　图 10-48　绑定相应网格体

（3）获取建筑物材质 StaticMeshComponent，在 Material 中选定新的材质，同时对道路材质也进行修改。

（4）通过自定义名为 DAY 的事件来执行白天事件，添加触发按键 Q 来调用 DAY 事件，实现按 Q 键触发白天事件。获取 Building，通过右键菜单设置材质，在 Material 中选择所需的新材质。获取 Sky，并使用 SetTime Of Day Using Time Code 节点分割引脚，设置 Time Code Hours 为 10:00。

（5）添加时间轴 TimeLine，连接 Play from Start。在 TimeLine 上新建轨道，添加关键帧，并开启使用最后一个关键帧。把时间轴的新建轨道连接到 Time Code Hours 上，编译并保存，如图 10-49 所示。

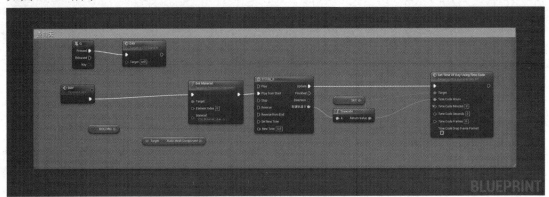

图 10-49 切换白天效果蓝图

同理，制作切换晚上效果，蓝图如图 10-50 所示。

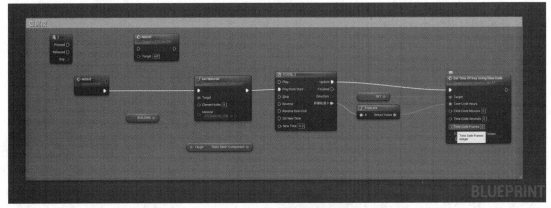

图 10-50 切换晚上效果蓝图

10.7 孪生系统附件模块和案例演示

10.7.1 链接可视化图表

可视化为智慧园区提供各类智慧服务，可以帮助人们找到数据隐含的规律，并传递复杂信息。本案例主要针对文化产业园区中的产业概况、园区具体信息等不同类型的数据进行可视化。

WebBrowser 是 UE 中自带的用于浏览网页的插件，UMG 向网页中发送数据，通过 WebBrowser 插件将用 Echarts 制作好的统计图在 UE 4 中展现出来，达到数据可视化的效果。具体操作步骤如下。

（1）启用 UE 4 自带的 WebBrowser 插件，如图 10-51 所示。

（2）在项目的 Content 文件夹中创建一个新文件夹，用于存储两个 JS 文件和一个 HTML 文件。在 JS 文件中，放入插件 echarts.min.js，用来自定义统计图样式；插件 getQueryVariable.js，用来获取 URL 参数的方法。在 HTML 文件中放入 index.html——网页文件。

（3）创建 Widget Blueprint，并命名为 UI_Menu1。拖动一个 WebBrowser 插件到层级 Menu 中，并给 WebBrowser 添加缩放框、画布画板，在右侧的 Details 面板中设置相关参数，调整锚点，如图 10-52 和图 10-53 所示。

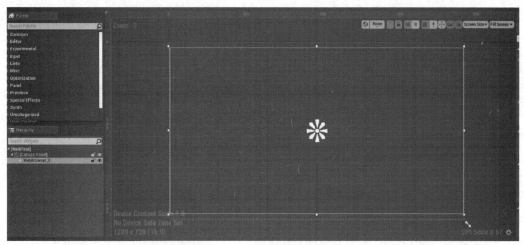

图 10-51　启用 WebBrowser 插件

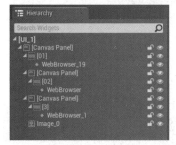

图 10-52　给 WebBrowser 添加缩放框

图 10-53　页面布局

（4）在 Intial URL 中粘贴相应路径。设置结束后，编译并保存。

（5）在蓝图中添加 Widget，如图 10-54 所示。打开关卡蓝图，查找 Event BeginPlay 事件，通过单击鼠标右键分别创建 Create Widget 节点和 Add to Viewport 节点。将 Return Value 指针指向 Target，编译并保存，如图 10-55 所示。

图 10-54　在蓝图中添加 Widget

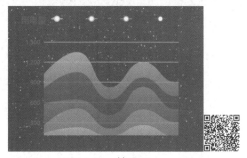

图 10-55　效果图

参照上述步骤，链接多个可视化图表。

10.7.2　获取实时天气情况

数字化是智慧园区的基础，数据感知获取、数据平台建设等尤为重要。本案例旨在联通物理空间和数字空间，将物理空间的数据读取到数字空间，让使用者对园区信息进行更好的预测与监管。

通过 VaRest 插件能够快速获取设备、后台信息，解析成 JSON 数据，再按照需求展示出来。VaRest 主要通过访问数据库和解析 JSON，进行收集数据库内容、连接数据库、分析 JSON、编辑数据库内容。具体操作步骤如下。

（1）安装并启用 VaRest 插件。

（2）获取可以在 UE 4 中解析的 JSON 格式的数据。打开高德开放平台，创建新应用，申请请求服务权限标识 Key，下载城市编码 AMap_acode。根据天气查询 API 服务地址、URL、Key、所需要城区的编码 adcode，即可接收返回的 JSON 格式的数据。

（3）在 UE 4 中利用 VaRest 插件解析 JSON 格式的数据。新建 Actor 蓝图，并命名为 BP_Https。在事件图表中获取 VaRest Subsystem，添加事件并调用到 Get Response Object 和 Get Array Field，Field Name 为 lives 数组。调用 VaRest 中目标为物体，Return Value 为 Get String Field 并附加字符串，最后打印到屏幕上，如图 10-56 和图 10-57 所示。

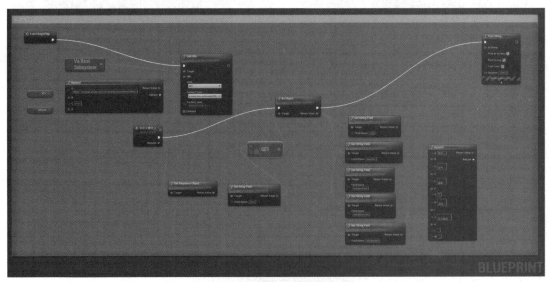

图 10-56　获取实时天气情况蓝图

图 10-57　获取实时天气情况效果图

10.7.3　UMG 界面制作

（1）创建 Widget Blueprint，并命名为 UI_Menu。添加按钮，控制不同地图之间的跳转。在通用中找到 Button，将其拖动到画布中，如图 10-58 所示。

（2）设置按钮的样式，调整字体颜色及边框等。

（3）给按钮添加单击事件，通过蓝图控制 Button，如图 10-59 所示。

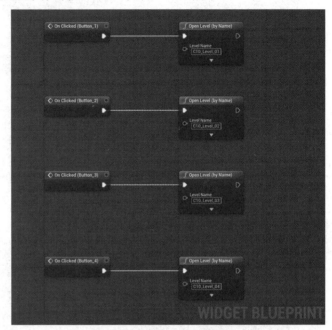

图 10-58　添加 Button　　　　　图 10-59　通过蓝图控制 Button

10.7.4　数字孪生案例演示

中关村产业园区数字孪生的集成案例效果如图 10-60～图 10-63 所示，分别为园区的数字孪生夜景模式、车辆监管的综合态势分析、行人模拟的综合态势分析和园区智慧电力模拟仿真。

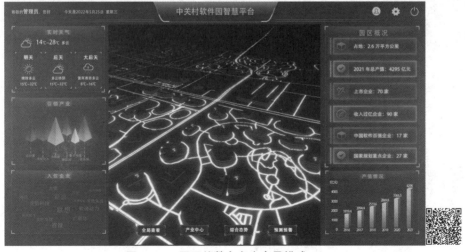

图 10-60　园区的数字孪生夜景模式

图 10-61　车辆监管的综合态势分析

图 10-62　行人模拟的综合态势分析

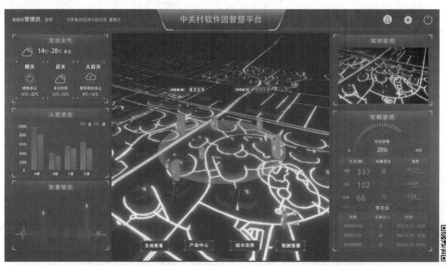

图 10-63　园区智慧电力模拟仿真

第 11 章

UE 行业应用案例
——虚拟制片

虚拟制片是一种现代内容创作，整个流程是灵活多变的，将 VFX（视觉特效处理）制作前置，在整个拍摄过程中利用科技赋能内容创作方式。传统拍摄是高度线性化的，导演与摄影指导利用故事板和镜头表规划各场景；演员完成片场、实景、绿幕拍摄；剪辑与 VFX 都在拍摄完成之后才开始进行。传统的影视制作从前期制作到拍摄，再到后期合成的线性拍摄可能会导致负面结果，虚拟制片则给予了创作者"回头"的机会，同时可在内容制作上利用数字技术实现特效画面的实时预览、合成和输出。从前期制作阶段开始，VFX 就能提前准备好数字资产辅助创意计划和拍摄，有助于在整个拍摄过程中持续打磨成片的风格和感觉。

本章主要内容如下。

- 虚拟制片概述。
- 虚拟制片的工作流程。
- 虚拟场景设计。
- 摄像机追踪技术。
- 虚拟灯光及音效。
- 虚拟制片案例。

11.1 虚拟制片概述

"虚拟制片"是一个宽泛的术语，指一系列计算机辅助制片和可视化电影制作方法。虚拟制片过程相比传统制作会更高效、更省时，其特点如下。

（1）促进制片过程更加迭代化、协作化和非线性。

（2）促使电影制作人能够以协作方式对视觉细节进行实时迭代。

（3）意味着迭代过程在制片早期便已开始。

（4）从制片初期即可制作出高质量画面。

（5）让资源能够相互兼容，从视觉效果预览到最终输出均可使用。

传统影视涉及极其复杂的制作，时间表高度紧凑，其中不乏许多不确定环节。这个过程通常是线性的，类似于装配线，包含开发、预制作、制作和后期阶段。迭代极具挑战性并且代价高昂，而开发工作常常彼此孤立，使用不兼容的资源。

虚拟制片促使制片过程更为迭代化、协作化和非线性。它使电影制作人以协作方式快速对视觉细节进行实时迭代，而不是将所有决定推迟到后期阶段。迭代过程在制片早期便已开始。有了实时引擎，制片初期即可生成高质量图像。资源不仅交叉兼容，而且从视觉效果预览到最终输出均可使用。

对电影制作人而言，传统的前期制作和视觉特效制作往往具有不确定性，如今制作出的图像更加接近最终效果，因此这种不确定性也就不复存在。由于这种高质量图像是通过实时引擎生成的，所以迭代和测试过程变得更加简单、廉价和快速。前期制作和主要的拍摄工作可从整体上有组织地实施。

在剪辑过程中，虚拟制片可提供更接近最终效果的临时图像，避免出现缺失镜头或未完成镜头，从而减少不确定性。如果采用镜头内、LED墙视觉特效取代此前在绿幕前拍摄的画面，则剪辑师会参考更多内容。剪辑师能够剪辑出带有关键视觉特效的镜头和片段，就像剪辑传统非特效场景那样。剪辑师在主要拍摄工作期间进行剪辑后，剧组就可以立即拍摄短镜头，或者在拍摄过程中进行调整。此外，虚拟制片使场景中镜头间更加连续、流畅。

通过实时引擎创建视觉效果预览图像会带来额外的好处。片段可在极高图像质量下快速更新并输出。因此，更多团队成员可在制作过程中提前分享后期内容效果。场景构建规格更加严格，且更接近制作人的预期；数字特效与视觉特效的整合则能够以视觉动态化的方式高效完成。

实时引擎的物理效果在这个过程中起着关键作用。当然，可通过3D动画软件创建更为传统的视觉效果预览，但只要涉及真实物理效果，这类动画就必须进行预先计算，它无法像采用实时引擎那样即时更改。视觉效果预览和视觉特效团队也可以直接开展合作，将共享资源和统一的制作流程纳入统一框架，因为实时资源和最终特效画面可以使用相同的基础模型。

11.2　虚拟制片的工作流程

11.2.1　初期阶段

推销预演用于从脚本中视觉化展现出其中的创意或序列，然后将其转变为预告片，用于向投资人和制作公司进行推销。推销预演作为一个强有力的实用工具，能轻松传达愿景，点亮项目启动的绿灯。

11.2.2　预演阶段

预演是将影片的部分或全部可视化地表现出来，且通常用于特别复杂的场景。预演一般使用故事板、动画和资产构建的方式来创建出故事里整个世界的三维可视化效果，由此让导演去探索不同的镜头和角度。由于预演技术正变得愈发优秀，因此此阶段创建的序列甚至都有可能用于最终剪辑之中。

例如，惊悚剧《甜蜜家园》就采用UE做实时预演，构建出虚拟怪物与周围物体及真人角色之间的复杂互动，提升了画面和表演的真实性。科幻剧《寂静之海》同样使用虚拟制片技术来进行实时预演，如图11-1所示。

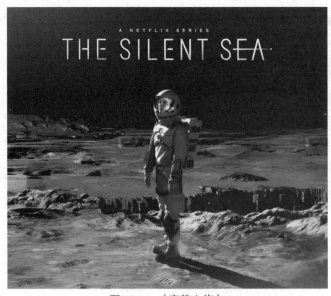

图 11-1 《寂静之海》

为了呈现逼真的太空和异星环境，《寂静之海》大量使用了 UE 的摄像机内视效。先以 LED 结合实物置景的方式，搭建出一个 30 平方米的月球场景，如图 11-2 所示。

图 11-2 月球场景搭建

所有 3D 数字资产和纹理都被导入 UE 中，在引擎中进行预览，调整构图和光照，一切确认无误后再渲染输出，省时提效。

同时，摄像机内视效功能把拍摄中的硬件、软件和操作人员全部连接在一起，实时调整，实时预演，如图 11-3 和图 11-4 所示。

图 11-3 实时调整

图 11-4　实时预演

LED 棚内的数字与实景可以随时调整，在棚内可以连续拍摄多个场景的戏份，省时省力。导演和摄影指导与制作团队现场讨论场景、现场决策，真正做到"后期前置"，节省大量的创作和制作成本。

11.2.3　制作阶段

"虚拟制片"是完成虚拟角色、环境创建所涉及的不同技术和流程术语的统称，这些技术使得导演能够利用摄像机去进行实际拍摄。虚拟制片新技术主要包括以下几个方面。

1．动作捕捉技术

动作捕捉也称为表演捕捉，在应用时演员们都会身着布满小圆点的紧身衣或利用惯性捕捉技术。该技术用于数字化的记录和演员的表演，这些圆点用于追踪演员的运动，以便将数据发送给软件。之后这些数据便可以用来创建数字化的 3D 角色。

2．虚拟摄像机

虚拟摄像机使导演能够在虚拟环境中自由地尝试不同的角度和镜头。导演将会利用一台物理摄像机，而该摄像机则连接了映射到虚拟世界的传感器。当导演对此摄像机进行平移、推拉、倾斜或升降时，摄像机便会记录相应动作，同时进行回放。虚拟摄像机可用于探索虚拟片场置景，找出最佳拍摄角度，并从不同位置重新拍摄预演序列。

3．技术预演

技术预演一般在预演之后进行。当预演序列创建好之后，就可以执行技术分析以告诉团队该如何在现实环境中拍摄影片。在预演阶段捕获的所有技术信息，如镜头类型、摄像机高度、绿屏大小、车辆速度等，都会以图标和可视化的形式加以呈现，并附上实际的测量数据。

4．运动控制

当在技术预演过程中准备好技术数据后，就可以将其发送到物理摄像机中，然后就可以按照所需的确切规格执行预先计划好的镜头。实际上，此过程是将虚拟摄像机的运动传递到了真实摄像机上，以便在现实中重现镜头的拍摄，由此允许导演精确地控制摄像机的移动，并进行多次重复拍摄。通过运用相同的摄像机运动分多次拍摄多个元素，之后即可很方便地进行片段合成。

5．协同工作摄像机

协同工作摄像机最初是为詹姆斯·卡梅隆的影片《阿凡达》而发明的，这是物理摄像机和虚拟摄像机的融合体。此摄像机能将身着动捕紧身衣的真实演员的表演实时叠加到虚拟场景中，由此在捕获运动时，即可使用运动追踪的结果。这意味着电影中的 CGI 桥段也可以像普通的真人实拍场景一样进行临场指导。

6．虚拟化快速原型

电影制作中的虚拟化快速原型制作是预演过程之后的又一进步。此技术充分发挥了虚拟制片技术，使得小型工作团队能够实时地利用身着动捕服装的演员来计划、拍摄和完成序列的剪辑，由此便可以快速完成拉片。利用 VRP 方式，整部影片都能轻松地完成预演，由此创作出全片的推销预演。

7．虚拟资产部门

现在许多超级大片都是在逼真的虚拟环境中进行拍摄的。例如，Jon Favreau 执导的《奇幻森林》其实并没有在丛林中实地拍摄任何一帧画面。当然，这也就更需要虚拟艺术部门能在设计师的指导下创建出 CG 资产和虚拟世界，以供导演使用虚拟摄像机进行探索。如果虚拟环境基于真实位置进行创作，则虚拟制作团队可以去实地进行测量，然后精确地重建出比例正确的数字版本。

8．摄影测量法

如果想要拍摄的是无法轻易通过计算机生成的内容，则可以使用摄影测量法创作。从本质上来说，这涉及从照片中提取信息，再以数字方式重新创建。如果能够访问需要从中生成模型的复杂片场设置或道具的照片，则此方法会非常有用。利用摄影测量法不仅能节省大量时间，还能为操作虚拟摄像机的人员提供更加精确的体验。

11.2.4　后期阶段

后期预演关乎如何将最终版本里的各种元素合成在一起。在此阶段中，剪辑师把实拍素材、预演和虚拟制作的素材及预览一并拼接、分割查看，然后一步步完成最终影片。

11.3　虚拟场景设计

虚拟场景是数字化的摄影棚拍摄环境，是可以实时操作和改变的数字化背景。虚拟场景建设直观快速，用全面的仿真图形的绘制实现传统的艺术创作无法实现的时间感、空间感和强烈的视觉冲击感，使得很多影视作品中难以实拍的场景都可以借助三维场景技术实现。通过模拟产生的空间，综合视听效果，使人身临其境。

例如，科幻短片《诞辰》在美术设定中有大量不存在于现实生活中的大场景。在场景设计中，实景只用了一块石头、一张床、两片门板，其余场景都制作为虚拟的三维场景呈现在 LED 幕墙上。现场是实时合成、所见即所得的最终画面。

11.4 摄像机追踪技术

11.4.1 摄像机

配备了高品质光学仪器的专业摄像装备是镜头内视效的关键。因为 LED 幕墙的锐聚焦可能会导致摩尔纹，而更浅的景深可以防止这一点。大型的图像感应器和电影镜头最适合用来确保景深够浅。另一大关键考量就是要谨慎同步摄像机的快门和 LED 幕墙的刷新率，否则产生的图像会有可见的扫描线和条带。

最后，需要确保场景中的线性场景色彩和亮度值能够在 LED 幕墙上适当呈现。LED 幕墙上的内容应该和现实世界中呈现的一样，无须应用额外的外观，因为这会在制片摄像机中应用。UE 支持 Open ColorIO 配置，从而确保用户可以应用必要的变形，实现在资产批准和最终拍摄阶段管理色彩。

11.4.2 追踪

摄像机实时追踪是虚拟制片中尤为独特的一环。现场 LED 幕墙电影摄像的概念与背式投影的用法非常类似，摄像机追踪混合了实时渲染，让视角运转或 LED 幕墙中的视差可以与摄像机的移动匹配，因此可以向摄像机传输图像，并使其符合真实世界的三维位置。

UE 的 LiveLink 插件可以连接多种外部源并直接进入引擎。可以用其连接实体的摄像机和 UE 中的虚拟摄像机。实体摄像机甚至可以不是摄像机，可以是简单的摄像机代理，如一个盒子，用来将现实世界中的移动创意传到虚拟电影摄像中，如《狮子王》就广泛采用了这种方法。LiveLink 还可以连接到 UE 中的其他内容上，从而实际控制虚拟对象，可用于控制光照、角色、道具等。

11.4.3 追踪系统

追踪系统可以分为惯性、光学和基于编码器的解决方案。基于编码器的解决方案包括基础的 HTC Vive 定位器，它会通过"灯塔"（使用激光扫描以定位定位器的模块）和本来用于虚拟现实游戏头显的 IMU（惯性测量单位）实现追踪。《曼达洛人》的制作使用了更复杂的追踪解决方案。

外向内光学追踪系统会围绕影棚部署一套固定的红外线摄像机。这种摄像机会寻找影棚内指定的标记并通过比较多个摄像机中重叠的部分来计算它们在 3D 空间中的位置。使用外向内光学追踪系统的示例包括 OptiTrack、Vicon 和 Black Trax。

另一种光学追踪方式是基于特征的内向外光学追踪。这涉及计算机视觉和摄像机中的飞行时间深度感应阵列，它会生成周围环境的 3D 点云并使用机器学习计算摄像机相对于该参考的位置。这项技术和 Xbox 的 Kinect 游戏系统类似。Ncam 是广为人知的基于特征的光学追踪示例。它的一大优势是无须标记、追踪灯塔或其他预设参考就可以有效工作。

基于标记的光学追踪系统包括在摄像机内放置红外感应器，它会寻找标记的图样。使用标记的光学追踪系统示例包括 Stype、MoSys 和 Lightcraft Previzion。这些系统通常很适合设备齐全的大型舞台，但如果要部署在户外或者在不适合放置标记的情况下，则使用这种方式会更加艰难。

追踪演员相对于摄像机的位置也有许多用途。例如在《曼达洛人》拍摄期间，有些镜头因为过于复杂或困难，从而无法在 LED 幕墙上获得完整的镜头内容。因此，电影制作人追踪了演员的位置并直接在演员身后放置了绿幕光圈，从而更紧密地追踪演员的移动，同时让 UE 场景中的余下场景位于屏幕的边缘。这样制作人就有了更好的灵活性，可以使用清楚的绿幕去做后期合成，同时保留非绿幕画面中的互动光照。

11.5 虚拟灯光及音效

11.5.1 灯光设计

在虚拟制片中，制作人可以利用 LED 屏来进行交互式照明。在使用 LED 屏获得环境照明的同时也照亮了演员，这样产生的效果比仅在标准背景下拍摄更具说服力和真实感。虚拟制片可以帮助制作人实现更多可能。通过使用先进的 LED 屏幕，制作人能够在同一场地中探索从城市建筑到自然景观，再到深空科幻世界的各种不同场景，而且这种拍摄方式能够实现的真实感十分惊人。

在虚拟制片中对灯光的使用，首先要考虑好制作人想要创造的效果，以及想要放在屏幕上呈现的世界，然后弄清楚需要在 LED 屏幕上和拍摄现场中需要添加的其他灯光，如此才能创建出想要在镜头里呈现的效果。因此可以在开拍前的测试期排除可能存在的问题和故障，通过测试，也可以使那些没有预料到的情况或正式拍摄时需要使用的东西暴露出来。

在 LED 屏的覆盖范围内，LED 面板对镜面和透明材质场景的拍摄效果会非常好。同时，片场的每个 LED 屏都有一定的弧度和反射性，每个面板都会在尽可能减小偏光或反射影响的前提下，以物理上正确的方式来响应现场照明，使得片场的布景看起来就像是围绕它们构建的一样。这些 LED 屏拍摄带来了非常逼真的视觉体验，仅靠传统的灯光设置很难复制这一效果。

11.5.2 音效设计

1979 年，好莱坞电影剪辑师兼声音设计师沃尔特·穆迟（Walter Murch）首次使用术语"声音设计"解释他本人在科波拉（Francis Coppola）的电影《现代启示录》中的声音工作。作为此片的声音剪辑师和混录师，穆迟为 70mm 的宽幕建构了十分丰富的对白、音响和音乐，创造了一种全新的听觉体验。此片使用"六声道系统"进行还音，这是今天影院 5.1 数字格式的前身。用穆迟本人的话来说："我在纸上制订了一个针对音效和音乐的周密计划，哪里用单声道的声音，哪里用立体声，哪里用四声道还是……""声道设计"就是"声音设计"概念的来源。

经过多年的发展，声音设计已经有其成熟的方法和流程。在虚拟制片中，可按照以下方法和步骤来进行音效设计。

（1）准备工作。不论观看画面时在脑海中浮现出怎样对声音的设想，都要和视觉创作者或导演分析每个场景和每个虚拟对象。分析叙事需要在场景中体现怎样的声音细节和情绪，并要求导演和视觉创作者提供虚拟对象、场景、运动的设计思路及希望从声音方面对视觉有怎样进一步的诠释。像传统声音设计流程一样，在时间线上绘制情绪线，从整体上对每个段落所需要的情绪起伏和节奏都有所控制，这是在开始操作前必须要完成的。

（2）声音分析。面对每个声音形象和场景，先从声音本身的材料着手，思考虚拟物体如果是真实的，本身会发出哪些声音，分析声音在物理层面的"主谓宾定状补"。在进行物理层面的思考后，结合导演给予的要求列出需要表达的声音信息，并思考虚拟形象和场景需要哪些听觉符号，这些听觉符号遵循哪些听觉习惯，确定这些听觉符号需要哪些声音材料。

（3）声音材料录制。在拟音室寻找可用拟音道具，或者外出进行田野录音搜集素材作为虚拟影像的替代听觉材料。在这个环节中，需要进一步思考听觉符号中的符号维度、抽象维度、时间维度、空间维度方面可以替换的听觉材料，并将思路融汇在听觉材料的录音过程中。

（4）声音材料处理、运动化效果实现。虚拟影像的声音设计是一个试错的过程。由于现实中有时候并不存在虚拟影像的听觉参考，所以获得理想的效果并不能一蹴而就。音频素材需要在音频工作站（DAW）中进行变形、音轨编辑、运动元素同步和音效组合处理才能达到理想的声音效果。虚拟影像同步声音的设计方法可以有千万种，但是这时导演所需要的信息或者之前在叙事中需要表达的信息是贯穿整个设计的主线。

（5）拉片和混音。完成从整体上对声音的节奏和张力做情绪上的调整。整体调整多是在混音时完成的，因为整体的情绪需要音乐、语言、音效的整体表现，之前也可进行适当的预混工作，减轻终混的工作负担。最终在混音时调整响度、声场等必要指标，最后整体声场的设计是环绕声混音的重心，也是增加音效运动感的重要步骤。

11.6 虚拟制片案例

11.6.1 摄像机跟踪拍摄案例

参与制作并获得奥斯卡多个奖项的电影《沙丘》的主视效团队 DNEG，不久前与动捕行业资深团队 Dimension 及制作团队 Sky Studios 合作，完成了虚拟制作系列短片，展示了其先进的虚拟制作技术和摄像机跟踪技术。

短片中，制作人利用动作捕捉技术对摄像机、演员和道具进行跟踪。执导者将动捕的标记点放在其中一名演员拿着的手电筒道具上，然后使用捕捉到的手电筒数据在 LED 屏上驱动虚拟照明，演员使用手电筒指向 LED 屏，该位置就会出现一个光圈，实现了演员与虚拟环境在一定程度上的自发互动，在 LED 场景中产生了很好的现场感，如图 11-5 所示。另一名表演者穿上动捕服，并利用捕捉到的表演数据来驱动屏幕上虚拟角色的实时运动。然后，挥舞手电筒的真人演员就能与屏幕上的虚拟角色实时互动，实现现实中的人与虚拟角色紧密互动的场景画面。

图 11-5　LED 幕墙跟踪显示效果（迪生数字）

11.6.2　LED 幕墙显示案例

LED 幕墙工作流程需要直接拍摄显示器，因此必须谨慎考虑相应的显示技术。影片《曼达洛人》在拍摄时使用的影棚及类似的 LED 幕墙制片都是由一系列单个 LED 模块矩阵组成的。根据具体的模型，这些面板处理曲线表面的情况可能比较呆板，也可能比较灵活。通过使用桁架和其他实体支持实现灵活配置。一个影棚的空间越大，包括带有侧面板的前屏幕、吊顶和摄像机后的面板，就能获得品质越高的互动光照和逼真的反射效果，如图 11-6 所示。

图 11-6　LED 幕墙显示（图片来源于《虚拟制片实践指南》）

LED 的模块组合比较适合大的摄影棚。由于摩尔效应，屏幕上物理像素的密度使得摄像机无法直接对准 LED 幕墙本身。当源图像相对于摄像机而言分辨率不足时，就会出现摩尔效应，导致出现干扰摩尔纹。因为 LED 模块包含像素大小的 LED 光，直接聚焦屏幕就会导致摩尔效应。每个摄像机感应像素看到的 LED 数量越多，出现摩尔效应的可能性就越低。如果是小规模的拍摄制作，则可以替换为微型 LED 和 OLED 显示器。

例如，HBO 的剧集《逃》，在拍摄时就在每个窗口外使用 83 英寸的显示器来打造一辆静态火车布景的外部视角。因为 OLED 显示器的像素密度远高于 LED 模块，摄像机可以离显示器更近，并且不会出现任何不必要的摩尔纹。

11.6.3　视效预览案例

韩国 Netflix 原创科幻电影《胜利号》在制作时使用 UE 制作视效预览，该电影凭借精美的特效在视效界引起了广泛的关注。

在电影制作中，有多个场景使用了大量的 CG 元素。例如，Bubs 在宇宙飞船之间来回穿梭，用鱼叉将其击毁，背景是辽阔的太空景观；几艘宇宙飞船在一个行星大小的工厂中沿着复杂的通道相互尾随追逐。这些场景完全由 CG 制作，演员只需要根据想象的最终场景来表演必要的台词和动作。这正是实时图形引擎 UE 创作的优势。在视效预览阶段就开始使用 UE，这样不仅能够在制片管线的早期阶段测试最终像素的视觉效果，并使用这些镜头设计最终光照和构图，还可以与整个制作团队分享最终镜头，导演能够传达自己的创作意图，最大限度地减少了试错并节省了大量的时间和投资成本。

在制作过程中，UE 的威力在隧道场景中得到突出体现，如图 11-7 所示。该场景需要处理大量数据，包括高度细节化的设计、光照和视效。首先在 UE 的实时环境中放置资产，同时测试光照。这样能够进行简单而直观的迭代，轻松确定场景的氛围、质量、光量和色调；同时在光照、摄像和动画方面开展协同创作，这意味着制作人可以在场景走位中添加细节。

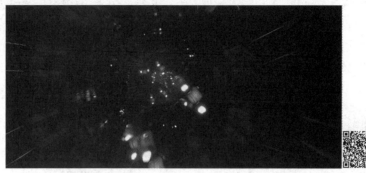

图 11-7　隧道追逐场景视效预览（图片来源于《胜利号》）

此外，还可以叠加使用各种摄像机功能。例如，为不同摄像机角度分别设置光照、动态模糊、景深和镜头光晕等。此外，UE 能够在视效预览中按照特定的规模和时机将视效添加到预期位置，而这通常只能在制片阶段进行。因此，即使是从前在视效预览中很难捕捉的三维视效，现在也很容易实现。在传统视效预览中，只能通过简单地放置物体来创建构图，但 UE 的力量改进了管线，它将使用大量几何体构建三维外观和光照。

电影《野性的呼唤》在拍摄时，同样在借助 UE 拍摄之前就对整部电影进行了视效预览。制作人在其中添加配音演员和音乐，由于 UE 营造出一种让人感同身受的视觉特效，因此制作人能够演示特效，并在拍摄前掌握基调和故事要点。

11.6.4　iPad 虚拟拍摄案例

本节结合 UE 重点讲解利用 iPad 如何实现虚拟拍摄。主要用虚拟摄像机插件来进行虚拟拍摄制作。该插件允许用户在虚拟制作环境中使用 iPad 驱动 UE 中的过场动画摄像机。通过 ARKit、Vicon 或 Optitrack 等光学运动捕捉系统，iPad 的位置和旋转可以无线广播到 PC 上，PC 将视频传回 iPad。

利用 iPad 在 UE 中进行虚拟拍摄的基本流程如下。

1．启用 VirtualCamera 插件

（1）执行"Edit"→"Plugins"命令。

（2）在 Virtual Production 选项卡中，启用 VirtualCamera 插件，如图 11-8 所示。

（3）重新启动要应用插件的编辑器。重新启动编辑器后，将启用 VirtualCamera 插件。在启用插件时，将自动启用两个额外插件：Remote Session 和 Apple ARKit。

虚拟摄像机依赖于 Remote Session 的独立 UE 4 插件和相关联的 Unreal Remote 应用程序（可以在 App Store 中免费下载）。该应用程序与远程会话插件一起使用，通过 IP 在设备和 PC 之间传输和接收数据。应用程序需要用户输入 PC 的 IP 地址。

远程会话插件通过 IP 使视频在 PC 端的编辑器中运行或通过独立游戏窗口传输到移动设备上，接收触摸输入和 ARKit 追踪数据。该插件可以用于移动端的视频预览。

图 11-8　启用 VirtualCamera 插件

2. iOS 设备设置

从 App Store 中下载 Unreal Remote 应用程序到支持 ARKit 的 iOS 设备 iPad 上，并启动该应用程序。在 iPad 上需要输入远程服务器的 IP 地址，并单击"Connect"按钮尝试建立连接。IP 地址可能不同，可以在 Windows 系统中打开 CMD 提示符并输入 IPCONFIG 来搜索 IPv4 地址。

需要注意的是，只有当 UE 启动了一个运行会话时，才会发生连接。Unreal Remote 应用程序将显示为"正在连接"状态，直到单击取消按钮或 UE 4 启动了一个运行会话。

3. UE 项目设置

（1）虚拟摄像机游戏模式设置。打开 World Settings 面板，将 Game Mode 设置为 VirtualCameraGameMode，如图 11-9 所示。

图 11-9　游戏模式设置

（2）设置支持 ARKit 的 iPad。

要想让 Unreal Remote 应用程序使用 ARKit，需要在项目中公开 AR 和 XR 通道。可以通过在项目的 DefaultEngine.ini 文件中添加以下内容来实现。在项目文件上右击并选择"Properties"，确保清除项目上的只读标志。

[RemoteSession]

+Channels=(Name=FRemoteSessionFrameBufferChannel,Mode=Write)

+Channels=(Name=FRemoteSessionInputChannel,Mode=Read)

+Channels=(Name=FRemoteSessionXRTrackingChannel,Mode=Read)

（3）设置虚拟操纵杆。

除了通过 ARKit 追踪移动，另一个用于移动的选项是使用虚拟操纵杆。由于没有将项目部署到设备上，因此需要公开项目中的虚拟操纵杆，通过执行"Edit"→"Project Settings"→"Input"命令来完成，并在 Mobile 部分启用"Always Show Touch Interface"选项，如图 11-10 所示。

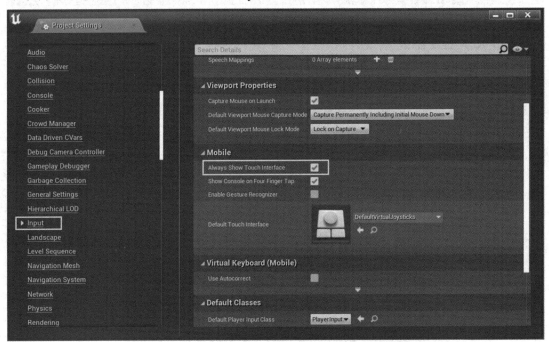

图 11-10 启用"Always Show Touch Interface"选项

（4）设置游戏视口。

为了防止虚拟摄像机 UI 的拉伸或倾斜，需要更改游戏视口设置以匹配设备的分辨率。执行"Edit"→"Editor Preferences"→"Play"→"Game Viewport Settings"命令，选择相对应的游戏视口，如图 11-11 所示。

如果用本机窗口大小播放有点慢，则可以在这里调整窗口的分辨率，保持纵横比不变。例如，1280 像素×960 像素适用于 iPad Pro，它的纵横比为 4:3。

单击"Play"按钮旁边的"Play Options"按钮，打开下拉菜单，选择"New Editor Windows (PIE)"选项。启动项目，可以看到虚拟摄像机 UI 覆盖在项目上，如图 11-12 所示。

运行 Unreal Remote 应用程序的 iOS 设备也将自动连接到运行会话。此时可以使用 Unreal Remote 应用程序通过 iOS 设备控制会话，如图 11-13 所示。

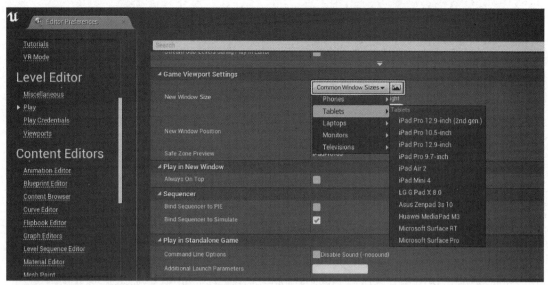

图 11-11　游戏视口设置

图 11-12　UI 显示

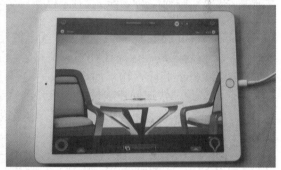

图 11-13　iPad 会话控制

4. 虚拟摄像机 UI（见图 11-14）

图 11-14　虚拟摄像机 UI

在虚拟摄像机 UI 中可以对可视性、虚拟制片 FPS、聚焦模型进行设置。UI 右上角的三个按钮 M、T、A 用于设置虚拟摄像机的聚焦模式。

M（Manual）为默认设置，每次单击屏幕时进行对焦，将把焦点距离设置为一个常量。

T（Tracking）设置将不断更新焦点距离，以保持选中的 3D 点处于焦点上。

A（Auto）设置将显示一个准星，可以通过单击在屏幕上移动。焦点距离将不断更新，以保持聚焦于准星瞄准的对象上。

5. 摄像机设置

单击右上角的齿轮图标将弹出设置菜单。General Settings 选项卡中包含设置输入摄像机追踪源（ARKit、自定义、LiveLink）、以秒或帧为单位显示播放及在整个功能集中将全局吊杆更改为本地吊杆（不推荐）的功能设置。

"Film Format"→"Aspect Ratio"设置允许用户从预先确定的影片格式和蒙版列表中进行选择［可在虚拟摄像机 Pawn（Virtual Camera Pawn）的过场动画摄像机组件的数组中定制］，并设置 Matte Opacity。

Focus 选项卡使用户可以访问 Focus Method（Focus Method 中的选项与主 UI 中的 M、T、A 按钮相同）、Focus Distance 的显示格式、使用触摸输入时是否显示 Focus Plane 焦点及颜色面板。

Stabilization 选项卡用于抑制追踪输入的运动，使用户的摄像机移动更流畅。除了位置和旋转的不同稳定值，用户还能够调整每个通道的稳定性。

Axis Locking 将防止输入源影响该特定轴。例如，锁定平台车和吊杆将强制使摄像机只能左右移动。这是快速创建线性摄像机移动轨道的好方法。在默认情况下，锁定 Dutch 将使摄像机上的滚动清零，保持水平。当一个轴解锁时，摄像机将再次从该轴的输入源继承位置、旋转。摄像机可以移动旋转。

Motion Scale 用于放大输入源的运动。允许用户在场景中走动时放大或最小化动作。3 个运动轴上的缩放均可独立调节。此外，可以链接平台车和移动式摄影车，使 x-y 平面上的运动统一。

单击"Freeze the View"按钮将暂时禁用输入源，这样平板电脑上的视图就会冻结，使用户可以将平板电脑移动到现实世界的其他地方。单击"Unfreeze the View"按钮，然后重新启用输入源，保持视图偏移。

Visibility 选项卡设置在单击主 UI 上的可视性按钮时哪些 UI 元素可见。

Presets 使用户能够保存特定的设置，并在另一个会话期间将设置加载回来。在默认情况下，当用户关闭 PIE/游戏窗口时，插件将保存当前的摄像机设置。

Focal Length 显示在 UI 的左上区域。单击该区域会展开一个带可定制镜头工具包的轮子。滚动该轮子将逐个循环遍历这些镜头。此外，单击任何焦距都会立即切换到这些镜头。镜头工具包可以通过改变 VirtualCameraPawn 中过场动画摄像机组件上的焦距选项数组来定制。

Focus Distance 和 Aperture 显示在 UI 的右上角，用于设置聚焦时的焦点距离和光圈。光圈值影响景深（DoF），值越小，创建的 DoF 就越浅。光圈工具包可以通过改变 VirtualCameraPawn 中过场动画摄像机组件上的光圈选项数组来定制。

6. 记录和记录子菜单

单击"Record"按钮启动录制，再次单击停止录制。"Record"按钮旁的箭头用于访问记录子菜单。其包含一个用于拍摄高分辨率屏幕截图的按钮（单摄像机图标），以及一个用于加载前一个屏幕截图的按钮（多摄像机图标）。加载屏幕截图的动作是将摄像机移动到屏幕截图拍摄的位置（仅定位，不旋转），并调整焦距和光圈以匹配。

第12章

UE 行业应用案例——数字人

数字人是元宇宙技术应用的核心组成部分，泛指虚拟世界中的虚拟化身，也称为 Avatar。从元宇宙发展的整体进程来看，数字人处于核心地位，走在元宇宙的最前端。并且，随着大量企业涌入，数字人相关的应用也随之迅速扩大，在不久的将来，数字人会被大规模地应用到更多的场景中，为消费市场创造更多价值。

本章主要内容如下。

- 数字人概述。
- 数字人的设计原则。
- 数字人技术实现。
- MateHuman。
- LiveLink 表情捕捉。
- LiveLink 实时动作捕捉。
- 虚拟抠像与视频合成。

12.1 数字人概述

12.1.1 数字人的概念和特征

数字人（Digital Human/Meta Human）是运用数字技术创造出来的、与人类形象接近的数字化人物形象。从狭义上来说，数字人是信息科学与生命科学融合的产物，是利用信息科学的方法对人体不同水平的形态和功能进行虚拟仿真。其包括 4 个交叉重叠的发展阶段，即可视人、物理人、生理人、智能人，最终建立多学科和多层次的数字模型并达到对人体从微观到宏观的精确模拟。从广义上来说，数字人是指数字技术在人体解剖、物理、生理及智能各个层次、各个阶段的渗透。需要注意的是，数字人是正处于发展阶段的相关领域的统称。

虚拟数字人的主要特征如下。

（1）拥有人的外观，具有特定的相貌、性别和性格等人物特征。

（2）拥有人的行为，具有用语言、面部表情和肢体动作表达的能力。

（3）拥有人的思想，具有识别外界环境，并能与人交流互动的能力。

综合来看，数字人具备四方面的能力，即形象能力、感知能力、表达能力和娱乐互动能力。

12.1.2　数字人系统

数字人系统一般由人物形象、语音生成、动画生成、音视频合成显示、交互 5 个模块构成。根据交互性，可将数字人分为交互型数字人和非交互型数字人。交互型数字人根据驱动方式的不同，可分为智能驱动型和真人驱动型。非交互型数字人，系统依据目标文本生成对应的人物语音及动画，并合成音视频呈现给用户。

智能驱动型数字人通过智能系统自动读取并解析识别外界输入的信息，根据解析结果决策数字人后续的输出文本，驱动人物模型生成相应的语音与动作来使数字人跟用户互动。这种人物模型是预先通过 AI 技术训练得到的，可通过文本驱动生成语音和对应动画，业内将此模型称为 TTSA（Text To Speech & Animation）人物模型。

真人驱动型数字人根据视频监控系统传来的用户视频，与用户实时语音，同时通过动作捕捉采集系统将真人的表情、动作呈现在虚拟数字人形象上，从而与用户进行交互。

12.1.3　数字人的类型

目前数字人根据人物图形维度和外形风格，可分为二次元、3D 卡通、3D 高写实、真人形象 4 种类型。

1. 二次元类型

虚拟歌手星辰的职业设定为虚拟歌姬，她个性软萌可爱、温柔细腻，如图 12-1 所示。除了独特的形象和性格，星辰还能唱歌、跳舞、直播带货，多样的才艺加持让人物设定不单薄，受到很多用户的关注。

2. 3D 卡通类型

吉林动画元宇宙社区的数字人彩梦是基于虚拟人 IP 的陪伴型虚拟助理，如图 12-2 所示。在大语言模型基础上，彩梦有虚拟人物形象和情感交互系统，具备视觉识别能力，支持自然的交流方式。

图 12-1　虚拟歌手星辰

图 12-2　数字人彩梦

在外形装扮上，彩梦是黑色长发，甜美可爱，五官比例偏向二次元风格。彩梦的面部微动作及肢体的造型都很自然、生动，整体设计效果相对较好。

3．3D 高写实类型

数字人 AI 助理是使用 UE 创建出来的特别拟真的 Metahuman 形象，如图 12-3 所示。数字人 AI 助理写实程度高，人物整体效果已经和真人十分接近，五官特别精致、黑色短发，散发着一种清冷气质。

4．真人形象类型

用户基于自身照片可以定制出数字人 AI 虚拟主播，该数字人无论是外在形象、面部表情、服装搭配、说话声音，还是肢体动作，都是完全基于真实用户生成的，如图 12-4 所示。

图 12-3　数字人 AI 助理

图 12-4　数字人 AI 虚拟主播

通过语音合成、唇形合成、表情合成及深度学习等技术，克隆出具备和真人主播一样的播报能力的"AI 合成主播"。真人形象的虚拟主播的优势在于，其特征都来源于真人，呈现的面貌和状态更容易被用户了解。如果不仔细看，则可能分辨不出是否是真人。

12.1.4　数字人的应用场景

数字人技术结合实际应用场景领域，在各行各业中有着广泛的应用。如今，已经出现娱乐型数字人、助手型数字人、教育型数字人、影视数字人等，应用于多个场景或行业中。娱乐型数字人，如虚拟偶像、歌手、网红、虚拟代言人等。助手型数字人，如虚拟客服、虚拟导游、智能助手。随着数字人元宇宙的深入发展，还会有更多场景更多类型的虚拟人呈现在大众的视野中。

12.2　数字人的设计原则

想要设计一个成功的数字人，需要设计技巧、原画知识、创意和视觉传达，同时也需要遵循一定的设计原则。

1．世界观背景

这是决定一个角色大致风格和应用走向的重要因素，也是在制作之前先要确立的关键点，不同文化背景所运用到的设计元素是不同的。

2．画小样

画小样的目的就是让自己的想法尽情发挥，不用过多地去考虑细节的东西。先将各种可能罗列出来，不断地修改、完善，最终选择一个比较好的创意。

3. 外在形象

辨认一个角色主要靠其外形。在角色设计中，外形的重要性超过了细节、纹理，甚至颜色。细节、纹理、灯光会受环境影响，而角色的外形很少会因为环境而改变。

4. 比例的控制与把握

数字人角色体型比例设计对了，才能够把想要装备的效果很好地展现出来。另外，不同性别的体态也是需要区分开的。

5. 表情

角色设计的一个方面就是要表现出角色的性格。一种方法就是刻画出角色的特定表情来彰显角色的关键性格。

6. 文化内涵

只有赋予角色一定的文化内涵，才能塑造一个有血有肉的人物形象，所以设计的角色要进行一定的身份设定。

12.3 数字人技术实现

虚拟数字人制作的技术实现主要分为以下 5 个阶段。

（1）形象原画设计。明确形象设计方向，绘制原画和三视图、招牌动作及表情。

（2）建模。根据平面形象进行模型建立、UV 设计、贴图绘制；或通过静态重建、高视觉保真度的动态光场三维重建技术，进行虚拟人形象的基础构建，重点在于形象的细节制作或还原。

（3）角色绑定。将模型进行绑骨骼，用骨骼运动带动模型运动。

（4）驱动。利用运动捕捉采集到的动作驱动虚拟人模型是目前 3D 虚拟人动作生成的主要方式，核心技术是动作捕捉技术，主要是驱动人物的动作和表情。数字人的动作和表情驱动主要分两种：基于骨骼驱动和基于 blendshape 驱动。

① 基于骨骼驱动。

大多数数字人采用骨骼绑定肢体，通过骨骼与模型身体间的"蒙皮"关系，在骨骼运动时也会带动与之对应的蒙皮顶点进行运动，从而实现骨骼驱动身体相应部位对应的模型。

骨骼驱动除了能够用于角色肢体驱动，还可用于绑定角色的服装，再通过相关技术进行追踪，即可实现真实的服装物理效果模拟，这样可以避免通过引擎的物理系统导致的物理解算异常，实现可控且高质量的物理效果。

另外，通过使用一个骨骼作为其"根骨骼"，将其他模型绑定到该骨骼上，即可实现道具的交互。比如，虚拟数字人拿起一个虚拟苹果或者一本书，绑定好后再通过对应骨骼控制技术控制道具的空间姿态。

② 基于 blendshape 驱动。

blendshape 驱动方式主要用于角色面部表情的制作，在制作多个面部状态后，通过与原始面部顶点进行计算，从而得到与之对应的顶点偏移量且相互独立，这样我们在使用过程中可以驱动角色的多个面部状态，比如在说话时眨眨眼，在生气时眼睛向左看。

blendshape 除了可用于面部表情驱动，还可用于角色的肢体细节驱动，可以作为骨骼驱动的一种补充方案。比如，通过骨骼驱动的关节在制作不到位时会使人感觉过渡生硬、不自然，可以通过 blendshape 让该区域的蒙皮顶点再次进行偏移，这样可以让整体关节的过渡更加自然，且符合人体运动规律。

（5）渲染。通过 PBR 渲染技术、重光照等新的渲染技术对虚拟人的外观进行精度的调整，以及对虚拟人所处环境表现和效果进行打造。

12.4　MetaHuman

本节介绍如何利用 UE 提供的 MetaHuman 制作数字人。在 MetaHuman Creator 中预设创建 MetaHuman，利用 Quixel Bridge 下载并可导出到 UE 项目中。

12.4.1　创建 MetaHuman

（1）打开 MetaHuman Creator 主页，使用 Epic Games 账号登录。

（2）在 CREATE METAHUMAN 面板中，从 MetaHuman 预设中选择一个模型，如图 12-5 所示。在选择前，可以使用视口来预览当前选择的 MetaHuman。在预览 MetaHuman 时，可以使用热键和视口操作来查看 MetaHuman，也可以在视口中围绕角色旋转摄像机、光源，在面部视角和身体视角间进行切换。

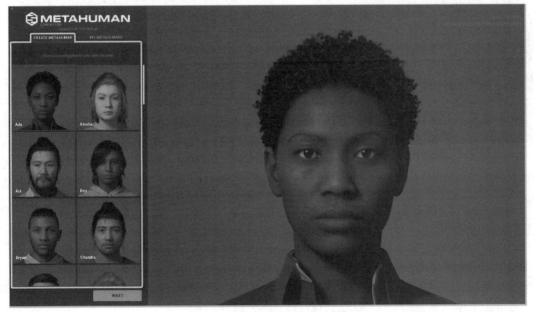

图 12-5　选择 MetaHuman 预设模型

（3）单击"NEXT"按钮，创建 MetaHuman。

单击"NEXT"按钮后，系统会根据选择的 MetaHuman 预设生成一个实例并添加到 My MetaHumans 库中。同时视口会显示所有可用的编辑选项。用户对 MetaHuman 所做的编辑都将被保存，并可以在库中访问。视口提供的相关操作有 MetaHuman 的属性和特性选择、视口光照和质量设置、MetaHuman 的视口呈现预览、视口塑造和动画功能按钮工具栏、键盘热键参考，如图 12-6 所示。

图 12-6　视口功能

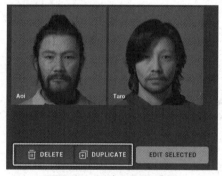

图 12-7　删除和复制选项

（4）修改创建的 MetaHuman。

开始编辑的 MetaHuman 都会自动将其实例保存到 My MetaHumans 库中，可以编辑、复制或从 Creator 中删除实例。

My MetaHumans 库的底部有"DELETE"、"DUPLICATE"和"EDIT SELECTED"按钮，如图 12-7 所示，可以删除和复制 MetaHuman 数字人模型。单击"EDIT SELECTED"按钮可以继续进行编辑。

（5）MetaHuman 面部（FACE）编辑。

面部控制选项提供与面部特征相关的属性设置。用户可以控制局部的面部特征、皮肤色调、眼睛颜色、外观、牙齿形状及妆容样式等选项，以将其应用到创建的 MetaHuman 上。

MetaHuman Creator 的面部类别包含混合（Blend）、皮肤（Skin）、眼睛（Eyes）、牙齿（Teeth）和妆容（Makeup）属性，如图 12-8 所示。

① 混合。利用混合工具将在其他 MetaHuman 预设中选择的面部属性混合到用户创建的 MetaHuman 中，以获得相同或相似的特征，如图 12-9 所示。

要使用此工具，必须在视口工具栏中选择混合（BLEND）模式，如图 12-10 所示。

BLEND 包括两部分：混合圆周（BLEND CIRCLE）和预设（PRESETS）选项，如图 12-11 所示。通过将预设拖放到圆周上的位置，可以将预设指定到混合圆周。放置之后，可以通过将预设拖放到新栏位来移动预设。如果要删除预设，则可以将鼠标光标悬停在预设上并单击"×"按钮。

当面部选择功能按钮被标记时，右侧区域将显示与左侧混合面板中填充了相同数量栏位的混合圆周所映射的混合圆周。朝着用户要与视口中的 MetaHuman 混合的预设拖动控制点。

在圆周中添加或删除预设不会改变圆周中的控制点影响。但是，在圆周上更改放置或选择的预设，将更改对视口中 MetaHuman 造成的混合影响。

图 12-8　面部控制选项（图源：UE 官网）

图 12-9　混合工具（图源：UE 官网）

图 12-10　选择混合模式（图源：UE 官网）

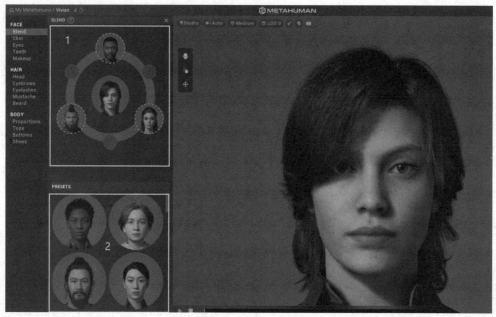

图 12-11　混合圆周和预设选项（图源：UE 官网）

在使用混合工具时需要注意：

如果将任何标记上的控制点朝着影响栏位移动，则在混合圆周上添加、切换、更改、删除预设将直接改变 MetaHuman 的外观。

如果用户已经使用 Move 和 Sculpt 工具对 MetaHuman 进行了修改，则混合编辑将逐渐重载这些变化。当用户在标记上朝着影响点移动控制点时，距离中心越远，原始塑造所产生的影响就越小。重新移动到中心不会恢复重载；重载将丢失，只有混合影响会保留下来。

② 皮肤属性。

皮肤属性中包含能够影响皮肤色调和肤色的类别。利用选项卡可以在 SKIN、FRECKLES 和 ACCENTS 面部属性之间进行切换，如图 12-12 所示。

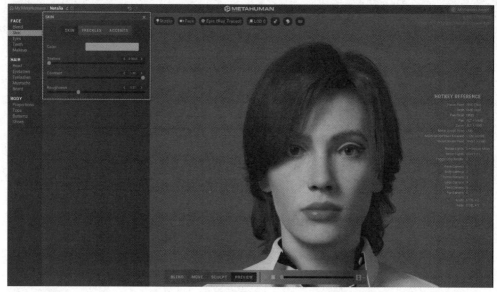

图 12-12　皮肤属性（图源：UE 官网）

SKIN 属性主要定义 MetaHuman 的皮肤色调和肤色，例如皮肤颜色、纹理定义和皮肤看起来的干燥或油性程度，如图 12-13 所示。

通过 Color 选择器可以从真实的人类数值中选择皮肤色调。Texture 属性用于为脸部皮肤表面增加细节，如图 12-14 所示。Contrast 和 Roughness 属性用于定义皮肤亮度和皮肤看起来的干燥或油性程度，如图 12-15 所示。

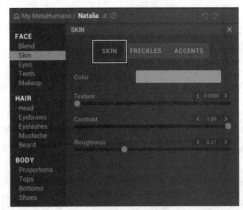

图 12-13　SKIN 配置与属性（图源：UE 官网）

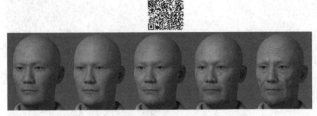

图 12-14　调节 Texture 属性的效果
（图源：UE 官网）

图 12-15　皮肤亮度和粗糙度对比图
（图源：UE 官网）

FRECKLES 属性用于为面部的雀斑设置纹理，如图 12-16 所示。选择模式之后，可以利用其他属性来定义面部雀斑的外观。

用户可以进一步使用 Density、Strength、Saturation 和 Tone Shift 属性来定义和混合皮肤雀斑的外观。

ACCENT 属性用于在面部的选定区域中调整色调，如图 12-17 所示。

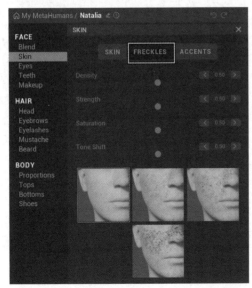

图 12-16　FRECKLES 属性（图源：UE 官网）

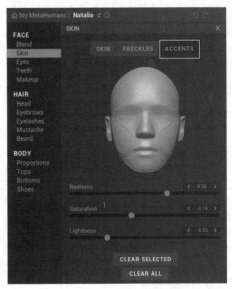

图 12-17　ACCENTS 属性（图源：UE 官网）

使用头部图来选择要定义皮肤 Redness、Saturation 和 Lightness 的面部位置。也可以重置相关属性设置，如果只是重置当前选中的脸部区域，则单击"CLEAR SELECTED"按钮；如果重置所有脸部区域，则单击"CLEAR ALL"按钮。

③ 眼睛属性。

MetaHuman Creator 的眼睛类别包含眼睛的主要属性，其中带有一些预设，让用户可以编辑虹膜和巩膜，如图 12-18 所示。

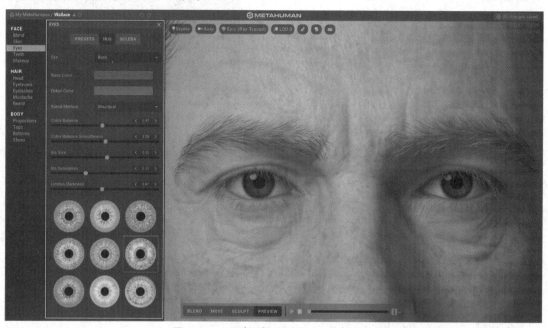

图 12-18　眼睛属性（图源：UE 官网）

使用选项卡可以在 PRESETS、IRIS 和 SCLERA 面板之间进行切换，如图 12-19 所示。

PRESETS 面板为眼睛提供了预设值，用户可以使用 IRIS 和 SCLERA 面板对这些预设进行进一步配置，如图 12-20 所示。眼睛预设示例如图 12-21 所示。

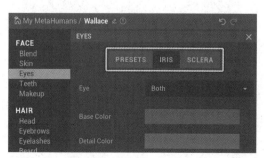

图 12-19　眼睛属性选项卡（图源：UE 官网）

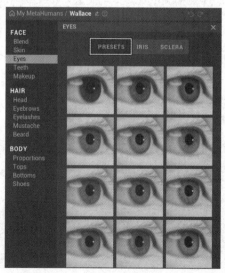

图 12-20　PRESETS 面板（图源：UE 官网）

图 12-21　眼睛预设示例（图源：UE 官网）

　　IRIS 面板提供了可配置的属性来定义瞳孔周围的眼睛彩色圆环。可以同时设置两只眼睛的虹膜，或者分别设置左眼和右眼。

　　MetaHuman 眼睛的颜色由 Base Color 和 Detail Color 属性决定，如图 12-22 所示。Base Color 指的是眼睛的主要颜色，例如蓝色、棕色和褐色眼睛。除了基本色，有些眼睛还可以用虹膜外部边缘的圆环来表现特色。Detail Color 为眼睛增加了这种功能。

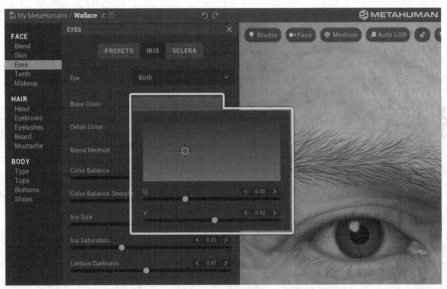

图 12-22　眼睛颜色属性面板（图源：UE 官网）

　　Blend Method 中提供了 Radial 和 Structural 方法来处理颜色的平衡和顺滑度。Radial 方法注重外部边缘的平衡，根据设置的细节颜色来定义虹膜周围的圆环；而 Structural 方法则不然。Color Balance 和 Color Balance Smoothness 属性用于根据虹膜外部边缘到瞳孔的颜色来增强或减弱细节颜色。

　　调节 Iris Saturation 滑块可以让虹膜的基本颜色变浓，让它变得更加生动或减少活力，如图 12-23 所示。通过 Limbus Darkness 属性可以混合角膜和虹膜周围的眼睛细节颜色。

　　Iris Size 属性用来调整虹膜的大小，以及从虹膜模式中选择一个选项来定义 MetaHuman 眼睛的细微模式，如图 12-24 所示。

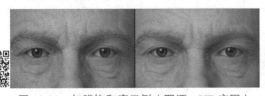

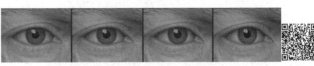

图 12-23　虹膜饱和度示例（图源：UE 官网）　　　　图 12-24　虹膜大小示例（图源：UE 官网）

　　SCLERA 面板提供可配置的选项来定义眼睛白色区域的外观。可以同时设置两只眼睛的虹膜，或者分别设置左眼和右眼。

使用 Tint（色调）属性可以设置更加真实的眼睛色彩，从而获得从浅白色到充血的各种颜色的眼睛，如图 12-25 所示。使用 Brightness 属性可以控制色调的强度。

图 12-25　色调调整示例（图源：UE 官网）

有两层可以旋转的微型血管：一是用于虹膜的外层；二是用于表面之下的其他血管。每一层都可以使用 Sclera Rotation 和 Veins Rotation 属性分别旋转。眼白部分始终有一些可见的血管，因此虹膜血管始终可见。Vascularity 属性用来控制辅助血管层的可见性，0 表示不可见，1.0 表示完全可见。

④　牙齿属性。

使用牙齿属性可以自定义 MetaHuman 的牙齿外观和样式，这包括对牙齿、牙龈的外观及变体数量等进行自定义，如图 12-26 所示。

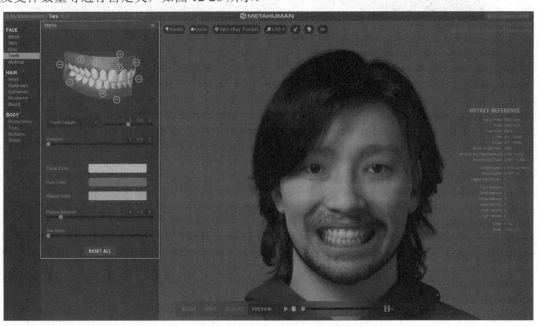

图 12-26　牙齿属性（图源：UE 官网）

面板顶端的部分是牙齿的视觉呈现和可以调整的控制点。每个控制点都可以用来定义MetaHuman 的牙齿外观。可以对牙齿和牙龈区域进行控制，以生成各种样式的牙齿，包括牙齿的长度和间隔、上龅牙和下龅牙、凹陷的牙龈及其他特征。

用户可以使用取色器来选择颜色，从而调整牙齿、牙龈和牙斑的颜色。Plaque Color 可见性受到 Plaque Amount 属性的影响。

使用 Jaw Open 属性控制嘴巴张开的宽度，这样在编辑牙齿的控制点时可以更轻松地看到变体和变化，如图 12-27 所示。

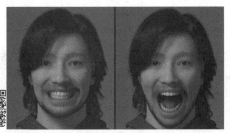

图 12-27　使用 Jaw Open 属性控制嘴巴张开的宽度（图源：UE 官网）

⑤ 妆容属性。

Makeup 类别包含眼睛和嘴唇的样式选项，并带有可配置的属性，如图 12-28 所示。

图 12-28　妆容属性（图源：UE 官网）

EYES 面板提供了眼睛妆容模式和属性选项来调整其外观，如图 12-29 所示。

使用 Color 选择器来选择眼睛妆容的主要颜色，然后使用 Roughness、Transparency 和 Metalness 属性来定义要应用的眼睛妆容的光泽度和数量。

LIPS 面板为 MetaHuman 的嘴唇提供了一组可选择的唇膏妆容模式，如图 12-30 所示。

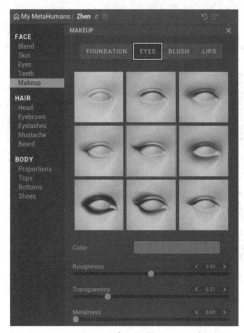

图 12-29　EYES 面板（图源：UE 官网）

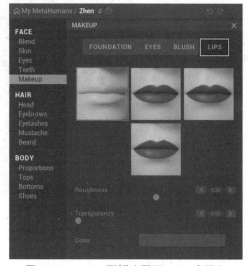

图 12-30　LIPS 面板（图源：UE 官网）

使用 Color 选择器来确定唇色，然后使用 Roughness 和 Transparency 属性来定义唇膏妆容的光泽度和使用量。

（6）MetaHuman 毛发（HAIR）编辑。

HAIR 功能按钮提供了多种样式的选项，并提供了与角色头部毛发属性相关的特性。用户可以控制如何定义创建的 MetaHuman 的头部、眉毛、睫毛、下巴胡须、上嘴唇胡须的毛发样式类型，如图 12-31 所示。

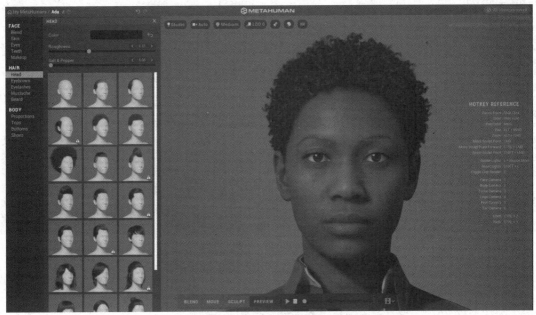

图 12-31　MetaHuman 毛发编辑（图源：UE 官网）

每种毛发的面板都包含 Color 选择器，可以选择毛发的主要颜色，如图 12-32 所示。在颜色图表中拖动 Color 选择器即可选择颜色，或使用 Melanin 和 Redness 属性来定义更具体的数值。

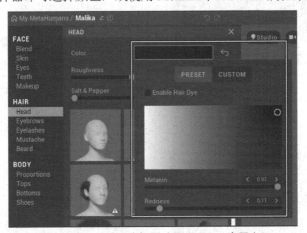

图 12-32　Color 选择器（图源：UE 官网）

Roughness 属性用于定义毛发看起来的油性或干燥程度，如图 12-33 所示。Salt & Pepper 属性用于定义毛发上分布有多少灰色。

利用 Head 面板，可以通过选择毛发样式来自定义用户创建的 MetaHuman，如图 12-34 所示。

图 12-33　毛发看起来的油性或干燥程度示例
（图源：UE 官网）

图 12-34　毛发预设示例（图源：UE 官网）

利用 Eyebrows 面板，可以通过选择眉毛样式来自定义用户创建的 MetaHuman。利用 Eyelashes 面板，可以通过选择睫毛样式来自定义用户创建的 MetaHuman，如图 12-35 所示。

利用 Mustache 面板，可以通过选择八字胡样式来自定义用户创建的 MetaHuman。利用 Beard 面板，可以通过选择胡须样式来自定义用户创建的 MetaHuman，如图 12-36 所示。

图 12-35　睫毛预设示例（图源：UE 官网）

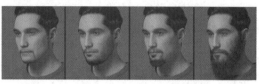

图 12-36　胡须预设示例（图源：UE 官网）

（7）MetaHuman 身体（BODY）编辑。

BODY 功能按钮为 MetaHuman 提供了多种体型、高度及服装选项，如图 12-37 所示。

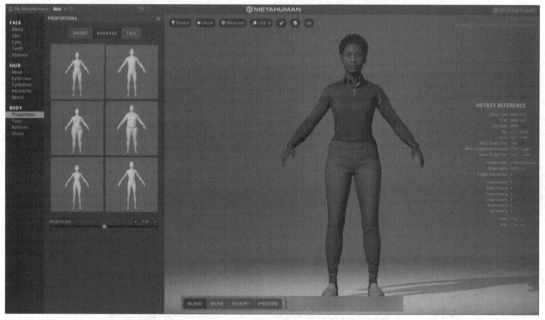

图 12-37　MetaHuman 身体编辑（图源：UE 官网）

利用 Proportions 面板可以设置角色的身高和体型。用户可以为 MetaHuman 选择不同的身高：矮、中、高，还可以为 MetaHuman 选择不同的躯体类型。

Tops 面板提供了角色可以穿着的服装款式，如长袖运动衫、有领衬衫和连帽衫。每件上装都可以设置主要颜色和次要颜色。

Bottoms 面板提供了角色腿部的服装款式（见图 12-38），如牛仔裤、工装裤和短裤。每件下装都可以设置主要颜色和次要颜色。

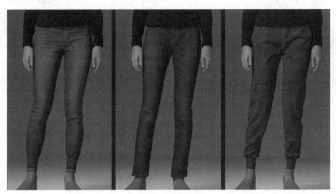

图 12-38　下装预设示例（图源：UE 官网）

Shoes 面板提供了角色可穿戴的鞋履款式，如运动鞋、靴子和凉鞋。每种鞋子都可以设置主要颜色和次要颜色。

12.4.2　访问和下载 MetaHuman

Quixel Bridge 提供了访问在 MetaHuman Creator 中创建的 MetaHuman 功能。使用 Epic Games 账号将 Bridge 链接到用户创建的 MetaHuman 上并将其显示在 MetaHuman 筛选器中，以便将其源文件和资产文件下载并导出到其他应用程序中，如 UE 和 Maya。

（1）在 Quixel Bridge 中，在侧边栏中选择 MetaHumans 筛选器，如图 12-39 所示。可以根据预设创建和修改 MetaHuman，修改后的 MetaHuman 显示在 LATEST METAHUMANS 窗口中。

图 12-39　选择 MetaHumans 筛选器（图源：UE 官网）

（2）选择用户创建的任何一个 MetaHuman。Bridge 右侧会显示信息面板，在这里可以配置一些下载设置。

（3）在信息面板中，单击 Settings 图标并选择 "DOWNLOAD SETTINGS"，进行下载设置。

（4）选择 MODELS 选项卡，并将 MetaHumans 设置为 "UAsset + Source Asset"，如图 12-40 所示，单击 "BACK" 按钮关闭面板。

（5）使用 Texture Resolution 选择器，设置要为 MetaHuman 资产下载的纹理的最高分辨率，如图 12-41 所示。

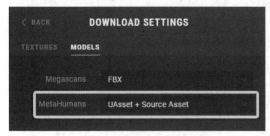

图 12-40　MODELS 选项卡
（图源：UE 官网）

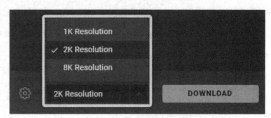

图 12-41　设置纹理的最高分辨率
（图源：UE 官网）

（6）单击"DOWNLOAD"按钮，即可根据下载设置和选择的纹理分辨率开始通过 Quixel Bridge 生成 MetaHuman 资产。

12.4.3　将 MetaHuman 资产通过 Quixel Bridge 插件导出

下载 MetaHuman 资产之后，就可以使用 Quixel Bridge 将其导出到其他应用程序中。需要使用具有相应插件的最新可用软件版本，将下载的 MetaHuman 资产导出到 UE 中。首先需要在 UE 中安装 Quixel Bridge 插件并选择将要使用的纹理分辨率。

（1）可以通过两种方式访问 Quixel Bridge 中下载的 MetaHuman：一是使用侧边栏选择 MetaHumans 筛选器；二是使用本地筛选器，如图 12-42 所示。

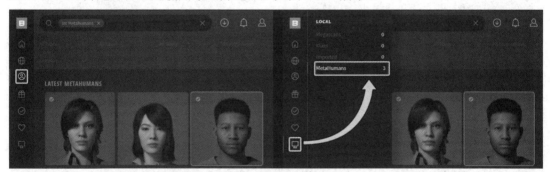

图 12-42　筛选器的选择（图源：UE 官网）

MetaHumans 筛选器将显示与用户的 Epic Games 账号关联的 MetaHuman，而本地筛选器则仅显示用户已经下载并存储到本地的 MetaHuman。

（2）已经下载的 MetaHuman 将在其图块的左上角显示蓝色复选框。将鼠标光标悬停在图块上，将显示 Quick Export 图标。与下载 MetaHuman 相似，如果已经配置了 Quixel Bridge，则单击快速导出图标导出 MetaHuman，如图 12-43 所示。也可以选择 Quixel Bridge 图块，打开信息面板。

（3）在信息面板中，单击 Settings 图标并选择"EXPORT SETTINGS"，设置导出的目标软件 UE、引擎版本和插件位置，如图 12-44 所示。

Quixel Bridge 现在已经设置并配置为使用最新插件导出到 UE 中。这样，只需要单击几次按钮，就可以将 MetaHuman 从 MetaHuman Creator 中快速创建到 UE 中。

图 12-43　快速导出图标（图源：UE 官网）

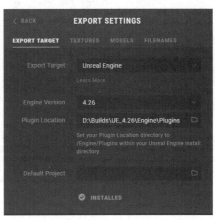

图 12-44　导出设置（图源：UE 官网）

12.4.4　将 MetaHuman 资产导出到 UE 中

将 UE 设置为导出目标并安装其插件之后，就可以将 MetaHuman 资产从 Quixel Bridge 中导出到 UE 中。

（1）运行 UE，如图 12-45 所示。

图 12-45　UE 界面

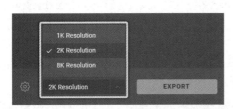

图 12-46　纹理分辨率选项（图源：UE 官网）

（2）在 Quixel Bridge 中，选择要导出的 MetaHuman。在信息面板中，选择希望使用的纹理分辨率，如图 12-46 所示。

（3）单击"EXPORT"按钮进行导出。Quixel Bridge 将弹出一条消息，提示正在导出资产，如图 12-47 所示。

图 12-47　正在导出资产提示信息（图源：UE 官网）

　　在 Quixel Bridge 导出的过程中，用户选择的 MetaHuman 资产将导入正在运行的 UE 项目中。将在内容浏览器中创建文件夹存储 MetaHumans 文件，如图 12-48 所示。

图 12-48　MetaHumans 文件存储位置（图源：UE 官网）

　　将 MetaHuman 资产从 Quixel Bridge 中成功导出到 UE 中后，如图 12-49 所示，就可以将其添加到场景中，利用实时链接等功能将其与动画、动作及面部表情捕捉结合使用。

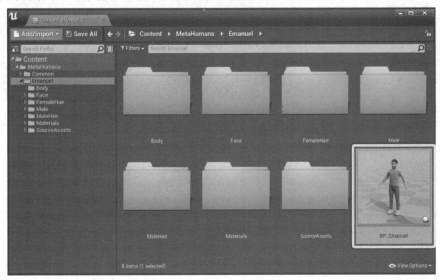

图 12-49　将 MetaHuman 资产添加到场景中（图源：UE 官网）

12.5 LiveLink 表情捕捉

可以使用 Epic Games 推出的 iOS 应用"Live Link Face"来实现虚拟角色面部表情的捕捉。其追踪功能是利用苹果的 ARKit 和 iPhone 的 TrueDepth 前置摄像头，对用户的面部进行交互式追踪，并通过 LiveLink 直接将该数据从网络中发送到 UE 中。

在面部表情捕捉之前，需要在 UE 中开启下面几个插件。

- LiveLink：人脸捕捉数据是通过使用 LiveLink 协议传送的。
- Apple ARKit、ARKit Face Support：能实现人脸追踪的功能。
- Time Date Monitor：能可视化从苹果手机传入 UE 中的时间码。

以上插件开启后，即可进行面部表情捕捉录制，具体步骤如下。

（1）准备一个已经绑定好一组面部骨架的角色，且这组骨架变形逻辑需要与 ARKit 面部识别生成的面部骨架变形逻辑相吻合，如图 12-50 所示。通常需要在第三方软件中绑定，以及在动画工具中执行此操作，然后将角色导入 UE 中。

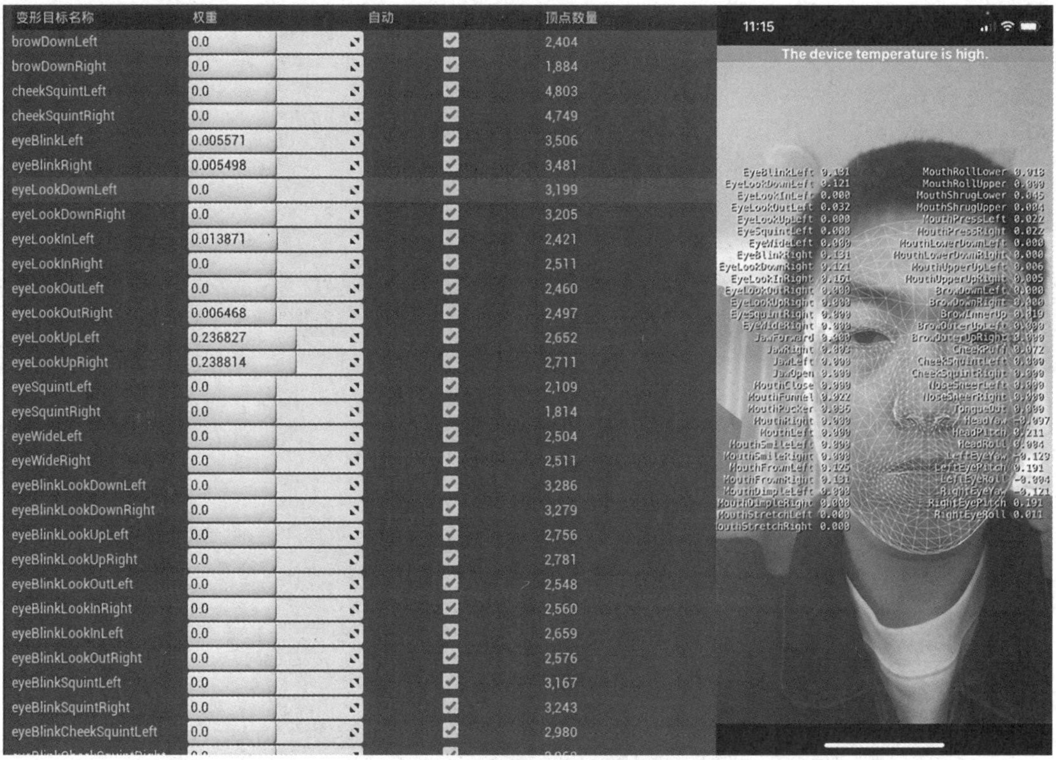

图 12-50 表情变形

（2）在 UE 中使用一个包含 Live Link Pose 节点的动画蓝图来设置角色，如图 12-51 所示。在收到手机发送的动画数据后，通过此节点将数据应用到角色上。

（3）获取计算机的 IP 地址，连接"Live Link Face"应用程序。可以在计算机的控制面板或设置中找到 IP 地址，如图 12-52 所示。

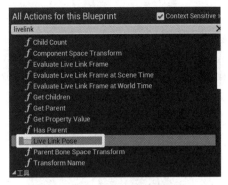

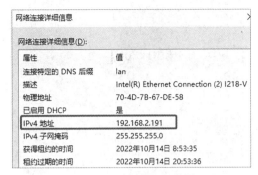

图 12-51 Live Link Pose 节点　　　　　　　图 12-52 计算机 IP 地址

（4）将手机和计算机连接到同一无线网络，或使用以太网网线，通过 Lightning 以太网适配器将手机直接连接到计算机上。

（5）在 iPhone 上运行"Live Link Face"应用程序。在 Live Link 设置页面中点击"添加目标"按钮，然后输入计算机的 IP 地址，如图 12-53 所示。

（6）在 UE 编辑器中，在主菜单中执行"Window"→"LiveLink"命令，打开 LiveLink 面板。此时 iPhone 被列为主题。

（7）在角色的动画图表中找到 Live Link Pose 节点，将其主题设置为代表 iPhone 的主题，如图 12-54 所示。

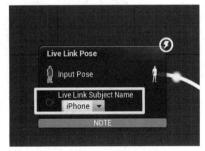

图 12-53 iPhone IP 设置　　　　　　　　　图 12-54 主题设置

（8）单击工具栏中的"Compile"和"Save"按钮，编译并保存动画蓝图。

（9）选择角色，在 Details 面板中，启用 Skeletal Mesh 类别下的"Update Animation in Editor"设置，如图 12-55 所示。

（10）返回"Live Link Face"应用程序，将手机摄像头对准演员的脸部，直到应用程序识别出人脸并开始追踪演员的脸部动作，如图 12-56 所示。

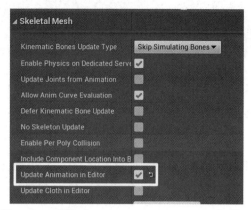

图 12-55 启用"Update Animation in Editor"设置

图 12-56 识别追踪面部

（11）当演员准备要录制表演时，点击"Live Link Face"应用程序中的红色"Record"按钮，如图 12-57 所示，开始在 iPhone 上录制表演，并在 UE 编辑器中启动镜头试拍录制器，如图 12-58 所示，开始在引擎中的角色上记录动画数据。再次点击"Record"按钮停止录制。录制好的视频可以通过点击"Live Link Face"应用程序左下角的按钮进行预览和分享。

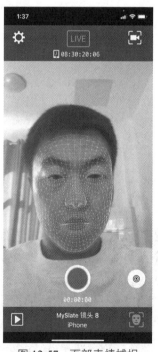

图 12-57 面部表情捕捉

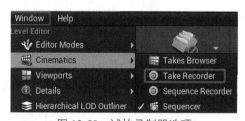

图 12-58 试拍录制器选项

12.6 LiveLink 实时动作捕捉

在制作动画或游戏时，如果需要动画表演准确且真实，则动作捕捉必不可少。而在常规的 UE 动捕工作流程中，需要先将动捕数据导入专业的动捕修复软件 MotionBuilder 或者其他软件中进行检查并修改，再导入 UE 中。这样做的弊端就是在导入 UE 中将动作放入场景中时，动作及表演可能在一定程度上会存在误差。最好的做法就是让动捕演员直接实时地在虚幻场景中进行表演来捕捉动作，这样可以更加直接地反映出角色的动作和动画效果，以便进行实时修改。

12.6.1　安装 LiveLink 插件

首先，为 MotionBuilder 安装 LiveLink 插件。

（1）下载 LiveLink 插件。

（2）解压后根据 MotionBuilder 版本进行选择，放到对应路径中。

（3）打开 MotionBuilder，在 Asset Browser/Templates/Devices 下可以找到该插件，如图 12-59 所示。

图 12-59　LiveLink 插件位置显示

（4）将 LiveLink 插件直接拖入场景中即可使用。

其次，动捕演员及 MotionBuilder 准备。

（1）演员穿戴光学动捕服装，如图 12-60 所示，捕捉点物理位置务必确定，尽量少地出现位置偏差，否则将会直接影响动捕数据。

（2）使 MotionBuilder 连接动捕软件（一般提供动捕方案的厂家会将其动捕软件直接连接到 MotionBuilder 上），获取动捕数据，通过 LiveLink 插件配置 IP 地址，将动捕数据传输到 UE 中。

（3）导入人物模型，在 Definition 中将骨骼映射对应，如图 12-61 所示。

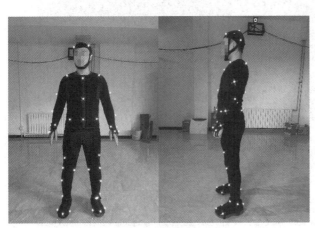

图 12-60　光学动捕服装

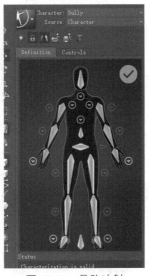

图 12-61　骨骼映射

（4）在 Character 中选择被驱动的模型骨骼，Source 选择动捕反射的骨骼。

（5）通过 Navigator 预设置动捕重定向配置，让动捕演员在 MotionBuilder 中表现相对正常。

12.6.2 捕捉流程

将 MotionBuilder 内容实时流送到 UE 中。

（1）单击如图 12-62 所示的位置，选择需要流送的角色骨架。

图 12-62　流送角色骨架选项

（2）当为同一台计算机时，将红色位置修改为 0.0.0.0:0，蓝色位置为 UE 项目设置/UDP 消息发送/组播末端的 IP 地址，如图 12-63 所示；当需要不同计算机远程同步时，将红色位置修改为运行 MotionBuilder 计算机的 IP 地址，如图 12-64 所示。

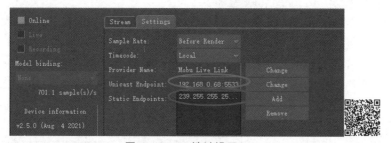

图 12-63　IP 地址设置

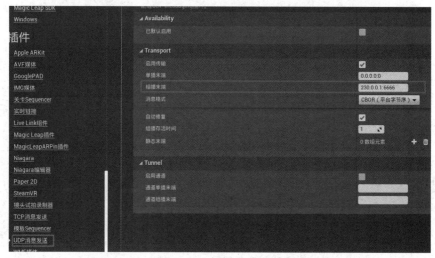

图 12-64　组播末端设置

（3）在 UE 中需要修改 UDP 消息发送位置：当不同计算机远程同步时，需要在静态末端添加 MotionBuilder 运行计算机的 IP 地址及其端口，如图 12-65 所示。

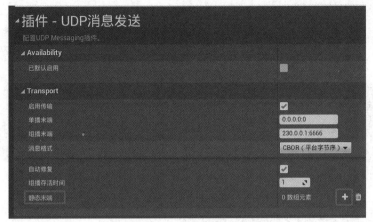

图 12-65　静态末端设置

（4）上述设置操作完成后，单击 LiveLink 插件左上角的图标，当其显示为绿色时，开始流送，如图 12-66 所示。

图 12-66　流送选项

（5）执行"窗口"→"虚拟制片"→"Live Link"命令，如图 12-67 所示。

（6）选择"+源"→"消息总线源"选项，选取运行 MotionBuilder 的计算机，如图 12-68 所示，连接成功。

图 12-67　打开 LiveLink

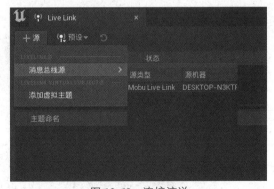

图 12-68　连接流送

（7）打开被流送角色的动画网格体，检查连接状况，将预览控制器选择为 Live Link Preview Controller，将 Live Link Subject Name 选择为在 MotionBuilder 中选择的骨骼，如图 12-69 所示。如果开启 Enable Camera Sync 选项，则会使 MotionBuilder 的摄像头实时连接到 UE 中。

开启 Enable Camera Sync 选项后，UE 的摄像机会跟随 MotionBuilder 的摄像机同步移动。

（8）为角色创建一个动画蓝图，创建实时链接姿势节点，选择在 MotionBuilder 中选定的骨骼，再将角色拖入场景中，可以实现实时流送，如图 12-70 所示。

图 12-69　动画网格体设置

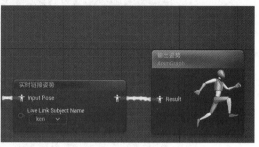

图 12-70　动画蓝图设置

12.7　虚拟抠像与视频合成

数字人技术在虚拟直播与影视创作中的应用越来越广泛。虚拟绿幕抠像技术也得以快速应用和发展，其成本低、投入少、不受场地环境和地点限制，只需一张绿幕、一套设备就可完成虚拟抠像并用于虚拟直播、影视或线上虚拟发布会等。这里以 OBS 绿幕抠像为例来讲解虚拟抠像与视频合成的方法、流程。

OBS 绿幕抠像需要的设备和软件有手机（相机）一台或多台、笔记本电脑或台式机、绿幕背景一块、照亮绿幕背景的灯光两盏、给人物打光的灯光至少一盏、OBS 直播软件。OBS 虚拟抠像与视频合成的步骤如下。

（1）连接单反相机与电脑设备后，在 OBS 中添加视频源为单反相机或摄像头。需要注意的是，若使用手机摄像头当作拍摄设备，则需要在手机端安装 Ndi 软件，在 OBS 上也安装 Ndi 插件。

布光提示：两盏灯尽可能靠近幕布，仅仅用于照亮幕布，放置在人物后方；另外两盏灯光用于给人物打光，属于分层布光，以提高抠像的精度。实时抠像的质量更多取决于布光质量。

（2）在视频源上右击，在弹出的菜单中选择"Filter"选项，在弹出的面板下方单击"+"按钮，添加 Chroma Key，如图 12-71 所示。Chroma Key 参数的调整方法如下。

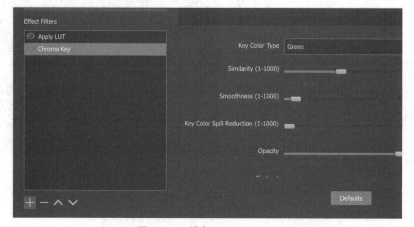

图 12-71　添加 Chroma Key

① 幕布主要分为蓝、绿两种，需要选择对应的幕布类型：绿幕。

② 将 Similarity、Smoothness、Key Color Spill Reduction 全部调整为 0。

③ 先增加 Similarity 的值到绿幕基本清楚的状态，剩余一些余色通过增加 Smoothness 的值去除。需要注意的是，Key Color Spill Reduction 一般不用调节或稍微修正一点即可。

（3）在视频源下方添加一个媒体源（图片或视频）作为背景，从弹出的路径中选择图片或视频，并将层拖动到摄像机下方，调整大小，作为合成的背景，如图 12-72 所示。

图 12-72　添加背景

背景的选择非常多样化，通过不同的背景搭配前景抠像出的人物可以创建各种风格类型，满足不同虚拟直播节目的需求。需要储备一些素材做好分类。如果是非实时绿幕抠像，则可以在 Final Cut Pro X（绿幕抠像）、达芬奇（绿幕抠像）、Adobe Premiere Pro（虚拟演播抠像）、Nuke 等软件中完成，尤其是在 Nuke 中抠像，能满足各种电影级画面的制作需求。

参 考 文 献

[1] Karis B, Games E. Real shading in unreal engine 4[J]. Proc. Physically Based Shading Theory Practice, 2013, 4(3): 1.

[2] Boksansky J. Crash Course in BRDF Implementation[EB/OL]. 2021.

[3] Natephra W, Motamedi A, Fukuda T, et al. Integrating building information modeling and virtual reality development engines for building indoor lighting design[J]. Visualization in Engineering, 2017, 5(1): 1-21.

[4] Ryan Shah.精通 Unreal 游戏引擎[M]. 王晓慧，译.北京：人民邮电出版社，2015.

[5] 李赟.智慧城市数字孪生技术应用探索及标准化研究[J].信息技术与标准化,2021(10):13-19.

[6] 数字孪生应用白皮书[EB/OL].2020.

[7] 陈建平.提效与赋能：数字孪生技术助推智慧城市现代化的双维逻辑[J].河南社会科学，2023,31(12):96-104.

[8] 万励，尹莘懿，汤俊卿，等.数字孪生在城市规划实践应用中的批判性思考[J].上海城市规划，2023,(05):18-23.

[9] 杨明.变革及隐忧：基于数字视觉资产及图像引擎的虚拟制片技术[J].电影新作，2023,(01):85-91.

[10] 李梅，姜展，满旺，等.基于虚幻引擎的智能矿山数字孪生系统云渲染技术[J].测绘通报，2023,(01):26-30.

[11] 张新长，廖曦，阮永俭.智慧城市建设中的数字孪生与元宇宙探讨[J].测绘通报,2023,(01):1-7,13.

[12] 彭相澍，马致明，王平，等.探析 SketchUp 与 Twinmotion 在建筑设计规划中的应用[J].城市建筑，2022,19(23):166-169.

[13] 冷柏寒，夏唐斌，孙贺，等.面向可重构制造的数字孪生映射建模与监控仿真[J].浙江大学学报（工学版），2022,56(05):843-855.

[14] 刘文倩，韩利峰，黄丽，等.基于数字孪生的 TMSR-SF0 数据监控与可视化方案[J].核技术，2022,45(02):83-90.

[15] 李新，李飞，方世巍，等.基于 UE4 的井下变电所巡检机器人数字孪生系统[J].煤矿安全，2021,52(11):130-133.

[16] 孙滔，周铖，段晓东，等.数字孪生网络（DTN）：概念、架构及关键技术[J].自动化学报，2021,47(03):569-582.

[17] 孔德武.基于 VR 虚拟漫游系统的任务树交互设计应用研究[J].现代电子技术，2019,42(17):84-87.

[18] 茄子，纹章.Unreal Engine 4 材质完全学习教程[M].北京:中国青年出版社，2017.

[19] 掌田津耶乃.Unreal Engine 4 蓝图完全学习教程[M].北京:中国青年出版社，2017.

[20] 姚亮.虚幻引擎（UE4）技术基础[M].北京：电子工业出版社，2020.

[21] Tom Shannon.Unreal Engine 4 可视化设计：交互可视化、动画与渲染开发绝艺[M].龚震宇，译.北京：电子工业出版社，2020.

[22] 何伟.UNREAL ENGINE 4 从入门到精通[M].北京：中国铁道出版社，2018.

[23] 林华.Unreal Engine 5 与二维游戏设计[M].北京：清华大学出版社，2024.